AF535145

Michael Altmoos

Mehr Wildnis wagen!

Michael Altmoos

Mehr Wildnis wagen!

Naturdynamik erkennen, erleben, fördern

Danke!

... an all die Menschen, denen ich seit Jahren zum Thema Wildnis überall auf der Welt begegnet bin. Unzählige Ideen, Ergebnisse und Fakten wurden mit meinen eigenen Erfahrungen zu Samenkörnern, die hier aufkeimen. Ohne meine Familie, Ursula, Sarah und Elisa, meine Eltern, die wir gemeinsam Natur (er-)leben und das Museum mit Wildnis »Nahe der Natur« in Staudernheim betreiben, wäre aber alles unfruchtbar. Speziellen Dank für Diskussionen zu Spezialthemen an Hans Jürgen Böhmer (University of South Pacific: Wald und Klima), Erika Mirbach (Mainz: Wildnisgeschichte), Jutta Ströter-Bender (Meisenheim: Heilige Orte) und Frieder Leuthold (Frankfurt am Main: Städte wagen Wildnis).

Allen Menschen und Mitarbeitern von Nationalparks und anderen Wildnisgebieten, auch von wildnisorientierten Verbänden, Vereinen und Stiftungen bin ich sehr dankbar für ihre Arbeit, für unzählige Kontakte und Austausch. Es gibt für Wildnis so viele wunderbare Menschen, sodass Hervorhebungen Einzelner ungerecht wären. Gerade die Vielfalt macht Mut, denn das Eintreten für Wildnis ist oft nicht leicht. Das Buch widme ich daher allen Menschen, die bei ihrer Arbeit für freie Natur Angriffe aushalten, Konflikte überstehen müssen und friedlich wie positiv weitermachen.

Eine Verneigung auch vor den Fotografinnen und Fotografen, die mir ergänzend zu meinen Bildern ihre überließen. Großes Lob an den pala-verlag und sein kompetentes Team, das in bester Zusammenarbeit das Buch verwirklichte. Danke auch an Sie, liebe Leserin, lieber Leser, dass Sie mir vertrauen und in Ihrer Zeit dieses Buch lesen. Wildnis mag ideenreich verbreitet werden. In Verbundenheit!

Inhalt

Bild rechts: Frei wachsender und daher formenreicher Holunder in wilder und mindestens ebenso formenreicher Dünenlandschaft auf der Nordseeinsel Baltrum

Prolog: Optimismus!

Achtung: Der Weltuntergang fällt aus. Hier kommt das Positive: ein Buch, das Mut macht. Mit etwas, das oft in weiter Ferne scheint und doch so nahe um uns herum sein kann. Etwas, das oft nicht verstanden wird und doch leicht umsetzbar ist. Oft wirkt es verborgen, doch plötzlich entfaltet es sich frei mit Urkraft. Für Abenteurer und Freigeister ist es seit Langem eine große Sehnsucht. Ich möchte es hier als konkrete Chance für alle anbieten: Es ist die ungestaltete und wahrlich freie Natur – sie umreiße ich als Wildnis. Sie berührt uns. Weltweit in großen Naturgebieten und – Überraschung? – sie funktioniert auch in Klein und ganz nahe.

Wir kennen die erdrückenden Fakten zur Naturgefährdung, zur Klimakrise und entsetzliche Unmenschlichkeiten wie die Kriege unserer Zeit. Doch all den schrecklichen Dramen können wir eine positive Kraft entgegensetzen: die Kraft der Natur selbst, die wir nur gekonnt zuzulassen brauchen. Sie ist im Wesen dieser Erde, in jedem Samenkorn und Vogelflug verankert. Mit ihr gibt es eine lebendige Zukunft, die in jeder Sekunde, gerade jetzt, beginnt: Wir dürfen Nat-Urvertrauen haben.

Freie Natur als Wildnis lässt sich nicht unterkriegen. Sie baut immer wieder auf, heilt Zerstörungen und Flächenwunden, schafft Leben. Wildnis kann uns untereinander und mit unserer Natur versöhnen, darf Frieden begünstigen. Ich zeige, wie Wildnis effizient im Klimaschutz hilft und unersetzbare Beiträge zu fast allen Zukunftsaufgaben liefert. Wildnis stimmt optimistisch. Man muss es nur wissen, es wollen, sich wieder wundern: Wildnis, wie sie im Buche steht. In diesem hier.

In diesem Buch gibt es Wissen zur Naturdynamik, verständlich und kompakt zusammengeführt aus der Forschung. Es ist ein Ratgeber mit konkreten Tipps und Beispielen, wie jede und jeder Wildnis begründen, beobachten, vermehren und erleben kann. Zugleich treffen wir das sonst Verborgene: Können Pilze sprechen? Ja, sie hören sogar heimlich zu. In weiteren Interviews spreche ich mit Mikroben und einem Wildschwein. Unterschiedliche Perspektiven ergänzen sich. Wildnis als Kraftort können Sie auch besuchen: Im Buch verteilt stelle ich exemplarisch Wildnisgebiete vor. Nicht zuletzt geht es um Kleinwildnisse, eingebettet in Kultur, auch in Gärten.

Dieses Buch möchte Sie vielfältig zu Wildnis anregen und wird – versprochen – irgendwann selbst zu Wildnis. Bis dahin aber: mehr Wildnis wagen – denn Wildnis geht nahe.

Bild links: Wildnis will entdeckt sein
(Wildnispark Zürich Sihlwald, siehe auch Seite 170)

Am Anfang: Wildnis – die kleine Provokation

Ich habe Hoffnung

»Ich habe Hoffnung.« Eine Provokation, die wirkt: »Warum?«, fragt entsetzt eine Besucherin meines Museums für Naturschutz, die sich auf ihrem Smartphone durch die Schreckensmeldungen des Tages geklickt hat: Insektensterben, Vogelschwund, das Klima, Streit und Kriege. »Wie kann man bei dieser Weltlage so naiv sein!« Sie blickt mich schräg an, als wäre ich als nichtsahnender Außerirdischer gerade vor ihr gelandet. Doch ich wiederhole: »Ja, ich habe Hoffnung.« Mit dem Finger zeige ich nach vorne. Ihr Blick folgt und ihre Augen weiten sich: »Um Himmels willen, das ist ja die Hölle, ein chaotischer Dschungel«, so sieht sie den wilden Wald, der sich vor ihr auftut. »Dieses Wilde soll das angesagte Museumsgelände sein?« »Aber ja, Sie können hier das Besondere genießen«, sage ich und erkläre: »Das war ein Steinbruch, ein Industriegelände, und heute ist es ein Stück faszinierende freie Natur: Wildnis. Hier werden Sie Wunder, Schönheit und Geheimnisse entdecken – nicht zuletzt auch, warum man Hoffnung haben darf, wenn wir der Natur Zeit, Raum und Ruhe geben.«

Die Besucherin stapft nun doch in meine Wildnis hinein. Ich geleite sie anfangs und mache sie auf Phänomene aufmerksam, rege sie an, ihre Sinne zu öffnen: krumm wachsende Bäume, so knorrig und reich an Kleinstrukturen wie in kaum einem Wirtschaftswald. Abgestorbene Stämme, auf denen sonderbare Pilze wachsen. Abbruchkanten einer Felswand mit natürlichen Mustern. Lianen der Waldrebe schlingen sich anmutig um wuchernde Äste einer Wildkirsche. Wir wandeln über Moosteppiche, bevor wir einen lichten, sonnigen Waldteil erreichen. »Wildnis ist nicht immer dunkel. Umgefallene Bäume schaffen Licht und da finden sich bunte Blumen«, füge ich ein und merke, wie sie nun eigenständig beobachtet. Sie findet jetzt ihren eigenen Weg. Wildnis sollte man auch mal allein genießen.

Nach zwei Stunden taucht sie wieder bei mir im Museumscafé auf, sichtlich entspannt. Es sprudelt aus ihr heraus: »Das Stück wilde Natur ist echt faszinierend. Und je mehr ich mich darauf einlasse, desto mehr sehe ich: überall Wunder.« Wir lachen zusammen, bevor sie mir ernst die schon oft gehörte Frage stellt: »Und was tut man dafür – für eine solch reichhaltige Natur?« »Gar nichts.«

Bilder links: Wilder Wald und spontane Berührungen (Kleiner Kohlweißling) im Wildnisgelände »Nahe der Natur« in Staudernheim (siehe Seite 149)

»Kraftvolle Natur kommt am besten vom Nichtstun.« Sie ist empört: »Nichtstun! In dieser bedrohten Welt? Spinnen Sie?« Ich: »Spinnen? Nun ja, ich bin Naturschützer.« »Schreiben Sie ein Buch darüber«, meint sie, »nicht nur ich möchte wissen, wie Sie mit Nichtstun, Wildnis und solcher Unordnung die Welt retten wollen«. »Die Schrecken der Welt sind real«, erwidere ich, »Lösungen aber auch: mehr Wildnis wagen«.

Wildnis-Urängste und Herausforderungen

Provokation: Unordnung, Kontrollverlust, (Un-)Nützlichkeitsdenken

Unordnung provoziert. Das weiß jedes Kind, wenn die Eltern zum falschen Zeitpunkt ins Zimmer schauen. Das weiß der Arbeiter, wenn der Chef unangekündigt am Werktisch vorbeischaut. Und das weiß ich als Naturschützer, wenn sich Besucher voller Harmonieansprüche auf eine Naturführung bei mir freuen und Gesichtszüge entgleiten, wenn ich das Chaos als Paradies (v)erkläre: Wildnis. Auch als Naturgärtner erlebe ich generell Unverständnis, ja oft sogar verbale Aggression, wenn meine Fläche nicht so aufgeräumt oder harmonisch wirkt, wie sich das ein großer Teil des Publikums vorstellt. »Ich bin ja sehr für Natur, aber sie muss ordentlich sein« und »das ist ungepflegt und so nicht mehr natürlich« sind Sätze von Gästen. Dabei sind ein gewisser Anteil an »Unordnung« und das Prinzip »nie alles auf einmal machen« unabdingbar, wenn es ums Leben geht.

Gelegentlich schreiten sogar Ordnungsämter ein, wenn es zu wild erscheint: Örtlich ist Wildwuchs verboten, es gibt Pflegepflichten für manche Flächen. Verrückte naturfeindliche Welt? In einem meiner Lieblingsromane »Die Wurzeln des Lebens« schildert Richard Powers unter anderem, wie eine zuvor naturfern lebende Frau ihren Garten einfach wachsen lässt. So entsteht ein Naturparadies inmitten einer aufgeräumten Vorstadt. In ihrem Garten singen Vögel, während nebenan monoton die Mähroboter surren. Schon bald gilt den Anwohnern ihr Wildgarten als Verwahrlosung. Nach vielen Beschwerden wird die Dame, die ihren Garten in aufkeimender Naturliebe trotzdem weiter frei wachsen lässt, von der Polizei geholt und ins Irrenhaus verfrachtet.

Sie können es gerne testen: Machen Sie ein Jahr lang einfach nichts in Ihrem Garten. Mutige gerne auch mehrere Jahre. Setzen Sie sich genussvoll mit Liegestuhl in die wachsende »Wildnis« hinein und grüßen lässig lächelnd die Passanten. An dieser Stelle sei erwähnt, dass der Autor keine Verantwortung für Mahnschreiben, Geldstrafen oder Attentate übernimmt. Wir können aber gemeinsam zeigen: Eine größere Provokation als wilde Natur inmitten aufgeräumter »Kultur« gibt es kaum. Allerdings ist gerade das schöner, mutiger und wirkungsvoller Naturschutz.

Was und wer ist aber wirklich normal? Statistisch gesehen, stelle ich mit Augenzwinkern fest, gibt es mehr Menschen in psychischer Behandlung, als es naturnahe Gärten oder gar Wildnisflächen gibt. Aber ich will zum Verstehen anregen, mit Möglichkeiten auch zur Versöhnung. Weil Wildnis positiv ist, wenn man sich ihr öffnet, ja eigentlich sich selbst öffnet.

Widerstände bei Wildnis-Projekten

Aufwühlend für mich und typisch für Wildnisprojekte war die Einrichtung des ersten rheinland-pfälzischen Nationalparks ab 2011 im Hunsrück, bei dem ich über meine damalige Landesstelle im Vorfeld beteiligt war. Viele einflussreiche Menschen lehnten den geeigneten Soonwald im östlichen Hunsrück als Wildnisgebiet ab. Der Park wurde später, 2014, westlicher im »Hunsrück-Hochwald« mit anderem Konzept realisiert, leider am Anfang mit mehr Waldumbau statt Wildnis. Denn es gab Ängste. Die Vorstellung, Holz könne im Wald verrotten, was ökologisch zentral wichtig ist, führte zu Protestbannern wie »Holz den Menschen, nicht den Würmern«, obwohl der Brennholzbedarf anderweitig gesichert und kein Privatbesitz betroffen war. Es wurde Angst vor sterbenden Wäldern verbreitet, wenn diese nicht mehr »gepflegt« würden. In Bürgergesprächen wurde mir die große Angst vor Unordnung unterbreitet sowie ein Unverständnis, dass etwas einfach ohne Landnutzung daliegt.

Wildnis provoziert, Mensch protestiert:
Kundgebung gegen die Nationalpark-Erweiterung Bayerischer Wald (Finsterau 1995)

Wildnis-Positiv-Beispiel und Erlebnisort

Wilde Wälder der Extraklasse – Vorbild Nationalpark Bayerischer Wald

Der älteste deutsche Nationalpark wurde 1969 gegründet und umfasst entlang der Höhenzüge zwischen Bayerisch Eisenstein und Mauth 24945 Hektar mit europäischem Buchenwald montaner Prägung, aber auch Bergnadelwälder mit kleinen Waldbächen und Mooren. Der teils schon immer urtümliche, größtenteils aber lange genutzte Bergwald wurde konsequent aus der Nutzung genommen. Das führte zu großer Aufregung: Ab den 1980er-Jahren brach nach Sturm und Borkenkäfern der fichtendominierte Wald am Berg Lusen zusammen: massiv, aber natürlich. Damit war das gewohnte Waldbild weg. Es dominierten tote Stämme, die dort, ganz Wildnisgedanke, stehen blieben – und provozierten. Viele meinten, den Wald sterben zu sehen, obwohl dieser so lebendig war wie nie. Ein neuer Naturwald wuchs. Wütende Proteste fanden statt. Zum Glück hielt man durch. Heute ist das Gebiet Lehrstück, Kraftort und Inspiration für neue Waldwildnis schlechthin: lebendig, vielfältig, natürlich und Mut machend. Grenzübergreifend nach Tschechien knüpft über den alten »eisernen Vorhang« der böhmische Nationalpark Sumava an. Die damit insgesamt 68000 Hektar große grenzenlose Waldwildnis ist als grünes Herz Europas die größte mitteleuropäische Waldschutzfläche und vereint in sich auch den Friedensgedanken durch freie Natur.

- Mehr Information: www.nationalpark-bayerischer-wald.bayern.de

Weitere große Buchen-Waldwildnisse in Deutschland als Kraftorte nach gleichem Prinzip, lokal aber mit anderen schönen Eigenheiten:

- Nationalpark Jasmund (Rügen), Buchenwald auf Kreidegestein an der Ostsee: www.nationalpark-jasmund.de
- Müritz-Nationalpark (Mecklenburg-Vorpommern): Buchenwaldwildnis im Tiefland in Entwicklung, zudem Seenland: www.mueritz-nationalpark.de
- Nationalpark Harz (Niedersachsen und Sachsen-Anhalt): www.nationalpark-harz.de
- Nationalpark Kellerwald-Edersee (Hessen): www.nationalpark-kellerwald-edersee.de
- Nationalpark Hainich (Thüringen): www.nationalpark-hainich.de
- Nationalpark Eifel (Nordrhein-Westfalen): www.nationalpark-eifel.de
- Nationalpark Sächsische Schweiz (Sachsen): www.nationalpark-saechsische-schweiz.de
- Nationalpark Hunsrück-Hochwald (Rheinland-Pfalz und Saarland): www.nationalpark-hunsrueck-hochwald.de
- Nationalpark Schwarzwald (Baden-Württemberg): www.nationalpark-schwarzwald.de

Bilder rechts: Rachelkapelle mit Blick auf Rachelsee
und Wälder im Nationalpark Bayerischer Wald (oben)

Unten: Wolf (links) und Luchs (rechts)
Diese Beutegreifer sind ökologisch wichtig.
Während der Wolf von alleine in viele Gebiete Europas zurückkehrt,
wurde der seltenere Luchs durch Ansiedlungsprojekte unterstützt.

Eine echte Rarität: *Peltis grossa.* Dieser Flachkäfer ist eine Urwaldreliktart und wurde 2019 im Nationalpark Bayerischer Wald wiederentdeckt.

Wildnis – voll Psycho!

Wir brauchen im Naturschutz nach solchen Erfahrungen vielleicht mehr Psychologen, die Situationen und Ängste professionell analysieren und letztlich vermitteln. Nicht, um Leute gegen ihren Willen von etwas zu überzeugen, was sie nicht wollen. Sondern um Fakten zu begleiten, Urinstinkte gegenüber Wildnis zu reflektieren und Übertreibungen abzubauen. Letztlich renne auch ich als Naturschützer gegen eine Art »heilige Dreifaltigkeit« des modernen Menschen an: 1. Es muss ordentlich sein. 2. Es muss (direkt) nützlich oder schnell gewinnbringend sein. 3. Es muss (technisch) kontrollierbar sein.

Könnte man statt »Unordnung« besser »alternative Ordnung« sagen? Was aber sind Fakten, was unfaire Manipulation? Und so trafen Worte von Jugendlichen meines Sportvereins ins Schwarze, die mich einst fragten: »Was machst du so beruflich?« »Ich bin im Naturschutz tätig.« Darauf spontan: »Naturschutz? Voll Psycho, Alter.« Wir lachen heute zusammen. Wir verstehen uns als Menschen. Aber verstehen wir Wildnis?

Aus Provokation wird Anknüpfung wird Chance

Wir leben in einer auf Effizienz getrimmten, geradezu technokratischen Welt. Immer mehr gilt es, noch optimierter vorzugehen. Auch sich selbst optimieren? Immer unter Strom: Machen. Funktionieren. Besser, schneller, weiter. Vor allem: etwas tun. Und dann komme ich und sage: Nichtstun. Lass mal wachsen, es werde Wildnis!

Aber es gibt auch eine freundliche Gegenbewegung: Entschleunigung, Achtsamkeit, Zeit wertschätzen, ein »menschliches Maß« und Pausen werden wieder bedeutsamer. Zuweilen scheint das zwar Taktik, eine Einbindung in ein danach wieder »Funktionieren-Wollen«. Trennt man davon manch unseriöse Esoterik, haben wir damit dennoch für Wildnis auch eine gute Verbindung.

Der besondere Platz – Naturtiefe entdecken durch »intensives Nichtstun«

Tipp für Erlebnisse

Das kann jede und jeder – und jedes Mal einzigartig: Suchen Sie sich einen für Sie schönen und unkomplizierten Platz in der Natur. Bitte mit Naturberührung, zum Beispiel auf den Boden setzen oder auf einen Stamm. Es soll bequem sein, also nicht stehen. Dort bleiben Sie 30 Minuten sitzen (Uhr oder Wecker stellen, das aber bis zum Klingeln vergessen). Und jetzt das Besondere: einfach nichts tun! Nur sitzen, entspannt sowie aufmerksam von diesem Platz aus (ohne ihn zu verlassen) die Umgebung rundum ansehen, hinein hören, riechen. Niemand darf Sie mit Arbeitsaufträgen belästigen. Dort sollen Sie Ruhe haben, frei sein, Ihre Gedanken dürften streifen. Versuchen Sie dennoch, sich von Alltagssorgen zu lösen, möglichst ganz im Hier und Jetzt von diesem Platz (konzentriert) aus zu beobachten, was einfach da ist. Bemühen Sie sich nicht in bestimmter Meditationsübung, das wäre zu dogmatisch. Sie werden merken, wie intensiv, wohltuend und dennoch ereignisreich das sein kann.

Auswertung

Wenn die Zeit so fließt und weil Sie vom Platz nicht weggehen, werden Sie nach und nach Details nah und fern entdecken, die Ihnen sonst nicht aufgefallen wären. Sie schulen Ihre Beobachtungsgabe, auch wenn Sie nicht wissen müssen, wie die Pflanze oder das Tier heißt, die Sie mehr als sonst bemerken. Diese halbe Stunde erleben Sie als bewusste Lebenszeit, die Ihnen durchaus länger als normal vorkommen kann, und Sie merken, wie lebendig und strukturreich Wildnis ist.

Variationen

- Leitfragen: Wie viele Farben sehen Sie? Beschreiben Sie das Schönste, was Sie sehen. Welche Tiere? Welche Geräusche? Dies setze ich gerne ein, wenn jemand aus dem hektischen Alltag zum ersten Beobachten kommt oder wenn ich die Übung in ein Programm einbinde und auf bestimmten Erkenntnissen aufbauen will. Intensiver ist es aber ohne solche Aufgaben.
- Gruppenvariation: Wenn sich eine Gruppe oder Familie verteilt und jeder einen anderen Platz sucht – nicht in Sichtweite des Nächsten –, kann man sich nach 30 Minuten am Treffpunkt austauschen. Diese Kommunikation ist wichtig. Sie werden staunen, wie viele unterschiedliche Naturerscheinungen wahrgenommen werden, aber auch Gemeinsamkeiten. Zum Abschluss zeigt jeder mit dem Finger in die Richtung des ausgesuchten schönen Platzes. Meist zeigen die Finger in viele Richtungen, denn Wildnis hat fast überall viele schöne verschiedene Plätze.

Bemerkung

Das ist eine meiner Lieblingsübungen für Naturprogramme. Einfach, ohne Hilfsmittel und meist hochwirksam und berührend wie Wildnis selbst. Bei manchen Gruppen ist eine gute Anmoderation wichtig, weil viele Menschen Nichtstun ohne Auftrag nicht gewohnt sind. Dabei ist Nichtstun eine besondere Qualität für Flächen, die Wildnis sind, und hier für uns selbst: Wildnis mit uns.

Wildnis hat Bedeutung: verstehen wir uns!?

Wildnis – nur so ein Gefühl

Eine Jugendgruppe schlendert durch meine Wildnis »Nahe der Natur« in Staudernheim. Schon bald wähnt man sich in einer anderen Welt. Knorrige Bäume. Felsen sind überwuchert. Meine Frau, die heute die Gruppe leitet, stellt die Frage: »Was in diesem Wald ist anders als in Wäldern, die Ihr gewohnt seid?« Gemurmel. Schnell fällt der Begriff »Unordnung«. »Freiheit«. Plötzlich kommen Sonnenstrahlen durch die Kronen. Vielfältige Grüntöne, das verschiedene Braun der Felsen und Stämme verschmelzen im magischen Licht zu einer Sinfonie an Formen und Farben. Ein Mädchen ruft »geheimnisvoll«. Da sagt ein Junge geradezu feierlich: »Das ist ein kostbares Heiligtum.«

Dieser ungewöhnliche Ausspruch zeigt, dass auch Wildnis etwas Ungewöhnliches ist und aus einer Fläche etwas Einzigartiges macht. Auch wenn ich esoterische Eskapaden ablehne, so halte ich es als kleiner Wissenschaftler mit dem großen Wissenschaftler Albert Einstein in seinem Zitat: »Das Schönste, was wir erleben können, ist das Geheimnisvolle.« Wildnis.

Wildnis und Nutzfläche vergleichen – Freiheit spüren *Tipp für Erlebnisse*

Für Romantiker: Kann man die Freiheit spüren, wenn sich Natur mal lange Zeit frei und eigendynamisch entwickeln durfte? Ich selbst spüre recht zuverlässig, ob eine Fläche, ein Wald gänzlich ungenutzt und wirklich freie Wildnis ist. Es geht mir in Wildnis automatisch besser. Rieche ich gar eine andere Luft als in einem Forst? Intensiv genutzte Forste stressen mich regelrecht, während mir ein Naturwald einfach gut tut. Merken Sie das auch?

Für Analytiker: Suchen und finden Sie gezielt Nutzungsspuren aller Art. Alte Nutzspuren sind noch lange in neuer Wildnis zu finden. Und wo Sie gar keine finden, ist die Wildnis schon schön alt. Nutzungspuren sind zum Beispiel Markierungen an den Bäumen, Baumstubben, fahrzeugtaugliche Wege, Rinnen oder Gräben statt gewundener Bächlein, Stützmauern und mehr. Entwickeln Sie Ihren Suchblick, und Sie werden stets mehr entdecken und wildnis-sensibel werden.

Bild links: Besucher erspüren formenreiche Naturprozesse im Wildnisgelände »Nahe der Natur« in Staudernheim (siehe auch Seite 149)

Was ist Wildnis? Ein Festival der wilden Ansichten

Jeder sieht Wildnis anders – unterschiedliche Zugänge

Im Folgenden drei Geschichten, drei Landschaften, drei Zugänge – zu Wildnis.

Als junger Praktikant der damaligen Biologischen Station List auf Sylt stehe ich im Sommer 1989 mitten in den großartigen Dünen im einsamen Norden dieser Nordseeinsel. Eine grandiose freie Natur, in der Wind, Gezeiten und Sand eine mit Gräsern und niedrigen Büschen lückig bewachsene wellenartige Dünenlandschaft formten. Diese freie Natur und Weite berühren mich tief. Da holen mich Worte aus meinem Schwärmen: »Wildnis kann es gar nicht mehr geben.« Fragend schaue den Mann an. »Alles auf der Welt ist indirekt durch Menschen beeinflusst. Selbst in der Antarktis sind menschenentstandene Stoffe von weither festzustellen«, so sagt mir der weitgereiste Arzt und Urlauber aus Düsseldorf. Eine Zufallsbegegnung mitten in den Dünen. Ich erwidere: »Für mich sind diese Dünen Wildnis, denn sie sind von selbst entstanden und entwickeln sich frei weiter.« »Aber die Menschheit hat überall ihre Spuren hinterlassen«, betont er überzeugend. Man weiß heute, dass sich Mikroplastik und Nanokunststoffe auch fern von Menschen in Nahrungsnetzen anreichern. »Wildnis wäre eine Landschaft, in der gar keine menschlichen Einflüsse, auch keine Kunststoffe vorkommen. Gibt es nicht«, ist er sich sicher. Ich denke nach – bis heute und weiter. »Noch ein Tipp«, ruft mir der nette Mann nach: »Wenn Sie sich für Naturschutz einsetzen, schauen Sie, dass Sie unterschiedliche Perspektiven einholen und Verbündete gewinnen.« Ein guter Tipp. Ich versuche es mit Ihnen.

Das Defereggental ist ein wunderschönes Tal im österreichischen Osttirol, mitten in den Alpen an der Südwestflanke des Nationalparks Hohe Tauern. Der Oberhauser Zirbenwald bei St. Jakob geht mir nahe. Sein würziger Duft in der Sommerwärme betört meine Sinne. Teile von ihm werden nicht mehr genutzt: ein urtümlicher und doch lichter Wald, ein Urwald von morgen, wie auf den Schildern erklärt wird. Dabei stellen sich Fragen, die in jedem Wald ähnlich sind: Ist ein Wald schon Wildnis, wenn er jetzt zwar frei wachsen darf, die Folgen früherer Holznutzung aber noch sichtbar sind und seine Entwicklung mitprägen? Ein Urwald, der nie angerührt wurde, ist es sicher nicht, den gibt es in Europa kaum noch. Und ein Zurück gibt es auch nicht, weil stoffliche Einflüsse, Klima, Vegetation andere sind als früher. Dennoch sehe und fühle ich »Wildnis«, weil etwas wieder aus sich heraus frei wachsen darf und es in einigen alten Bäumen fast so anmutet, als wäre es urtümlich. Mir wird aber klar: Wildnis kann nur nach vorne und nicht rückwärts in die Vergangenheit gerichtet sein. Kein Urwald von früher, ein anderer freier Wald entsteht: Statt Urwald wächst künftige »Urgewald«.

Bild rechts: Wildnis kann überall beginnen, hier in Frankfurt am Main

Mannheim, meine Heimatstadt am Zusammenfluss der Flüsse Rhein und Neckar, die dort kanalisiert sind. Weiter kann man von Wildnis nicht weg sein, nicht wahr? Obwohl inzwischen Naturmensch, tauche ich für begrenzte Zeit gerne in die pulsierende Stadt ein. Oft zufällig treffe ich Bekannte wie Unbekannte, die mir im vertrauten derben Dialekt ihre Meinung »voll uff die Gosch« zusagen, wie wir Mannheimer liebevoll einen »direkten Diskurs« von Mund (die »Gosch«) zu Kopf bezeichnen, wobei sich Letzterer oft später zuschaltet als das Mundwerk. »Die Dreck-Eck da, voll de Wildnis«, stöhnt die Frau an der Straßenbahnhaltestelle laut vor sich hin, sucht Bestätigung und zeigt auf die kleine Brache neben der Haltestelle. Halb ist die knapp 100 Quadratmeter kleine Fläche verbuscht, teils blühen lila Flockenblumen inmitten vergilbter Hochgräser. Braune Falter, Ochsenaugen, die sich in der Großstadt nur hier entwickeln konnten, saugen an den Blüten. Die Frau merkt, dass ich mich über die »Dreck-Eck« nicht aufrege, sondern dem Schmetterling hinterher schaue. »Alla gut, scheißegal, Lewe geht weiter«, murmelt sie. »Also gut, es tangiert mich nur peripher, das Leben geht weiter«, übersetze ich. Welch philosophischer Treffer: Wildnis ist erkannt, sie ist einfach da, authentisch wie diese Sprache. »Wildnis, das Leben geht frei weiter.« Es gibt sie: diese »Einfach-so-da«-Ecken, spontane Mini-Wildnis auf Zeit. Wildnis hat viele Zugänge.

Wildnis-Positiv-Beispiel und Erlebnisort

Städte wagen Wildnis – Frankfurt: urbane Naturdynamik auch in Klein

Wildnis kann es auch mitten in der Stadt geben. Mit diesem Gedanken haben sich die drei deutschen Städte Frankfurt am Main (im Bild), Hannover und Dessau beispielhaft zum Projekt »Städte wagen Wildnis« zusammengeschlossen.

Abseits gepflegter Parks werden kleine Stücke freier Natur im städtischen Raum ermöglicht, auch jetzt weit über das Projektende von 2021 hinaus. Mal sind es Wildnisstreifen, mal absichtlich verwildernde Teilflächen oder langfristige Brachen. Ein Höhepunkt ist der alte große Müllberg der Metropole Frankfurt, der »Monte Scherbelino«, an dessen Fuße sich auf etwa 14 Hektar Wildnis entfalten darf. Viele Wildtiere, darunter seltene Brut- und Rastvogelarten sowie besonders spezialisierte und somit gefährdete Insekten finden sich ein. Sogar einige seltene Pflanzen siedelten sich an.

Wildnis ist im Stadtraum allerdings nicht ganz so streng zu sehen, wie sie anderenorts definiert wird (siehe Seite 26): Randliches Management, gelegentliche Eingriffe, fallweise das Zurückstutzen von verbuschten Teilflächen auf wieder junge offene Sukzessionsphasen gehören dazu. Es geht in der Stadt eher darum, Teile an Naturdynamik im urbanen Zusammenhang zu ermöglichen. Neben diesem an sich schon hohen Naturschutzwert ist auch der Bildungs- und Erlebniswert für freie Natur gerade jenseits von Ordnungsvorstellungen wichtig. Die meisten der Flächen sind frei zugänglich und es gibt zudem Erlebnisangebote. Städte wagen Wildnis – und jede Stadt kann Wildnis. Mehr davon!

➤ Mehr Information: www.staedte-wagen-wildnis.de

Der Wildnisbegriff – Streitfälle und Toleranzrahmen

Wildnis – verstehen wir uns? Oft rolle ich verzweifelt mit den Augen, wenn während der ersten Stunden mancher Tagung ellenlang Begriffe diskutiert werden. Doch liegt dies in der Natur dieses Wortes: Grundsätzlich ist »Wildnis« ein alltagssprachlicher Begriff, der subjektiv und emotional geprägt ist, und kein Fachbegriff. Das ist einerseits schön, macht es uns doch in der Verwendung frei wie Wildnis selbst. Andererseits gibt es Missverständnisse. Wir müssen doch gut hinschauen: »Wildnis« bedeutet vom Wortstamm her so viel wie »unbebautes, unwirtliches, fremdes Land, mit üppigem Pflanzenwachstum und ungezähmten Tieren«. Das war zunächst negativ gemeint. Erst später, etwa ab der Romantik, und heute gab und gibt es auch positive Bedeutungen: das »unverdorbene, unschuldige« Land – als Gegenpol zur genutzten Landschaft.

Das Wildnisverständnis ist abhängig von Situationen und Disziplinen, ob ein Soziologe, eine Biologin, eine Theoretikerin oder ein Praktiker vor Ihnen steht. Auch unterschiedliche Regionen spielen eine Rolle. Wer Wildnis in den Weiten Kanadas erlebt hat und dem versuchten Zungenkuss eines Grizzlys entronnen ist, wird mit Wildnis etwas anderes verbinden, als ein Mensch aus Wanne-Eickel, der seinen Ruhrgebiets-Sonnenbrand behandeln muss, weil er in Industriebrachen unterwegs war. Es braucht Toleranz, sich auf unterschiedliche Sichtweisen einzulassen, so wie Wildnis selbst Toleranz benötigt. Feiern wir im Folgenden ein Fest des vielfältigen Denkens über das, was einfach frei sein will: Natur in ihrer Dynamik.

Das deutsche Bundesamt für Naturschutz definiert: »Wildnisgebiete im Sinne der nationalen Biodiversitätsstrategie sind ausreichend große, (weitgehend) unzerschnittene, nutzungsfreie Gebiete, die dazu dienen, einen vom Menschen unbeeinflussten Ablauf natürlicher Prozesse dauerhaft zu gewährleisten.« Begleitkriterien fordern Flächengrößen von mindestens 1000 Hektar (in länglichen Auen mehr als 500 Hektar), sonst könne keine ausreichende Qualität erreicht werden. Doch es gibt weitere Konzepte. Wildnis besteht aus Übergängen. Klare Grenzen sind nicht Sache der Natur.

In den USA gibt es ein Verständnis, dass Wildnis erst dann beginnt, wenn man zwei volle Tage zu Fuß oder zu Pferd von der nächsten bewohnten Stelle oder Einkaufsmöglichkeit entfernt ist, die sogenannte »Brotgrenze«. Viel Spaß damit in Europa! Nach spätestens einem halben Tag stolpern wir hier schon durchs nächste Gewerbegebiet. Da lacht der Wildnisfreund aus Amerika.

Wildnis wird oft assoziiert mit der Anwesenheit wilder Tiere, insbesondere von großen Beutegreifern. In der Tat ist die Ökologie einer Landschaft erst komplett, wenn auch Großsäuger und größere Gras- und Pflanzenfresser in überlebensfähiger Population dabei sind. Aber sie können prinzipiell auch in Kulturlandschaften leben, wie Braunbär und Wolf trotz aller Konflikte in vielen Regionen zeigen, wo man längst mit ihnen zu leben gelernt hat, während das anderenorts noch ausgehandelt wird.

Der Begriff »Rewilding« (»Rückverwilderung«, Buchtipp »Verwildert«, siehe Seite 202) verbreitet sich seit wenigen Jahren und umfasst spannende Konzepte. Im ersten Schritt werden hierbei verschwundene wilde Tiere, Weidegänger oder andere Schlüsselarten neu in ein Gebiet eingebracht, in das erst danach kaum noch eingegriffen wird. Naturdynamik soll damit schneller als ohne diese Tiere in Gang gebracht werden. Allerdings ist das ein Eingriff, der auf nicht unumstrittenen historischen Leitbildern beruht. Bei Tieransiedlungen sind komplexe Kriterien mit hohem Aufwand zu beachten, damit sie erfolgreich und nicht tiervernichtend sind.

Um der Wildnis an Wildnisworten zu entkommen, wurde schon seit den 1990er-Jahren vor allem im deutschsprachigen Raum verstärkt der Begriff »Prozessschutz« verwendet. Rechtsanwälte werden bei diesem Wort stutzen, im Naturschutz meint »Prozessschutz«, dass alle frei ablaufenden Vorgänge auf einer Fläche bewusst zugelassen werden. Manchmal wird gleichbedeutend zu Prozessschutz aber auch wieder »Naturdynamik« oder gar »Wildnis« gesagt. Und manchmal ist Wildnis erst das, was sich aus Prozessschutz nach einer Zeit ergibt. So wird Prozessschutz auch mal als Weg zu einem definierten Ziel verstanden: Wenn sich eine Industriefläche selbst begrünen soll oder ein Nutzwald naturnäher wird, bevor neue Ziele und Nutzungen ansetzen. Sie erkennen: Vereinfachend ist diese Vokabel nicht immer.

Der erste und langjährige Leiter des Nationalparks Bayerischer Wald, Hans Bibelriether, hat in den 1980er-Jahren den griffigen Slogan »Natur Natur sein lassen« geprägt. So kann man den Wildnisgedanken wirklich gut zusammenfassen. Aber dann kommt die nächste große Frage: Was ist Natur?

»Natur« heißt im ursprünglichen Wortsinn »geboren (werden)« – lateinisch: nascere – »aus sich heraus entstehend«. Im Verlauf der Zeitgeschichte wurde »Natur« als das bezeichnet, was nicht vom Menschen geschaffen wurde. Es wird »Kultur« gegenübergestellt, also dem vom Menschen Gestalteten. Die Übergänge sind auch da fließend: Wenn wir Menschen aus der Natur kommen, ist doch auch das, was wir schaffen, irgendwie Natur? Wir selbst sind ein Naturprodukt, egal, wie viele Kunstprodukte wir ungesund in uns hineinstopfen oder produzieren. In uns selbst lebt eine natürliche Bakterienvielfalt, im Darm, auf der Haut. Sie gehört zu uns und hält uns gesund – solange wir sie nicht zerstören. Letztlich werden wir wieder Natur.

Natur im Sinne von »alles, was aus sich selbst heraus entsteht«, dabei den Menschen als Gestalter ausklammernd, ist durchaus nahe einer guten Definition von Wildnis. Und doch betonen wir mit »Wildnis«, dass sich Natur auf einer Fläche wirklich frei entwickeln darf, ein pointierter Kontrast zu Kultur. Dabei unterliegen »Natur« wie auch »Kultur« so vielen Interpretationen, dass dies Stoff für eigene Bücher ist.

Bei Wildnis im Wald liegt schnell der Begriff »Urwald« nahe, Faszinosum für abenteuerlich Angehauchte. Meint man im wortwörtlichen Sinne »Urwald« als nie von Menschen aktiv beeinflusst, stellt man schnell fest, dass es in Europa kaum noch

Rewilding und wilde Weiden schaffen neue strukturreiche Wildnis: Naturgebiet Oranjezon bei Domburg (Niederlande)

einen gibt, und auch weltweit wird es eng. Sogar Teile des Amazonaswaldes, für viele der Inbegriff von Urwald, wurden weit vor Kolumbus durchaus intensiv kultiviert, es gab viele Felder und Siedlungen – sie sind nur zugewachsen mit neuem Wald, nachdem die alten Kulturen gestorben waren.

Aus der Nutzung genommene Waldteile werden »Bannwald«, »Naturwaldreservat« oder »Naturwaldzelle« genannt. Letzteres verleitet zum Ausbrechen – aus dem Gefängnis enger Definitionen.

Wäre es bei all dem Wirrwarr an Ansichten, Begriffen und Einteilungen nicht besser, Wildnis als Begriff ganz zu vermeiden? Ich meine nein: Das Wort »Wildnis« ist so weit verbreitet, hat eine so große Ausstrahlung und emotionale Wirkkraft, dass dies weltfremd wäre.

Verlieren wir uns nicht in einer Wildnis der Worte: Die verschiedenen Begriffe zum Thema habe ich in einem »Lexikon der Wildnis« geordnet (siehe ab Seite 190). Möge dies dem Verständnis dienen, so wie ich jetzt eine allseits anschlussfähige Kerndefinition biete.

(M)eine Kerndefinition: Wildnis ist …

So ist Wildnis: ganz einfach und gut übertragbar

Wildnis kann wie Natur als Prozess aufgefasst werden: die Jagd eines Falken, die Bestäubung einer Wildpflanze. Wildnis beginnt vor jeder Haustür, Naturprozesse finden (fast) überall frei statt. Um für Wildnis handeln zu können, beziehe ich Wildnis aber auf Flächen. Aus jeder Fläche kann Wildnis werden:

»Wildnis« heißt, dass auf einer Fläche keine aktive Beeinflussung vorgenommen wird. Die Fläche entwickelt sich frei und zieloffen.

Das ist nahe am Satz »Natur Natur sein lassen« und eröffnet zudem Wildnis auf bisher genutzten »naturfernen« Standorten – ab sofort. Zentral ist, dass kein rückwärtsgewandtes Leitbild einer vergangenen Natur verfolgt wird, sondern die freie Naturentwicklung in die Zukunft, ohne Ziel eines bestimmten Vegetations- oder Waldtyps.

Wichtig auch, was ich in der Definition bewusst weglasse und damit nachfolgend zur eigenen Interpretation anrege: Größe, Zeit und Ausgestaltung.

(K)eine Frage der Größe

Szene in großer Wildnis – was aber ist groß? Blaugrün schimmert der moorige Tümpel in der Sonne bei Börfink im Nationalpark Hunsrück-Hochwald. Blaugrün schimmert auch die Mosaikjungfer, eine wunderschöne Libelle. Ich folge ihr mit dem Blick. Krumme Stämme biegen sich im Wind, die mit dem endlos wirkenden Wald der neuen Wildnis dahinter verschwimmen. Wie viele Individuen dieser Libelle braucht es, um eine überlebensfähige Population zu bilden? Wie viele Tümpel sind naturbelassen nötig? Denken wir auch an die größeren Tiere: Spechte, Fledermäuse, Rehe. Wie groß muss ein Wald sein, um einer gesunden Population sicher Raum zu bieten? Raum, der möglichst bald auch Luchs und Wolf beherbergt. Dann wird es eine »Landschaft der Angst« – nicht für uns, aber für das Rehwild. Wenn Wild die Anwesenheit von Räubern spürt, verhält es sich anders: Es zerstreut sich, wird fitter, aber auch nicht so zahlreich, weil die Kranken und Schwachen gefressen werden. Dann können mehr junge Bäume wachsen, wird eine Dynamik in Gang gehalten, die immer wieder auch lichte Stellen und Tümpel enthält. Für Libellen.

Szene in kleiner Wildnis – was aber ist klein? Der Kleine Eisvogel, ein schwarzweißer Schmetterling, landet vor mir. Flink ist er, nicht so ich. Noch bevor ich fotografieren kann, ist er im kleinen Gebüsch verschwunden, in dem seine Raupenfutterpflanze wächst, das Geißblatt. Die ließ ich im schattigen Teil meines Naturgartens wuchern. Dort können keine großen Naturprozesse komplett ablaufen. Aber es reicht, dass kleine Prozesse stattfinden, die in gestalteter Landschaft seltener möglich sind. Es reicht für einen Teil einer Schmetterlingspopulation, die hier – ergänzend und in Austausch zu umgebender Landschaft – sicher ist.

Aus diesen zwei Szenen – ähnliche können Sie mit offenen Augen selbst erleben – wird ersichtlich: Je großflächiger Wildnis sein darf, desto besser. Große zusammenhängende Naturflächen können niemals durch kleine ersetzt werden! In großen und eher rundlichen Flächen sind komplexere trophische Kaskaden wahrscheinlicher: Das sind vielfältige Nahrungsnetze und Energieebenen, die für mehr Intaktheit, Selbstregulation und Resilienz der Flächen sorgen. Zudem werden Randeffekte und unnatürliche Einflüsse von außen kleiner. Das ermöglicht mehr Tiefe und viel mehr Naturdynamik.

Aber auch kleine Flächen enthalten bemerkenswerte Naturvorgänge: Sie ermöglichen als »Trittsteine« und »Wildnisfenster« wenigstens einem Vogelpaar die Jungenaufzucht, tragen zur Insektenvielfalt bei.

Lieber eine große Fläche oder lieber mehrere kleine Flächen? So die Debatte. International: SLOSS – single large or several small sites? Neuerdings wird die Antwort klar: SLASS: Several large (unersetzbar, größer als 1000 Hektar) AND several small sites! Schauen wir im Folgenden auf machbare Größen in Europa.

Bild links: Kleiner Eisvogel *(Limenitis camilla)*,
Wildnisgelände »Nahe der Natur« in Staudernheim

- Im sehr kleinen Maßstab finden wir Kleinwildnisse (Wilder Fleck, Mini-Wildnis) an steilen Berghängen, manchen Bachufern oder zeitweise auf Brachen. Die »Eh-schon-da«-Ecken (bayrisch und österreichisch: »Gstetten« für »Brache«) gehören dazu. Ich schlage gerne die ungenutzte Gartenecke obendrauf. Chancen überall.
- Kleine bis mittelgroße Wildnis (1 bis 1000 Hektar) als besondere Naturschutzbeiträge, als Referenzflächen, Naturerfahrungsräume, Bildungsflächen: zum Beispiel Naturwaldreservate, Kernzonen der Biosphärenreservate, Teile von Bergbaufolgelandschaften, spezielle Projekte (wie »Nahe der Natur«, siehe Seite 149).
- Im unersetzbaren großen Maßstab: Die deutsche Biodiversitätsstrategie fordert für »Wildnisgebiete« mehr als 1000 Hektar (bei Auen mehr als 500 Hektar). »Wild Europe« und »EUROPARC« sehen Wildnisgebiete erst ab 3000 Hektar. Wilderness-Gebiete der USA beginnen ab 2023 Hektar (5000 Acres). Das lässt sich erfüllen durch Nationalparks, besondere Wildnisschutzgebiete oder Großprojekte. Die internationale Naturschutzorganisation IUCN hat gegen Etikettenschwindel Kriterien für Wildnisgebiete festgelegt (echte Wildnis: Kategorien I und II).

Die Zeitdauer

Viele legen Wert darauf, dass Wildnisflächen »dauerhaft« ausgerichtet sind. Auch ich finde das wichtig. Aber bevor wir etwas absolut festlegen, nehmen wir uns lieber Zeit, um innezuhalten: Was ist schon »dauerhaft«? Denn was die nächsten Generationen mit dieser Erde machen, können wir ihnen empfehlen, aber nicht vorschreiben.

Es gibt Studien und positive Erfahrungen auch zum Wert von »Wildnis auf Zeit«. Eine solche ist oft leichter vermittelbar und kann verlängert werden. Sie kann aber dauerhafte Natur nicht ersetzen. Es liegt sogar eine Gefahr darin, mit »Wildnis auf Zeit« entwickelte Wildnis wieder zu vernichten. Mir ist es aber wichtig, viele Türöffner anzubieten, um positiv Naturdynamik in unserer Mitwelt zu verbreiten.

Kriterien und Variationen einer »Nicht-Nutzung« mit Zieloffenheit

Bei Wildnis spreche ich von »keiner aktiven Beeinflussung«. Dabei ist »zieloffen« das zentrale Wort. Man kann auch »ergebnisoffen«, »entwicklungsoffen« oder »maßnahmenfrei« sagen. Was ist gemeint?

Wichtig ist, dass keine Landnutzung erfolgt, keine Gestaltung oder Pflege der Fläche. Das heißt: keine Holznutzung, keine Entnahme von Totholz. Nichts sollte künstlich eingebracht oder entnommen werden, keine Rohstoffe, Böden, auch kein Wasser. Keine Bepflanzung, keine Aussaat, kein absichtliches Einbringen und keine Entnahme von Pflanzen und Tieren, auch kein Fischbesatz oder Fischerei. Keine Früchte und Pilze sammeln, auch keine Jagd. Keine Imkerei, um eventuelle Konkurrenzen mit den so wichtigen Wildbienen zu vermeiden. Das klingt leider nach Verboten, doch eigentlich ist es das Gegenteil: Erst damit werden Regeneration, Leistungsfähigkeit und Freiheit der Natur erreichbar, die uns eine größere Dimension von Freiheit ermöglichen: Oft profitieren Nutzflächen weiträumig davon und wir erhalten die Fülle des Ganzen. Während Nutzung oft nur einzelne Profiteure hat, profitieren von Wildnis letztlich alle. All die genannten Nutzungen mögen anderswo berechtigt sein, aber für sie haben wir Flächen satt.

Stoffe und Umwelteinflüsse, die von außen eingetragen werden, sind hinzunehmen, auch alle von selbst ankommenden Pflanzen und Tiere, sogar wenn sie uns irritieren. Pflanzen und Tiere finden Wildnis. Sie repräsentieren die aktuellen Randbedingungen, auch des Klimas.

Doch auch auf typische Gegenstimmen muss eingegangen werden: So legt zum Beispiel der amerikanische Autor Nathaniel Rich in seinem viel beachteten Buch »Die zweite Schöpfung« (2022) dar, dass der Mensch die Erde so stark verändert hat, dass ein Zurück zum Urzustand gar nicht mehr möglich ist. Das entspricht auch meiner Sicht. Aber anders als ich folgert er daraus und angesichts einiger »Ewigkeitschemikalien« (das sind künstliche Stoffe, die kaum natürlich abgebaut werden, zum Beispiel die Fluorverbindungen der PFOAs, die sich durch uns in problematischen Spuren über die ganze Welt verteilt haben) eine fortwährende Verpflichtung des Eingreifens, Steuerns und Managens der Natur. Einer der Kernsätze des Buchs drückt es so aus: »Wenn künftig etwas Wildnisähnliches überleben soll, kann das nur durch eine sehr aufmerksame und bewusste Steuerung geschehen. Ein bedrohtes Ökosystem ist, wie jeder Patient in kritischem Zustand, auf eine ständig eingreifende Pflege angewiesen.« Andere Wildniskritiker in den Kulturlandschaften Europas führen zudem ins Feld, dass mit Gestaltung und Flächenmanagement oft viel reichere, lichterfülltere und seltenere Habitate möglich würden und die Jahrhunderte langen Gestaltungstraditionen fortgeführt werden sollten, anstatt sie mit Wildnis zu beenden.

Solche verbreiteten Vorstellungen halte ich für nicht haltbar, weil sie ein Verständnis voraussetzen, das ich als falsch erachte: Nathaniel Rich und andere setzen voraus, der Mensch hätte so großes Wissen und Fähigkeiten oder könne sie bald entwickeln, sodass wir ausreichend wüssten, was gut ist, wie wir etwas pfleglich angehen oder gar besser als die Natur selbst gestalten könnten. Auch wird verkannt, dass Wildnis oft zu mehr Vielfalt führt, die jener der Kulturlandschaften sogar überlegen sein kann (mehr dazu siehe ab Seite 87).

Wildniskritiker stellen aber auch gute Fragen, die ich aufgreife: An welchen Kriterien orientieren wir uns gegenüber Natur in einer menschengeprägten Umwelt? Nach welchen Kriterien entscheiden wir, was schützenswert ist oder was wir bevorzugen? Wildnis, wie ich sie als Kerndefinition anbiete, hat eine Antwort: Es ist konsequent die Natur selbst und was aus ihr ganz frei auch auf einst menschengeprägten Standorten entsteht. Das setzt am Zustand an, wie er gerade ist, und geht neu in die Zukunft, nie zurück.

Nathaniel Rich und andere nehmen zudem an, dass sich die Natur weiter verschlechtern wird, wenn wir nicht (besser) managen. Das ist aber nicht zwangsläufig so und viele Beispiele zeigen das Gegenteil: Sogar giftige Bergbauseen erholen sich oft überraschend gut durch die Kraft der Wildnis, wenn wir nichts tun. Scheinbar langlebige Stoffe bauten sich schon manches Mal in komplexen natürlichen Beziehungen ab, die wir nicht vorhersehen konnten. Natürlich gilt das nicht immer und wir müssen neue Freisetzungen problematischer Stoffe vermeiden, fallweise eine Fläche wirklich mal sanieren. So habe auch ich bei Übernahme meines Geländes (siehe Seite 149) zunächst Berge aus Plastik und Müll des Vorbesitzers entsorgt, dann aber sogleich in die Natur geflüstert: »Und jetzt übernimm!«

In Management-Ansprüchen liegt eine Gefahr des wohlmeinenden, oft aber böse endenden »Verschlimmbesserns«. Selbst wenn man menschliches Können dreist über das der Natur stellt, gibt es ein Argument, das für mich durchschlägt: Denn erst neue Wildnis auf einer Fläche ermöglicht es überhaupt, dass wir ein Management auf anderer Fläche vergleichend beurteilen können. Wer am Ende Recht hat oder was nach welchen künftigen Kriterien dann besser ist, Natur oder menschliches Handeln, darf gerne später verglichen werden: ergebnisoffen.

Eine »Zieloffenheit« mit Wildnis ist zentral wichtig und ihr Alleinstellungsmerkmal. Aus der Vergangenheit sollte man zwar lernen, aber vergangene Zustände doch nicht zum Zukunftsziel ernennen. Wildnis ab heute ist ein Aufbruch in eine aufregende Zukunft, die oft genug alte Qualitäten dorthin trägt, neue entfalten und positiv variieren kann. Aber sogar viele liebenswerte Naturschützer wollen gerne optimieren, möchten dies und jenes fördern, orientieren sich zu oft an Vorbildern der Vergangenheit. Wildnis aber ist ein Naturvertrauen ab jetzt frei in die Zukunft – trauen wir uns!

Wildnis mit Menschen: beobachten statt gestalten

»Und wo bleibt der Mensch?«, mein Diskussionspartner sieht mich kritisch an, »ich möchte aus der Natur nicht ausgeschlossen werden«. Ich nicke ihm zu. »Ja, das sehe ich auch so. Aber in Wildnis, wie ich sie verstehe, sind Menschen willkommen. Wir wechseln nur die Rolle.« »Wie bitte?«, hakt er nach, und bevor er von der Rolle ist, schlüpfe ich in die Rolle des Vermittlers.

Fast überall haben Menschen die Rolle des Gestalters. Wir nutzen Landschaft. Das ist wichtig, brauchen wir doch Lebensmittel, wollen und müssen wir viele Bedürfnisse befriedigen. Immerzu nehmen wir dabei aktiv Einfluss. Wildnis heißt im Gegensatz dazu, dass wir auf bestimmten Flächen aus der Rolle des Gestalters in die Rolle des Beobachters wechseln, das aber konsequent (siehe Seite ab 108 und ab Seite 175).

Wildnis (er-)hören

Tipp für Erlebnisse

Suchen Sie sich in Wildnis einen schönen Platz, stellen sich mit beiden Beinen fest auf die Erde. Bequemer, aber sicherer Stand ist nötig. Dann Augen zu, weil wir uns so noch besser nur auf unser Gehör konzentrieren. Beide Arme nach oben, zur Faust schließen. Sie öffnen aus der linken Faust je einen Finger, wenn Sie ein natürlich entstandenes Geräusch aus der Natur hören – bis alle fünf oben sind. In der rechten Faust das Gleiche, nur alle menschenentstandenen Geräusche. Erst dann die Augen wieder öffnen. Wenn Sie zu mehreren sind, tauschen Sie sich bitte aus, wenn der Letzte die Augen wieder aufhat: Es ist interessant, wer das Gleiche und auch Unterschiedliches wahrgenommen hat.

Auswertung

Einfach eine gute Sinnesschule, Natur- und Wildnisbeobachtung! Je tiefer die Wildnis ist, desto weniger Zivilisationsgeräusche werden Sie hören und desto gedämpfter werden diese sein. Vergleichen Sie verschiedene Plätze, Zeiten und mit den Jahren. Es ist erstaunlich, wie viele Fremdgeräusche es oft gibt. Zugleich sind Naturgeräusche wohltuend und Sie werden überrascht sein über ihre Vielfalt, die man im Alltag oft vergisst. Sanfte Geräusche wie Wind in den Blättern oder das Plätschern eines Baches tun unserer Seele gut und entstressen: Dann ist die Welt in Ordnung, wir gesunden. Solche Signale der Wildnis nehmen wir auch genetisch als friedlich wahr. Sturm, Donner und scharfe Geräusche sind hingegen Warnsignale. Welches Geräusch ist wildnistypisch und weniger in Nutzlandschaften zu finden? In verlärmten Landschaften singen weniger Vögel, die aber etwas lauter, hat man festgestellt, ist sich aber noch nicht für überall sicher. Überprüfen Sie es ...

Variation

Sie können das überall tun. Den Geräuschen können Sie ein Zeichensymbol geben und eine Geräusch-Landkarte zeichnen. So dokumentieren Sie Stand und Veränderungen oder haben einfach Spaß.

Profi-Ebene

Nach dem gleichen Prinzip gibt es das relativ neue Forschungsfeld »Soundscaping«, wo Horchboxen an repräsentativen Stellen aufgestellt und alle Geräusche der Landschaft systematisch aufgezeichnet werden. So ergibt sich ein Hörbild der Landschaft, Biodiversität und Artenspektren, die dadurch gut erfasst werden (zumindest die nicht stummen Arten), aber auch von Störungen, auch in Form von Zeitreihen. Manche Forscher sagen, ein Wald wüchse umso besser, je natürlicher sein Soundspektrum sei. Es gibt noch viel zu entdecken.

Dürrenstein Südwestflanke

Wildnis-Positiv-Beispiel und Erlebnisort

Letzte Primärwildnisse und echter Urwald – Dürrenstein-Lassingtal

Es gibt sie doch noch: letzte Inseln an Natur, die kaum jemals genutzt wurden und Primärwildnis sind. Das Bergwaldgebiet Dürrenstein (Niederösterreich) enthält mit dem Rothwald einen der letzten echten Urwaldreste Mitteleuropas und wurde deshalb zum »Wildnisgebiet« und zum UNESCO-Weltnaturerbe erklärt. Erweitert wurde es um das Lassingtal (grenzübergreifend: Steiermark), in dem sich neue Wildnis entwickeln darf, ausgehend von recht naturnahen Waldbeständen. Diese reicht sogar auf alpine Matten hinauf. Auf heute etwa 7000 Hektar durchdringen sich somit uralte und jüngere Naturwälder, Bäche und Schluchten in einem großartigen Wildniswert.

➤ Mehr Informationen: www.wildnisgebiet.at

Wildnis hat Geschichte(n)

Menschheit aus der Wildnis

»Wildnis ist eine Erfindung von Naturschützern, so was von ideologisch.« Das höre ich oft. Ideologen wollen wir aber alle nicht sein. »Nein«, halte ich entgegen, »Wildnis ist guter Teil der Menschheitsgeschichte«. Es gilt, Wildnis-Kultur zu kennen und weiterzuentwickeln wie andere Kulturtechniken auch. Blicken wir in unsere Vergangenheit, die Basis der Zukunft ist.

Wir sind uns dessen oft nicht bewusst, aber der Mensch ist ein Tier unter vielen: Zwar mit besonderen Fähigkeiten, aber jede Tierart hat besondere Fähigkeiten, die nicht geringer zu schätzen sind. Der Mensch hat sich aus einem affenähnlichen Wesen als Menschengattung Homo seit etwa 2,6 Millionen Jahren entwickelt. Das dauert an. Sie lesen also hier die Zeilen eines Affen – unter uns Affen. Blicken wir zurück: Feuerstellen des Homo erectus, der schon recht ähnlich zu uns ist und aus dem zum Beispiel der Neandertaler hervorging, gibt es seit mindestens 1 Million Jahren. Als anatomisch und auch in der Hirnausstattung vollständig wie heute ausgestattete Menschen gibt es (zunächst ausschließlich mit dunkler Hautfarbe) seit mindestens 300 000 Jahren.

Die ersten paar Jahrhunderttausende unserer Geschichte lebten wir eingebunden in die Natur als Jäger und Sammler. Wir waren körperlich und seelisch mit unserer Landschaft verbunden, kommunizierten mit ihr auf der Suche nach Wasser, Nahrung, in Ahnung bevorstehender Unwetter und Gefahren. Wir waren aber ganz schön wenige.

Unser Einfluss nahm zu, als wir lernten, Feuer für uns zu nutzen. Feuer prägte Persönlichkeit und Kulturentwicklung, auch in spiritueller Hinsicht. Mit Feuer schufen wir in unserer aller Heimat Afrika mehr Savanne statt Wald. Parallel gab es in regenreicheren Gebieten aber wohl auch tiefe Wälder. Die Teilöffnung der Landschaft schafften wir gemeinsam mit wilden Großsäugern. Diese profitierten von uns durch mehr Gras. Wir profitierten von ihr durch deren Fleisch – dann wieder auf unseren Feuern.

Es gab eine an Wildnis angepasste Kultur in Natur: Nehmen und Geben, immer etwas zurücklassen. Ganz selbstverständlich wurden natürliche Grenzen geachtet. Man war winziger Teil einer »Mutter Erde«, von etwas viel Größerem. Jede Art eines Eigentums wäre absurd gewesen, man kam gar nicht erst auf solche Ideen.

Eine naturbezogene Spiritualität war allgegenwärtig. Die Wildnis war in und mit uns. Heilkräuter, aber auch das Bewusstsein erweiternde Substanzen waren wichtig. Das erfolgte nach bestimmten Riten und Erfahrungen, war begleitet von Schamanen und kenntnisreichen Frauen. Gegenteilig ist der heutige entwurzelte Drogenkonsum ohne Wissen, in krankmachenden Abhängigkeiten, Realitätsflucht oder Kompensation emotionaler Leiden in naturentfremdeter Welt.

Bild links unten: Wildnis bietet einzigartige Plätze, Übergänge und Stimmungen

Alles, was uns stets ausmacht, Esszeiten, Schlafzeiten und Wachzeiten, Stoffwechsel, Erneuerung der Zellen, ja auch Anpassung an Jahreszeiten, folgt auch heute den natürlichen Lebensprozessen, denen jeder Mensch unterliegt. Das heißt, selbst wenn wir uns aktuell in digitalen Welten bewegen und die Natur zu überwinden trachten oder gar glauben, wir hätten das bereits geschafft, sind wir noch immer natürliche Lebewesen, die krank werden, wenn uns Lebensnotwendiges fehlt. Eine Naturliebe (»Biophilie«, Begriff von Edward Wilson, siehe Seite 113), ja eine Naturbedürftigkeit wohnt in uns. Trotz aller kulturellen Prägung helfen Naturkontakte, gesund zu bleiben oder es zu werden. Immer mehr Menschen suchen den Kontakt zur Natur, suchen sich selbst, suchen ihre uralte Wildnis.

Wildnis in Frieden!?

Es spricht nach aktuellem Forschungsstand vieles dafür, dass es Kriege in der gesamten Jäger- und Sammlerzeit nicht gab. Ausnahmen, aber nicht als Kriege definierbar, waren individuelle Aggressionen. Bei Aufenthalt und Bewegung in Natur und friedenstiftenden Riten gelang es wohl meist erfolgreich, Aggressionen wegzuleiten und ein enges Zusammensein zu leben. Ich empfehle auch heute viel Aufenthalt und Bewegung in Natur sowie Wildnis als Friedensraum (siehe ab Seite 102).

Bei den Frühmenschen geht man von eher matriarchalischen Clan-Gesellschaften aus. Diese folgten sicher nicht dem Klischee, dass eine starke Frau anstelle eines starken Mannes das Zepter, Verzeihung: den Ast schwang. Man darf sich eine Art Konsensgesellschaft vorstellen, in der jeder gleichberechtigt und kooperativ seine Aufgaben erfüllte. Kinder wurden gemeinsam in der Gruppe der Mutter aufgezogen, Vereinzelung gab es nicht. Unsere Bedürftigkeit, zu einer Gruppe zu gehören, ist uns natürlicherweise eigen. Die viel spätere Ziehung starrer Grenzen, auch zu anderen Gruppen oder gar Ländern, ist aber unnatürlich.

In der Frühgeschichte stand die Menschheit wegen ihrer geringen Zahl, ihrer begrenzten Verbreitung und Natureinflüssen mehrfach knapp vor dem Aussterben. Nur wenige Individuen überlebten durch Zufälle und breiteten sich dann wieder aus. Genetisch gesehen, gingen wir durch Flaschenhälse. Verhalten wir uns heute bitte nicht wie Flaschen und gehen mit dem Geschenk des Lebens achtsam um, indem wir Frieden und Wildnis zulassen, denn wir kommen aus beidem.

Out of Africa: Menschheit in Anpassungen

Von Afrika aus verbreitete sich die Menschheit ab etwa 200 000 Jahren vor heute in Schüben über die Welt. Diese Annahme entspricht den meisten bisherigen Forschungsergebnissen. Nach anderen Thesen ist es nicht ausgeschlossen, dass der moderne

Mensch auch unabhängig in mehreren Weltgegenden aus Homo-erectus-Vorkommen mit Variationen entstanden sein könnte und erst später als Menschheit verschmolzen sei. Aber auch dann gälten die folgenden Aussagen:

Wir zogen bei unserer Ausbreitung einem für uns günstigen Klima und Nahrungsgründen hinterher, passten uns auch an unterschiedliche Klimazonen an. Andere Menschenarten wie der Neandertaler wurden durch die Art Homo sapiens verdrängt. Das sind wir: »Sapiens« heißt »wissend, weise«. Eine Weisheit der Menschen wäre ein gutes Ziel. Sie wurde uns aber wohl zu früh zugeschrieben.

Bis vor etwa 15000 bis 12000 Jahren lebten unsere Vorfahren schon in vielen Weltregionen als Jäger und Sammler. Entgegen früheren Annahmen einer Art Dauerbeschäftigung zum Überleben verbrachte man einen Großteil der Zeit mit – nun ja, das weiß keiner so genau, aber wahrscheinlich viel mehr mit entspanntem Abhängen und Nichtstun statt Arbeiten und Stress als wir heute. Forschungen beziffern die wöchentliche »Arbeitszeit« (samt Jagen und Sammeln) damals im Schnitt auf maximal 15 bis 20 Stunden. Zwar lag die durchschnittliche Lebenserwartung nur bei 30 bis 40 Jahren gegenüber 78 heute in Westeuropa. Bedenken wir aber, dass man damals nur halb so viel arbeitete wie der Vollzeitarbeitnehmer mit 40-Stunden-Woche und Zusatzverpflichtungen heute, so war die freie Lebenszeit wohl sogar größer als jetzt. Heute schuften wir uns zu Tode und Natur überprägen wir oft tödlich mit. Mit neuer Wildnis will ich daran ansetzen: Auf einer Fläche »nichts tun« und auch sich selbst dabei zurücklehnen. »Nehmt Euch Zeit, sonst nehmt Ihr Euch und anderen das Leben«, so rufe ich aus diesem Buch.

Wem das bis hierher zu viel »heile Welt« war, dem kann ich ab jetzt leider helfen: Während die Jäger- und Sammlerkulturen in Afrika weitgehend in Einklang mit der Umwelt waren und die Großtierwelt mit ihnen koexistieren konnte – sogar bis kurz vor heute (erst ab der Kolonialzeit gab es moderne Waffen, soziale Verwerfungen, Überbevölkerung) –, fabrizierten sie bei ihrer Ankunft anderswo erste ökologische Katastrophen: Schon mit den kleinen Besiedlungswellen der Frühmenschen in Europa, Nordamerika, Südamerika, Australien und viel später Neuseeland war ein schnelles Aussterben der leicht jagdbaren großen Tiere festzustellen. Man diskutiert, ob natürliche Klimasprünge oder die Frühmenschen verantwortlich waren. Die gleiche Tierwelt verkraftete zuvor aber große Klimaveränderungen samt Wechsel von Kalt- und Warmzeiten. Erst als der Jagddruck hinzukam, war das wohl zu viel: Man spricht von »Overkill«. Die Großtiere waren leicht jagdbar, wohl vertrauensselig und hatten eine geringe Fortpflanzung. Das reichte auch bei wenigen Menschen für die Ausrottung zeitgleich zum Abklingen der letzten Eiszeit. Nur wenige Arten wie Moschusochsen, Bisons, Hirsche und Bären überlebten, doch das war nur ein Bruchteil der Megafauna. Das letzte eurasische Mammut starb vor etwa 3700 Jahren auf der einsamen sibirischen Wrangelinsel.

Insgesamt haben die Frühmenschen bei ihrer Verbreitung über den Erdball über 300 Arten und mit ihnen 2,5 Milliarden Jahre Evolutionsgeschichte ausgerottet, wie eine Studie von Matt Davies 2018 zeigte. Für ihre begrenzten Mittel waren die Unsrigen also »wahnsinnig« erfolgreich. Betonung liegt auf »wahnsinnig«. Denn es muss dann Notzeiten gegeben haben, nachdem man das leicht jagdbare Wild dezimiert hatte. Erst in Generationen entwickelten sich die Indigenen zu den angepassten »Naturvölkern«, die wieder relativ eingebunden in die Kreisläufe der Natur der jeweiligen Orte lebten, deren tierische Urbewohner sie dort vernichtet hatten.

Sehr viel später, mit der Eroberung der Kontinente durch die Europäer ab 1492, wiederholte sich diese Geschichte: Die europäischen Einwanderer und Siedler töteten oder unterjochten die anfangs vertrauensseligen Indigenen, so wie diese Tausende Jahre zuvor die Wildtiere dezimiert hatten. All das mit negativen Folgen bis heute. Wann werden wir jemals lernen?

Auch in Europa gab es über Jahrtausende noch Indigene, die in den späteren sesshaften Herrschaftskulturen abgewertet, verfolgt und wohl erst im Spätmittelalter ganz assimiliert wurden. Sie hatten auch hier in Europa eine gute Naturkenntnis und spirituelle Naturbeziehung, glaubten an die Beseeltheit aller Lebewesen und der Landschaftselemente. In der Frühen Neuzeit wurden vor allem naturwissende Frauen als Hexen etikettiert und übel verfolgt. Frau Holle, für indigene Naturvölker in Europa als Erdmutter von zentraler Bedeutung, wurde im Christentum gegenüber ihrer früheren Geltung entstellt. Im Märchen der Brüder Grimm lebt sie zwar als ferne Erinnerung, ist aber ihrer einst umfassenden Bedeutung beraubt und samt Feen, Zwergen und Elfen fast nur noch Folklore.

Wichtig ist, dass alle Naturvölker zu allen Zeiten, auch die heutigen letzten Indigenen, immer auch Tabuzonen hatten und haben, in denen sie absichtlich nicht jagten, nicht wirtschafteten, die bewusst nie aktiv beeinflusst wurden. An solchen »heiligen Orten«, so fasse ich diese begrifflich zusammen, ehrte man das Göttliche in der Natur und in jedem Lebewesen. Dass zum Beispiel der berühmte Ayers Rock (Uluru) in Australien seit 2019 per Gesetz nicht mehr von Touristen bestiegen werden darf, ist ein Fortschritt für die Wertschätzung der dort lebenden Indigenen, die unter dieser Entweihung gelitten hatten. Für zahllose andere Naturorte in der Welt ist Wissen aber verloren gegangen. Auch die Landschaft in Mitteleuropa hat sicher zahllose solche Orte, deren Bedeutung inzwischen unbekannt ist oder als Aberglaube abgetan wird.

An solche Werte will ich mit Wildnis anknüpfen, indem besondere Flächen wieder frei, wild und nicht von uns geprägt sein dürfen. »Heilige Orte« waren auch Plätze, wo man magischen Pflanzen, Naturwesen (Beseeltheit) und Geschichten der Ahnen als ein Ausdruck von Naturverbundenheit, aber auch besonderen Farben und Formen nachspürte sowie Heilung suchte. Menschen waren dort Beobachter, nicht Gestalter, und das darf mit Wildnis heute aufgegriffen werden.

Bild rechts: Natur schafft durch geologische Prozesse wie Erosion immer wieder besondere Orte, hier die Altschlossfelsen (Buntsandstein) im Pfälzerwald

Zeitenwende: sesshafte Kulturen – aus Wildnis heraus

Vor etwa 12 000 Jahren änderte sich Entscheidendes. Es begann die Sesshaftwerdung der Menschen. Einige Gruppen, dann immer mehr, gaben das Jäger- und Sammlerleben auf und verlegten sich auf Tierhaltung und Pflanzenanbau. Feste Siedlungen entstanden, erste stadtartige Siedlungen schon ab 10 000 v. Chr. Statt vollständiger Kreisläufe in Natur wurden diese nun nie mehr ganz geschlossen. Das begleitet uns bis heute: immer mehr Abfall, stoffliche Überlastungen, später moderne Gifte und Kunstprodukte.

Mit der Sesshaftwerdung wurde Neues wie Besitztum erfunden. Ackerbau und Tierhaltung brachten Vorteile durch höhere und berechenbare Erträge, weshalb man oft nicht mehr zurückwollte. Die Bevölkerung wuchs, brauchte noch mehr Erträge, wuchs weiter. Soziale Spannungen und daraufhin Regelwerke entstanden, die in Natur nicht nötig gewesen waren. Und so gab es neue große Nachteile: Die enge Nachbarschaft mit Nutztieren samt problematischer Hygiene ließ Krankheitserreger auf Menschen überspringen. Leiden entstanden und breiteten sich aus, die zuvor nicht vorkamen. Unsere Zivilisationskrankheiten wie Autoimmun- und Herz-Kreislauf-Störungen sowie viele Krebsarten entstanden. Die Lebenserwartung sank unter die der Jäger- und Sammlerkulturen und stieg erst wieder stark in der Neuzeit dank medizinischer Errungenschaften an. Wildtiere, die Jäger und Sammler achteten und mit denen sie zusammenlebten, wurden mit der Zeit abgewertet und es wurde über sie bestimmt.

Bezeichnend ist, dass erst ab Zeiten der Sesshaftwerdung Kriege im engeren Sinne nachweisbar sind. Besitz wird verteidigt oder erobert. Naturereignissen und Klimasprüngen konnte man nicht mehr so gut wie früher ausweichen. Es kam zu mehr Wanderungen und Eroberungsfeldzügen: ganz anders als die Jäger und Sammler, die umherstreiften und sich an Natur anpassten, statt andere an sich anzupassen oder zu unterwerfen. Eine Spirale aus Gewalt, Ausbeutung, Gier und Versklavung kam auf und verstärkte sich gegenüber Menschen und Natur. Und doch gibt es auch heute noch Volksgruppen wie die San in Südwestafrika, die – wenn sie gelassen werden – natürlich friedfertig leben.

Wichtig ist, dass diese Geschichte nicht als Höherentwicklung fehlinterpretiert werden darf. Heute verbliebene Jäger- und Sammlerkulturen mögen sicher anders als jene der Steinzeit sein, aber keine Lebensweise oder Kultur ist per se höherwertig oder minderwertig als eine andere. Unseren Ansprüchen und Bedürfnissen gehen wir in unserer jeweiligen Kultur nur unterschiedlich nach, mit jeweils eigenen Vorteilen und Nachteilen. Daraus folgt eine große Entscheidungsfreiheit mit Vielfaltsmöglichkeiten für die Zukunft, wie auch Bettina Ludwig in ihrem Buch »Der Zukunft auf der Spur« (2022) betont.

Hochkulturen und Wildnis

Rund um immer ausgefeiltere Siedlungssysteme wurde die Wildnis zugunsten von Viehzucht und Ackerbau zurückgedrängt. Aber es gab bis in die Neuzeit hinein noch viel von ihr. Ergänzend zum Ackerbau wurde je nach Kultur in umgebender Wildnis gejagt, wurden Kräuter, Beeren und Pilze gesammelt.

In Europa gab es zwischen Antike und Neuzeit eine hohe Dynamik an Rodungsphasen und Rückzügen. Zeitweise gab es in manchen Räumen halboffene »Parklandschaften«, die infolge verbliebener natürlicher Wildtiere, später mehr durch Haustierweiden geprägt wurden. Gleichzeitig wuchsen vor allem in regenreicheren Bereichen dichte Wälder. Lebensräume sowie Tiere und Pflanzen der Wälder und Offenländer, der Wildnis und Kultur vermischten sich über Jahrhunderte. Grenzlinien zwischen Offenland und Wald sind eine unnatürliche Entscheidung der Moderne – und ein Problem für einen großen Teil der Artenvielfalt, der unregelmäßige Übergänge (Ökotone) braucht.

In den Hochkulturen Chinas wurden schon um 700 n. Chr. philosophische Wanderungen durchgeführt, um wilde Natur zu achten und zu erleben. Die berühmte Landschaftsmalerei aus dieser Zeit lässt den Menschen winzig und randlich erscheinen, die unberührte Natur als fein gezeichnete Schönheit groß.

Alle Hochkulturen hatten wie schon die Indigenen bestimmte – wenigstens kleine – Naturflächen als heilige Plätze, für Götter und noch mehr Göttinnen, die aus Achtung vor der Natur unbeeinflusst blieben. Bei den Kelten gab es »heilige Haine« (der »nemeton«), in denen Druiden Riten abhielten. Die alten Griechen hatten »αλσος«, den Hain, der auch in den Epen Homers erwähnt wird, gewidmet der Erdmutter Gäa: typisch in Form einer Quelle, umgeben von einem kleinen Wald, der unangetastet blieb. Die Römer ließen »heilige Wälder« unberührt (den »lucus«, »nemus«). Außerhalb wurden aber schon in der Antike die meisten Wälder rund ums Mittelmeer für Schiffbau, Städte und Militär abgeholzt.

Im Sommer 2021 besuchte ich in Mittelitalien den Wald am landschaftsprägenden Monte Subasio, an dem Franziskus von Assisi gewirkt hatte. Aus Verehrung für den naturverbundenen Heiligen blieb das Stück Wald als »Wildnis« seit dem 12. Jahrhundert über all die Jahrhunderte unbeeinträchtigt, während die Umgebung bekriegt, abgeholzt und intensiv genutzt wurde. Inmitten alter knorriger Bäume, aber auch erfrischenden Jungwuchses und eines angenehmen Waldklimas in der sommerlichen Trockenheit huldigten stille und meist religiöse Besucher der friedlichen Wildnis. In meinen Gesprächen erfuhr ich, dass viele auch heute gerade solche »heiligen Orte« suchen.

Doch im Namen von Religionen gab und gibt es auch Ausbeutung und Verbrechen. So bekämpften Menschen im Zuge der Christianisierung naturverehrende Bräuche als »heidnisch«. Viele naturverbundene Riten im Jahreskreis gingen verloren. Wenige

Besondere Naturplätze und kleine Wildnisreste bereichern Kulturlandschaften zu allen Zeiten, hier bei einem Hügelgrab im Nordpfälzer Bergla

wurden in christlichen Kontext umgestaltet: Frohe Weihnachten! Auch die falsche Deutung der bekannten Bibelstelle als »Macht Euch die Erde untertan« war fatal. Das regte falsch an, möglichst alles zu nutzen, ja auszunutzen. Gemeint ist eigentlich: »Pflegt die Erde sorgsam.« Heute steht ein atheistisches, gewinnoptimierendes und technokratisches (Über-)Nutzen religiösen Verblendungen in nichts nach.

Neuzeit: Wildnis als Resterampe, Wildnis als Chance

In den entstehenden und vergehenden Feudalgesellschaften gab es große Reviere für die Jagd. Dort durfte der Wald aber sonst oft wachsen, wie er wollte, wobei die Bevölkerung zugunsten des alleinigen Jagdrechts der Oberen ausgeschlossen wurde. Erst mit Wegfall dieser unsozialen Privilegien wurden diese relativen »Taburäume« kleiner.

Ab dem Mittelalter wurden die meisten Wälder durch Beweidung genutzt, dann übernutzt und regional teils zu Heiden umgeformt. Zugleich gab es aber ausgeklügelte Bewirtschaftungsregeln: Haubergsverordnungen, Allmendeweiden, Wässerwiesen sorgten dafür, dass es gerecht zuging, dass Land nicht übernutzt wurde, aber auch nicht »verwildern« durfte. Doch in abgelegenen Ecken gab es weiterhin Wildnis, die noch geachtet wurde, jetzt oft mehr aus Furcht als aus Ehrfurcht. Es entstand eine intensive Kulturlandschaft, die teils strukturreich, teils übernutzt war – und ausgerechnet die verklären manche als Ideal der Artenvielfalt Europas.

Restwildnis wurde in Europa seltener, als die Bevölkerungszahl stieg, als der Holzbedarf zum Brennen und Bauen wuchs, Ansprüche an mehr Luxus aufkamen. Extrem nahm der Druck auf Natur im Industriewirbel ab 1800 zu und die Achtung für Natur erstarb fast ganz. Wildnis wurde als fortschrittsfeindlich bekämpft, entwässert, erobert – bis auf unzugängliche Reste. Im 18. und 19. Jahrhundert war zum Beispiel der Schwarzwald – wie viele Räume Deutschlands – durch immensen Holzhunger fast vollständig waldfrei. Rettung brachte dann ausgerechnet der erstarkende Abbau fossiler Rohstoffe wie Kohle, was wiederum die Freisetzung viele Treibhausgase mit sich brachte. Die Bedeutung von Holz als Energieträger ging zurück: ein Glück für die Natur. Heute stehen wir vor der Aufgabe, klimaschädigende fossile Energien einzudämmen und zugleich nur so viel Holz zu nutzen, dass wieder Raum für Wildnis bleibt.

Viele Flächen wurden danach gezielt aufgeforstet, um sie überhaupt erst wieder für Holz nutzen zu können, oft als naturferne Plantagen statt in Naturentwicklung. Ausgerechnet dieses, was Wildnis verhindert, sehen manche Förster als Geburtsstunde der »Nachhaltigkeit« und verbinden das mit Carl von Carlowitz: Er hatte dieses eigentlich naturferne System 1713 vor allem wegen der besseren und langfristig ausgelegten Holzausbeute klug konzipiert, nicht aber wegen oder gar zugunsten der Natur. Heute werden Forstplantagen falsch als Wälder angesehen. Ein Naturwald wäre anders: unregelmäßig, totholzreich, standortweise auch mal lichter.

Wildnis gab es aber dennoch in einigen waldgebundenen Traditionen: Aus Finnland kenne ich das Sprichwort »Der Wald ist eine Kirche«. Tief verankert ist darin, auch ungenutzte Wälder zu ehren, sich selbst darin zu regenerieren. Auch Bergbewohner haben neben holzliefernden Nutzwäldern bewusst ihre Schutzwälder vor Lawinen erhalten, obwohl sie sonst dem Land abtrotzten, was abzutrotzen ist, um zu überleben. Im Ergebnis entstand eine vielfältige Kulturlandschaft, stets auch mit Wildnisflecken.

Abgründe der Geschichte: Wildnis aus Tragödien

Wildnis war oft auch Folge menschengemachter Katastrophen. Beispiele:

Die brutalen Eroberungen in Mittel- und Südamerika ab 1492 samt Seuchen entvölkerten riesige Kulturlandschaften. Große Wälder wuchsen neu, die wir heute als Urwald (v)erklären. Immense Mengen Kohlenstoff (geschätzt bis zu 5 Gigatonnen) wurden dabei der Atmosphäre entzogen. Solche Waldwildnis ist folglich klimarelevant und könnte – nach Hyothese des Paläoklimatologen William Ruddiman – sogar die Kleine Eiszeit ab dem 16. bis ins 19. Jahrhundert mitverursacht haben, wobei hierfür weitere Ursachen diskutiert werden.

Infolge brutaler Schlachten, Verbrechen und Vertreibungen im und nach dem Ersten Weltkrieg, dann nochmals im Zweiten Weltkrieg wurde der Südwesten Sloweniens gewaltsam entvölkert. Erst dadurch entstanden auf dem kargen, aber einst genutzten

Boden fantastische wilde Wälder, durch die heute Bären streifen und Flüsse klar und fischreich wurden. Diese Bereiche zählen heute zu den großen Naturschätzen Europas und profitieren von einem anspruchsvollen Wildnis-Tourismus.

Im Zweiten Weltkrieg überfiel die deutsche Armee große Gebiete in Osteuropa, nahm sie in Besitz und entvölkerte sie zum Teil, was regional bis heute wirksam ist. Dort wurden gezielt Rückverwilderungsprojekte geplant und Wildnis wurde im totalitären Herrschaftsanspruch missbraucht.

Armut und Hungersnöte bedingten immer wieder Wildnis: Berghänge einer einst harmonischen, aber beschwerlich nutzbaren Kulturlandschaft – sogar im heute reichen Schweizer Tessin – wurden durch Abwanderung aus wirtschaftlicher Not zu Wildnis, die heute die Kulturlandschaft ergänzt.

Wo die so entstandene Wildnis in die Zukunft getragen werden darf, sollte unbedingt eine angemessene Erinnerungskultur gepflegt werden.

Neugründungen von Wildnis als Kulturleistung

Es gibt in unserer Geschichte aber auch viel Helles: Absichtlich Wildnis zuzulassen, wurde in den letzten 200 Jahren als bewusste positive, menschenfreundliche und freiwillige Kulturleistung vermehrt begründet. In meiner Heimatstadt Mannheim verfügte der reiche Industrielle Carl Reiss, motiviert von der Schönheit der Natur und weil er es einfach konnte, dass eine Auwaldfläche am Rhein, die er 1881 zunächst zur Ausbeutung von Ton kaufte, für immer der Natur gehören solle. Mit dieser Auflage schenkte er sie der Stadt. Als Jugendlicher genoss ich diese Auwaldwildnis inmitten der Großstadt mit Straßenbahnanschluss. Von Pfaden aus schulte ich meine Naturkenntnis und gewann an Wildnisbegeisterung, während im Hintergrund das Rauschen der Stadt daran erinnert, wo man sich befindet: alte Wildnis in moderner Stadt.

Seit dem 19. Jahrhundert wurden betont große Schutzgebiete für Wildnis ausgewiesen. Es begann in den USA eine Bewegung, inspiriert von den Naturphilosophen Ralph Wald Emerson, John Muir und Henry David Thoreau, die Wildnis als Gegenwelt zur Industrie in positives Licht setzte und eine Art Wildnis-Romantik anregte. Als erster Nationalpark der Welt wurde 1872 Yellowstone in den USA eingerichtet. Zwar wurden dabei und bei weiteren Nationalparkgründungen bis weit ins 20. Jahrhundert hinein Verbrechen begangen, indem Ureinwohner gegen ihren Willen umgesiedelt wurden. Aber die Idee, Wildnis ausdrücklich zum Wohle aller zu schützen, wirkte inspirierend, auch weil später verstärkt unbesiedelte Flächen gewählt wurden und Umsiedelungen unterblieben. Es entstand ein ganzes System an US-Nationalparks, heute 63, für manchen »Amerikas beste Idee« für die Welt. Angeregt davon gibt es heute über 2000 Nationalparks in aller Welt. Der Sarek-Nationalpark in Schweden war 1909 der Erste in Europa. Der Erste in den Alpen war 1914 der Schweizerische Nationalpark.

Wildnis ist Teil der Menschheitsgeschichte – fast vergessen. Hier wird sie in den Mittelpunkt gestellt: Kunstintervention »For Forest« von Klaus Littmann im Wörthersee Stadion Klagenfurt (2019).

Seit Ende des 20. Jahrhunderts werden zumindest in westlichen Demokratien die Menschen beteiligt und Chancen in und mit Wildnis angeboten. Wildnis (wie ich sie verstehe) darf nach den Lehren der Geschichte und in ethischer Verantwortung nur unter Zustimmung der Menschen und in freiwilliger Entscheidung des Flächenbesitzers neu eingerichtet werden. Auf unbesiedeltem oder relativ unwirtschaftlichem Land wäre dies umfangreich möglich, ohne in Not zu kommen. Verbliebene Indigene und Bewohner sind Teil der Gebiete. Ihre Lebensweise und Entwicklung müssen möglich bleiben, wenn sie naturerhaltend sind. Niemand darf gegen seinen Willen umgesiedelt werden. Neue Wildnis heißt für mich, keinen Herrschaftsanspruch für Flächen zu konstruieren, sondern Freiräume für alle anzubieten. Dazu werden diese Gebiete angemessen geschützt – was einfacher gesagt ist als getan, wie das folgende Beispiel zeigt.

Gerade in Afrika werden Naturgebiete gegen Wilderer verteidigt. Ohne dies würden sie ihrer Tiere beraubt. Teilweise gehen die Verteidiger dabei selbst gewaltsam vor und verletzten Menschenrechte. Abgesehen von mafiösen und kommerziellen Wilderei-Verbünden trifft das am Ende aber oft notleidende Menschen. Dieses Beispiel zeigt, dass Wildnis immer auch im größeren Zusammenhang eines sozialen und wirtschaftlichen Blickwinkels zu sehen ist. Dort, wo es politische Stabilität gibt und Menschen Chancen mit Wildnis verbinden, liegt eine faire Zukunft.

In den USA kam neben Nationalparks auch ein anderer Wildnisansatz auf: Man wollte Jägern, Fischern und Naturliebhabern als Ausgleich zur Moderne ein originäres Naturerlebnis ermöglichen, ohne aber die engeren Regeln eines Nationalparks. Aus dem wirtschaftenden »US Forest Service« heraus wurden mit Konzepten von Arthur

Carhart und Aldo Leopold ab 1924 »Primitive Areas« ausgerufen, später mit dem demokratisch ausdiskutierten »US Wilderness Act« 1964 weiterentwickelt: Die USA verfügen heute über 757 Wildnisgebiete (»Wilderness«), auf einer Gesamtfläche von 443.000 km² (5 Prozent des Staatsgebietes). Diese Gebiete erfüllen die Doppelfunktion, kaum veränderte Landschaften vor menschlicher Beeinflussung zu schützen und dem Besucher »Wildnis« als Aktivitätsraum anzubieten, ohne dass er darin nennenswerte Spuren hinterlässt.

In Russland, dem flächenmäßig größten Land der Welt, gibt es neben Nationalparks das auf seine Art einzigartige Gebietsnetz der »Zapovedniks«, in denen mit meist strengen Zugangsregeln repräsentativ große Wildnis geschützt wird. Nach Vorläufern in der Zarenzeit wurde das erste 1917 ausgewiesen. Heute umfasst dieses System 103 Zapovedniks mit 40 Millionen Hektar Fläche. Es ist das größte nationale Schutzgebietssystem der Welt und in seiner Schutzfläche größer als Deutschland.

In West- und Mitteleuropa standen lange Zeit der Schutz und die Pflege besonderer Kulturlandschaften im Vordergrund, bevor Wildnisideen ab den 1960er-Jahren vermehrt aufkamen. Der erste Nationalpark in Deutschland wurde 1970 als Ausschnitt des Bayerischen Waldes eröffnet. In der politischen Wende 1989/1990 gab es in Deutschland einen Schutzgebietsschub, auch mit Wildniszonen. Seit 1992 wird das europäische Schutzgebietssystem Natura 2000 etabliert. Innerhalb dessen ist Wildnis möglich, tritt aber gegenüber Pflege bestimmter Kulturlebensräume leider noch zurück. Versuchen wir, das zu dynamisieren!

In den 1990er-Jahren kam der Begriff »Prozessschutz« aus Quellen des Forstes und des Naturschutzes auf, der Wildnis auch auf bisher genutzte Landschaften übertrug. Als Kind der Zeit hatten meine wissenschaftlichen Arbeiten zum Beispiel Prozessschutz für Bergbaufolgelandschaften zum Thema. Ab den 2000er-Jahren förderten »New-Wilderness«-Bewegungen mehr Wildnisflächen. Zudem entstand der Ansatz, (halb-)wilde Weidehaltungen einzurichten, beginnend in den Niederlanden (siehe Seite 143). Neuerdings kommt laut »Green Deal« der EU (seit 2022) und diversen Klimaschutzvereinbarungen die Notwendigkeit hinzu, natürlichen Klimaschutz wirksam durch Wildnis zu betreiben und Flächen vermehrt zu renaturieren.

Naturschutz mit Wildnis als Teilstrategie ist heute eine vielfältige kulturelle wie demokratische Aufgabe, mit teils bürokratischen Regelwerken. Von Landnutzern gibt es weiterhin enorme Widerstände und Einflussnahme. So läuft trotz vieler Schutzgebiete das Artensterben fort und in der Praxis sind manche Schutzflächen doch nur »paper parks«. Andererseits waren und sind Engagement und Flächensicherung für mehr Wildnis vielfältig: Teils »von oben« durch Regierungen, auch mal durch wohlhabende Personen und Stiftungen, die Flächen für Wildnis kaufen. Teils »von unten« zivilgesellschaftlich, auch in Widerstandsbewegungen gegen Umweltzerstörung und übertriebenes Wachstum (siehe Seite 46 und Seite 149).

Das weltweit bislang größte private Engagement, das heute in öffentliches Gemeinwohl überführt ist, kam von Kristina und Douglas Tompkins seit den 1980er-Jahren. Ihr in der Modebrache erworbenes Milliardenvermögen investierten sie in riesige Landkäufe in Patagonien mit Ziel Naturschutz samt Respekt und Förderung der dort lebenden Menschen. Nach dem Tod von Douglas Tompkins 2016 wurden die Flächen an den Staat Chile übergeben, mit der Verpflichtung, sie als Nationalparks mit großen Wildniszonen für die Menschheit zu sichern.

In Afrika wurden von Privatleuten Privatreservate und »game reserves« eingerichtet. Viele dienen einem fragwürdigen Safari-Tourismus, andere aber der freien Natur, während manche Staaten ihre Naturschätze nicht so wirkungsvoll schützen können.

Motivierend für Wildnisschutz der letzten 250 Jahre war vor allem ein »Eindruck« einer Landschaft als Ganzes. Geistesströmungen wie die Romantik und aufkommende Naturbegeisterung waren wichtige Motivationen, vielleicht eine ferne Reminiszenz an einst heilige Orte. Erst in jüngster Zeit werden Schutzgebiete derart begründet, dass soundsoviele »wertvolle« Arten und Biotoptypen auf dieser und jener Fläche vorkommen. Das zerstückelt aber Natur, ist einseitig und technokratisch. Das Herz der Bevölkerung gewinnt man nicht mit Artenzählerei, sondern mit umfassender Naturverbundenheit, die in unserer langen Geschichte mitverankert ist.

Mit Wildnis in die Zukunft

Zu allen Zeiten gab es Gebiete, die nicht genutzt wurden:
1. Weil wir selbst Teil der Wildnis waren.
2. Weil es angesichts geringer Bevölkerungsdichte Wildnis gab.
3. Weil Flächen als absichtlich ungenutzte Natur verehrt und geschützt wurden.

Wir sollten uns bewusst sein: Fast die ganze Menschheitsgeschichte lebten wir in Wildnis. Nur in den wenigen letzten 10 000 Jahren gab es Phasen von sesshaften (Hoch-) Kulturen. Die Industrialisierung begann etwa 1800. Internet im breiten Alltag gibt es seit etwa 2000. Das Smartphone, kaum noch wegzudenken, ist erst seit etwa 2015 weit verbreitet. Übertragen auf eine Uhr ist das in etwa so, als würden wir 23 Stunden lang in der Wildnis sein, nur die letzte Stunde ist Schulgeschichte mit (Un-)Kulturen. Und erst in den letzten Sekunden sind wir in der High-Tech-Welt.

Kein Wunder also, dass die Wildnis tief in uns ist, wir auf freie Natur geprägt sind, auch wenn wir im fünften Stock eines Stahlbetongebäudes acht Stunden vor dem Bildschirm sitzen und oft nicht wirklich begreifen, was wir da eigentlich anklicken. Das ist sicher keine artgerechte Haltung für uns Menschen. Hoch entwickelte Medizin versucht uns, an die lebensfeindliche Haltung anzupassen. Aber wir sind Wildniswesen und für eine gute Zukunft brauchen wir das Wesen der Wildnis.

Wildnis-Positiv-Beispiel und Erlebnisort

Vom Widerstand gegen Kraftwerke zur Kraft der freien Natur – Nationalpark Donau-Auen bei Wien

Der Nationalpark Donau-Auen, bundeslandübergreifend in Wien, Niederösterreich und bis zur Slowakei reichend, ist ein 9600 Hektar großes Schutzgebiet mit aufregender Natur wie Geschichte. 38 Kilometer lang, kaum 4 Kilometer breit, gestaltet die freie Kraft der Donau Auenlebensräume laufend um, mit offenen wie dynamischen Ufern und auf fast 70 Prozent der Fläche dschungelartige Auwälder.

Diese freie Natur musste erstritten werden. Ein geplantes Kraftwerk Hainburg sollte nach Plänen in den 1980er-Jahren die Donau aufstauen und die Auen in ihren Kernfunktionen zerstören. In hartnäckigem Widerstand gelang es, die Pläne zu verhindern. Kein Geringerer als der Künstler Friedensreich Hundertwasser war kreativ beteiligt, er gestaltete die Urkunden für die Aktion »Natur freikaufen« und erstellte sein berühmtes Kunstwerk »Die freie Natur ist unsere Freiheit«.

Das Gebiet war dennoch vielfach genutzt und beeinträchtigt, aber nach und nach kommt von selbst ein guter Teil der Auendynamik zurück, auch wenn der Nationalpark kein von der IUCN anerkanntes Wildnisgebiet ist. Dieses Gebiet ist einer der wenigen Auen-Nationalparks, zugleich hochwertiges Naherholungsgebiet für den Raum Wien und Bratislava. Besucherlenkung ist eine dauernde Herausforderung. Dennoch stehen geradezu modellhaft vielfältige Wege und Erlebnismöglichkeiten bereit. Wegen seiner Geschichte und der unbändigen Auennatur ist der Nationalpark Donau-Auen grandioser Mutmacher, Kreativort und Kraftquelle für Renaturierungen mit Wildnis an Flüssen statt deren zerstörerischem Verbau.

➤ Mehr Informationen: www.donauauen.at

Weitere größere Auen-Wildnisgebiete zum Erleben – Beispiele:

➤ Nationalpark Unteres Odertal (Brandenburg): www.nationalpark-unteres-odertal.eu
➤ Elbe: Renaturierungsprojekte entlang des Flusslaufes für neue Wildnis und einige Kernzonen in den Biosphärenreservaten: www.flusslandschaft-elbe.de
➤ Oberrhein (Baden-Württemberg): Naturschutzgebiet Taubergießen mit Wildniszone und wilder Weide: www.naturzentrum-rheinauen.eu
➤ Oberrhein (Hessen): Naturschutzgebiet Kühkopf-Knoblauchsauen mit Wildniszone: www.schatzinsel-kuehkopf.hessen.de
➤ Niederrhein: Millinger Waard zwischen Nimwegen (Niederlanden) und Kleve (Deutschland): www.rhein-maas-region.de/millingerwaard.php
➤ Thaya-Tallandschaft mit schmaler Aue und Waldhängen (Österreich, Tschechien): www.np-thayatal.at (österreichisch) und www.nppodyji.cz (tschechisch)

Bilder rechts: Wilde Auen im Nationalpark Donau-Auen bei Wien

Wildnis-Wissen: ökologische Einblicke in die Naturdynamik

Natur in Bewegung

Mein Hauptsatz: Die Natur der Natur ist die Veränderung

Wer Wildnis ermöglichen will, muss wissen, was in ihr geschieht. Dieses Buch kann zwar kein tausendbändiges Werk zur Ökologie ersetzen. Aber einige Prinzipien der wilden Natur gilt es zu kennen, vor allem solche, die vielleicht aus dem Gewohnten herausragen, die anregen, weiter zu denken und tiefer zu beobachten.

Erste Erkenntnis: Wir wissen, wie wenig wir wissen – und sind doch nicht ganz ahnungslos.

Zweite Erkenntnis: Alles hängt mit allem zusammen. Natürlich!

Dritte Erkenntnis: Das alles ist veränderlich. Die Wandlungskraft der Natur scheint mir aber nicht genug in den Köpfen zu sein. Vielen gefällt die Vorstellung zu gut, die Natur hätte eine Ordnung, ein Gleichgewicht, eine Statik. Man klammert sich an das gerade Gewohnte. Dem will ich mit Faktenübersicht entgegentreten und lade zum Mitdenken ein. Im Kern drückt dies mein Hauptsatz aus: »Die Natur der Natur ist die Veränderung.« Nur dann verstehen wir Wildnis.

Das heißt in der Folge: Wenn wir die Natur festhalten, wenn wir sie auf bestimmte Zustände begrenzen, dann zerstören wir sie. Wollen wir das? Mit Wildnis lassen wir Natur frei und ermöglichen Naturschutz im wahrsten Sinne.

Meer – Klima – Schwankung

Blicken wir zunächst auf die großen Linien: Die Landmassen der Erde bewegen sich laufend (Plattentektonik). In vielfältigen Wechselwirkungen entstehen Erdbeben und Vulkanausbrüche. Gebirgsauffaltung, Gebirgsabtragung. Erosion, Verwitterung, neuer Boden, neues Leben, große Klimawechsel. Eine »Zeitbewusstheit« (gleichnamiges Buch von Marcia Bjornerud, siehe Seite 203), auch geologisch, ist nötig, um mehr denn je zu erkennen: Alles ändert sich, oft langsam, aber auch mal schnell. Bergrutsche können

Bild links: Wasserfälle und Schluchten sind wilde Kraftorte der Natur.
Alles ist Veränderung: Wimbachklamm am Rande des Nationalparks Berchtesgaden.

plötzlich Täler umformen. Der Meeresspiegel steigt und fällt natürlicherweise und unregelmäßig, auch mal stark. Küsten verändern sich. Neue Inseln entstehen, auch durch Vulkane, alte verschwinden.

Zum Beispiel in der Frieslandphase 9400 Jahre v. Chr., als schon Menschen in Kulturen auf der Erde lebten, aber sicher noch nicht nennenswert das Klima beeinflussten, stiegen Temperatur und Kohlendioxid-Gehalt der Luft innerhalb von 100 Jahren sprunghaft, um später langsam wieder abzufallen. Der Meeresspiegel der Nordsee stieg in dieser kurzen Zeit um neun Meter, sehr viel mehr, als es die schlimmsten Klimaszenarien für die nahe Zukunft vorhersagen. Das »Doggerland«, ein fruchtbares Paradies mit Wäldern, in denen unsere Vorfahren gut lebten, wurde relativ schnell überschwemmt und ist die heutige Doggerbank in der Nordsee. Ein Tsunami etwa 6000 Jahre v. Chr. erledigte wohl den Rest, nachdem es abrupte natürliche Rutschungen (Storegga-Rutschung) am skandinavischen Sockel (heute Norwegen) gab. Erfahrungen der Menschheit mit Meeresspiegelanstieg sind neben anderen Überflutungsereignissen möglicher wahrer Kern von mindestens 300 Sintflut-Erzählungen verschiedener Kulturen, auch Atlantis-Mythen, die über die Welt verteilt sind. Für uns am bekanntesten sind das Gilgamesch-Epos und die Bibel: Sie wissen schon – Noah, der Typ mit der Arche. Eine Arche ist ein Symbol für Rettungsboote geworden. Mit Wildnisflächen lassen wir Archen vom Anker, um eine anpassungsfähige Natur in die Zukunft zu tragen.

Das Klima ändert sich fortlaufend natürlich und oft ungleichmäßig aufgrund vielfältiger Einflüsse, die noch längst nicht alle erforscht sind. Stärkere Klimaänderungen als heute und schnellere, als für die nächste Zukunft vorhergesagt sind, hat es schon oft gegeben. Heute aber haben wir eine sensible Infrastruktur und Millionenstädte an schon immer veränderlichen Küsten, was uns anfälliger macht denn je. Unsere Nutzungsketten und unser Wohlstand sind empfindlich. Klimaschutz ist unseretwillen wichtig, nicht für Natur an sich. Die Arten haben die extreme Klimaanomalie der Frieslandphase problemlos überlebt, wenn auch mit Verbreitungsverschiebung. Allerdings waren größere »Sprünge« in der Erdgeschichte Ursachen für große Aussterbephasen und Artenwechsel, denen aber ein Aufbau neuer großer Vielfalt folgte.

Seit Jahrzehnten prägt die industrialisierte Menschheit das Klima mit. Vor allem durch Lebensraumzerstörung, darin ein Abschaffen von Wildnis. Die Freisetzung der natürlichen fossilen Kohlendioxid-Speicher der Erde ist dumm und muss minimiert werden. Wach allerdings sollte auch ein Bewusstsein für die natürliche Dynamik und zugleich die Verantwortung von uns Menschen sein.

Evolution ganz schön dynamisch

Eine weitere große dynamische Triebkraft ist die Evolution: Arten entstehen, passen sich an. Sie verbreiten sich, ziehen sich zurück. Arten sterben auch mal natürlich aus oder schaffen es durch Neuentwicklung und Kooperationen, verändert zu überleben. Gerne würden wir uns an etwas festhalten, aber es geht dynamisch immer weiter.

Die Evolution verläuft oft langsam, manchmal sehr schnell, sodass sich je nach Mutation und vorhandenem Erbgut viele Arten auch in verändertem Klima anpassen können, fallweise neue Arten entstehen, während andere es nicht schaffen. Das heutige Verbreitungsbild an Lebensräumen und Arten ist eine Momentaufnahme in einem veränderlichen Fluss des Lebens, getrieben von natürlichen Umweltveränderungen, erst neuerdings überprägt durch Vernichtung von Lebensräumen durch Menschen. Das aktuelle menschenverursachte Artensterben durch direkte Vernichtung der Lebensräume, nicht aber durch Klima, ist mindestens 1000-fach höher als die natürliche Aussterberate. Wir sprechen derzeit von einem sechsten Massensterben, nachdem vor geologisch langen Zeiträumen fünf natürliche Arten-Turnover stattfanden. Die Zukunft gestalten wir mit, aber ohne Wildnis wird es sicher für uns keine gute.

Wildnis-Strukturen bildlich erleben

Tipp für Erlebnisse und Forschung

Suchen Sie sich eine bequeme und interessante Stelle. Von dieser fotografieren Sie in regelmäßigen Abständen in die Wildnis: Einmal im Jahr und immer zur selben Jahreszeit, um die Veränderung mit der Zeit zu dokumentieren. Sie können das auch mehrmals im Jahr tun, um innerhalb des Jahres die Variationsbreite zu erfassen.

Auswertung

Damit dokumentieren Sie fotografisch die Veränderung an Strukturen. Sie dürfen überrascht sein, was sich alles tut. Sogar Veränderungen in einem vermeintlich stabilen Wald werden sichtbar. Oder Sie beginnen auf Offenland und Rohboden, die hochdynamisch sind. Die Zeitreihen können ästhetisch und auch wissenschaftlich wertvoll sein. Sie übersetzen Prozesse in Bilder.

Variation

Statt Fotografien geht es auch mit Zeichnen. Dabei sind Sie angeregt, noch genauer hinzusehen. Das kann in eine schöne Ausstellung, einen Bildband oder Ordner münden.

Profi-Ebene

Nach diesem Prinzip werden in der Wildnisforschung Strukturveränderungen als wichtiger Teil eines Monitorings erfasst: Viele repräsentative Punkte im Gelände erfassen standardisiert Strukturen und ihre Veränderung als wichtige Indikatoren von Lebensräumen.

Interview: Mikroben sind verschroben

Ich blicke auf den Boden. Dank der Fähigkeit zur Bio-Translation kann ich mit Lebewesen sprechen. Auch mit dem Boden, denn es lebt darin. Glauben Sie nicht? Hören Sie mal.

Michael Altmoos (MA) (blickt konzentriert auf den Waldboden) Ist da jemand?

Vielstimmige Rufe *Klar doch. Hallo. Bienvenue. Hola. Hey, nicht auf mich treten. Gibt's was Alter? Rülps! Welcome to the real underground!*

MA Welch eine Vielfalt. Babylon war eindeutig nichts dagegen. Gibt es einen Sprecher?

Mikrobe (M) *Die meisten fressen gerade. Ich erbarme mich aber und wir können kurz reden. Ich bin eine von Billionen Mikroben auf diesem Quadratmeter. Kennst Du mich?*

MA Ich habe von Euch gehört, Mikroben. Aber immer nur beiläufig als Sammelbegriff für kleinste Lebewesen meist unter 0,1 Millimeter Größe. Ihr seid ja so winzig.

M *In Wahrheit sind wir riesig, was die Bedeutung anbelangt. Wir sind die heimlichen Herrscher des Planeten: zu Lande, zu Wasser, in der Luft und gerade hier im Boden. Wir regulieren die Stoffkreisläufe der ganzen Erde. Ohne uns läuft nichts. Wir durchdringen alles. Bei uns gibt es Spezialisten, wie Ihr sie nie erschaffen könntet. Und wir sind letztlich stärker als Ihr.*

MA Das kann ja jeder sagen. Denn jedes Lebewesen, ja jeder Stein und Stoff hat seine Bedeutung und ist am großen Ganzen beteiligt. Ich kenne das, ich bin Ökologe und Naturschützer.

M *Einbildung ist leider keine Bildung. Gar nichts kennst Du, Opfer! Dass Du uns als Sammelbegriff nennst, zeigt bloß, dass Euer Spruch »Nur was man kennt, schützt man« dämlich ist.*

MA Hm, ich finde den Satz gar nicht schlecht. Im Naturschutz arbeiten wir damit gut.

M *Aber wenn Ihr immer nur das Euch Bekannte, das für Euch Niedliche schützt, stellt Ihr die Weichen oft falsch. Mein Kollegium hier braucht ungestörten Raum, einfach Ruhe zum Arbeiten, zum Leben. Dann laufen unsere Spezialisten zur Hochform auf. Wir tun all das, woran Ihr gar nicht denkt oder noch gar nicht wisst, dass Ihr es wissen müsst. Ohne uns läuft nichts rund.*

MA Genau deshalb schreibe ich ein Buch über Wildnis.

M *Ein Buch? Was ist das? Egal, wir zersetzen es.*

MA Ich muss doch sehr bitten, Freunde, ich schreibe für Euch, für das Freie, das Gute.

M *Zwischen Gut und Schlecht unterscheidet Ihr wohl gerne. Wie doof. Aber nichts ist, wie es scheint. Das Gute und das Schlechte sind kaum zu trennen: Fair is foul, foul is fair.*

MA Ihr seid ja Hochkultur mit Bodensatz. Der Spruch ist aus Macbeth von Shakespeare.

M *Shakespeare? Haben wir auch schon zersetzt.*

MA (seufzt) Ich leider auch, sagte mein Englischlehrer.

Wurzeln umarmen Steine, wo neuer Boden entsteht, wo unzählige Mikroben wirken

M *Sein oder Nichtsein, den Satz hat der Kerl für seinen Hamlet sinnentstellt bei uns geklaut. Ist aber unser Mikroben-Motto. Ohne uns kein Leben, nirgends, auch nicht in Deinem Körper.*

MA Ich weiß. Ihr seid überall, auch in mir, ja in jedem, sogar in jedem Luftraum. Aber es geht mir manchmal besser, wenn ich nicht dauernd daran denke, gebe ich zu.

M *Wir machen gesund und krank, kommt darauf an. Wir halten Dich am Leben, wenn alles natürlich bleibt oder wird, nur so ein Tipp. Aber wir sind so vielfältig wie die Welt selbst. Mit unseren vielen Kooperationsfirmen, Pilz & Co., produzieren wir Nährstoffe für alle. Vergiss uns lieber nie!*

MA Auch deshalb plädiere ich so sehr für Wildnis: einfach Naturprozesse laufen lassen, mehr Natürlichkeit, gerade auch für einen lebendigen Boden. Schönen erdverbundenen Tag noch.

M *Bis bald und schleich Dich, Mensch. Wir sehen uns irgendwann ganz sicher hier unten.*

MA (schluckt) Ja, aber bitte noch nicht so schnell. Ich würde gerne noch lange die wundervollen Folgen Eures Tuns genießen: Natur, das Leben! Schön ist es, auf der Welt zu sein ...

Wildnis im Klimawandel

Viele neuere Veröffentlichungen verleiten zur Aussage, der menschengeprägte Klimawandel führe zum Artensterben. Fünf Beispiele:

- Ein Team um Ulf Büntgen von der Universität Cambridge stellte auf Basis von etwa 420 000 Datensätzen für Großbritannien fest, dass von 1986 bis 2022 der Blühbeginn bei Wildkräutern im Durchschnitt einen Monat früher stattfand. Die ökologisch aufeinander abgestimmten Arten würden damit nicht mehr zusammenpassen. Und wenn Spätfröste die früher aufplatzenden Blüten beeinträchtigen, würden Arten geschädigt.
- Ein Forschungsteam um Andréaz Dupoué von der Université de Bretagne Occidentale wies 2022 nach, dass bei robusten und kälteangepassten Waldeidechsen im französischen Zentralmassiv in Hitzephasen Chromosomen-Enden schrumpfen und die Tiere an schleichend abnehmender Fitness bei schnellerer Alterung leiden. Bei mehr Hitzeperioden würden lokale Populationen aussterben.
- Eine Studie von Volker Thiele und Tim Hoffmann 2022 zu wärmeliebenden Nachtschmetterlingen in Mecklenburg zeigt, dass niedrige winterliche Temperaturen für die Larvenstadien ein Schlüsselfaktor sind. Werden diese seltener, so nützt es wenig, dass Falter Hitze im Sommer vertragen. Spezialisten verschwänden gegenüber Allerweltsarten, so eine Folgerung der Autoren.
- Eine Studie von Ryan Shipley 2022 wies für die Schweiz nach, dass der Bruterfolg von Vögeln sinkt, weil – statistisch abgesichert mit dem Klimawandel – zum wichtigsten Zeitpunkt der Jungenaufzucht nicht mehr ausreichend Insektennahrung verfügbar ist, weil sich die Insekten noch früher entwickeln. Die Vögel könnten aber durch biologische Zwänge nicht so früh brüten.
- In die gleiche Richtung gehen Studien, nach denen Kuckucke regelrecht dumm in die Röhre, Verzeihung: ins Nest schauen, das schon voller Küken ihrer Wirtsvögel ist – weil der Kuckuck nach seinem langen Zug einfach zu spät kommt. Infolge Klimaerwärmung beginnen seine »Opfer« immer früher zu brüten. Dann kann der arme Kuckuck nicht mehr Kuckuck sein und rechtzeitig sein Ei unterschieben.

Die Studien sind in ihren Details korrekt, verlangen aber nach weitergehenden Einordnungen in größere Naturdynamik. Denn man geht gemeinhin von der falschen Annahme aus, es hätte zuvor ein geradezu statisches Gleichgewicht gegeben, eine engste zeitliche Synchronisation nach genauem Fahrplan. Die Natur und solche Studien zeigen zwar gut eingespielte Zyklen und vielschichtige Abhängigkeiten, die übrigens viel zu wenig in Naturschutz und auch im Garten berücksichtigt sind. Diese und Klima waren und sind aber veränderlich, was oft nicht beachtet wird.

Gewohnte Blickwinkel durchbrechen: Eidechsen-Vorkommen (hier eine Waldeidechse im Müritz-Nationalpark) ändern sich mit dem Klima, können aber bei ausreichend wilden Strukturen angepasst überleben

Hätte man die Studien im Jahr 400, 1200 oder 1850 gemacht, wäre im Prinzip Ähnliches herausgekommen: mal in die kalte, mal in die warme Richtung. Mal hat diese Art einen Nachteil, mal jene. Die gleichen Forschungsobjekte (Pflanzenarten, Waldeidechsen, Kleinvögel, Kuckucke) gab es schon damals und sie haben heftigere Klimaschwankungen letztlich überlebt.

Die natürlichen Schwankungen von Wetterereignissen und anderen Zufällen zwischen den Jahren sind generell größer als die sich ändernden Durchschnittswerte. Mal blüht es früher, mal später, mal entwickeln sich Insekten besser, mal schlechter. Es gibt in der Natur Katastrophenjahre für Eidechsen oder Vögel und Schlaraffenland-Jahre. Entscheidend ist, dass genug Lebensraum, auch Wildnis bereitsteht, in der sich alles entwickeln, ausgleichen, anpassen kann und wo sich Vorkommen verschieben können. Die eigentliche Bedrohung ist die Ausräumung, Zerschneidung, Überdüngung und Vergiftung von Landschaft, die im Gegensatz zum Klima auch für das »Insektensterben« (Nahrungsgrundlage für Vögel) verantwortlich ist, bei Zugvögeln auch das millionenfache Töten durch Jagd.

Und unsere Kuckucke? Um die mache ich mir wegen des Klimas keine Sorgen, wohl aber wegen vorgenannter anderer Ursachen: Es gibt verschiedene »Kuckuckslinien«. Jede bevorzugt andere Wirtsvögel, die andere Zeitfenster haben. So profitiert mal die eine, mal die andere Linie. Und jeder Kuckuck hat – wie wir alle im Leben – meist eine nächste Chance, wenn wir Raum, Ruhe und Zeit für Lebensräume gewähren.

In Klimadiskussionen wird oft vereinfacht angeführt, dass wärmeliebende Arten zunehmen, kälteliebende abnehmen. Doch in großen intakten und selbstveränderlichen Lebensräumen, wie sie mit Wildnis bereitgestellt würden, können sich viele Arten bis zu einem gewissen Grad gut halten, anpassen und wandern. Klimawandel verändert den Status quo, genau das zeigen die oben genannten Beispiele. Doch das darf man nicht als Zerstörung fehlinterpretieren. So stellt eine Studie aus 2022 erschrocken fest, dass sich die Tundra derzeit nach Norden verschiebt und dadurch einzigartige Ökosysteme schwinden. Allerdings entstehen neue und nicht minder wertvolle Ökosysteme, die auch viele Kernqualitäten der alten in die Zukunft tragen.

In Berglagen scheint die Dynamik besonders intensiv zu sein: Eine Höhenverlagerung des Artenspektrums wird belegt (zum Beispiel Schweizer Forschungsanstalt WSW 2022, Nationalpark Berchtesgaden und Schwarzwald). Zudem wird angenommen (zum Beispiel von WSW), dass die Anpassung mancher Arten oder das zu langsame Ausweichen wenig mobiler Arten nach oben nicht mit dem Wandel Schritt halten könne und bergtypische Beziehungsgemeinschaften verloren gingen. Zusätzlich weichen mobile Säugetiere wie Gämsen öfter nach unten in die Wälder aus (Nationalpark Berchtesgaden), wo neue Konflikte mit Waldnutzungen entstehen. Für alpine Arten kann es irgendwann nicht mehr höher gehen, während von unten konkurrenzstarke Allerweltsarten nachdrängen. Einige Untersuchungen deuten daher auf steigende Artenvielfalt in Hochlagen hin, aber mit Rückgang der spezifischen Arten der Berge. Andere, wie Christian Körner (Universität Basel), auch ich, betonen, dass trotz schnellem Klimawandel alpine Arten doch lange überleben können, wenn sie vielfältige intakte Lebensräume mit engmaschigem Mikromosaik vorfinden, das kühle Nischen enthält. Zudem könnten sich Arten doch schneller anpassen. Wer am Ende, das es in Natur nie gibt, recht hat, entscheidet die Wildnis selbst.

Heute als Allerweltsarten geltende Tiere und Pflanzen können sich regional relativ schnell spezialisieren, sich in Unterarten aufspalten. Neue Spezialisten können einwandern. So darf als unwahrscheinlich gelten, dass der Klimawandel für Monotonie sorgen wird. Ein veränderliches, zieloffenes Artenspektrum in veränderlichen Lebensräumen ist zu tolerieren, das ist das Wesen von Natur – und Alltag in Wildnis.

Naturschutz: »Regime shifts« zulassen statt Nostalgie

Mit Irritation blicke ich auf meine Naturschutzbranche, die oft nur bestimmte Zustände erhalten will, Folgen einer vorübergehenden Kulturtechnik oder eines Klimas der letzten Jahrzehnte. Warum gerade diese ? Und wie weit zurückgehen? Das Regime der Natur führt oft zu einem »regime shift«, der zu akzeptieren ist.

Selbstverständlich ist es wichtig, auch kulturell entstandene Lebensräume und bisherige Artvorkommen nicht leichtfertig zu zerstören. Guter Naturschutz, der Naturdynamik berücksichtigt, sorgt für Übergangsmöglichkeiten durch unzerstörte Lebensräume aller Art, für Biotopverbund, für mehr Wildnis. Es ist aber gegen Natur, das Alte krampfhaft festzuhalten, ein Gefängnis aus Naturschutzzielen zu errichten. Ermöglichen wir der Natur öfter Freigang oder vielerorts gleich die Flucht aus unserem schon recht künstlichen Zielegefängnis.

Naturdynamik auf verschiedenen Ebenen

Planet Erde – und der auch nicht für immer

Das machbar Kleine muss man aus dem Großen verstehen und umgekehrt: Jetzt möchte ich Sie in das Allergrößte entführen. Wir stehen drauf: unsere Erde, unser Planet – und weiter ins Universum. Nicht zu Außerirdischen, sondern überaus irdisch:

Klimaforschende sind sich unsicher, ob die nächste Eiszeit infolge unserer Klimaeinflüsse normal oder geringer ausgeprägt sein wird, sich vielleicht zeitlich verschiebt oder ganz ausfällt. Spätestens die übernächste Eiszeit wird aufgrund astronomischer Einflüsse kommen.

Denn gegen die Astrophysik kommen wir nicht an. Irgendwann, Berechnungen sprechen derzeit von 500 Millionen Jahren, wird unsere Erde schließlich unbewohnbar für höheres Leben werden. Das finde ich sehr blöd, aber die Entwicklung unserer Sonne zum »Roten Riesen« ist Naturgesetz. Ozeane werden verdampfen, alles Feste wird schmelzen und der Planet wird von der Sonne aufgesogen. Tröstlich kann vielleicht sein, dass die Atome auch aus unseren Körpern als »Sternenstaub« in neue Sonnensysteme und vielleicht wieder in neue Planeten eingehen. Wer weiß? Bis dahin aber haben wir noch Zeit – viel Zeit. Wildnis kann solange unsere Lebensversicherung sein.

Globale Dynamiken

Der Planet, auf dem wir leben, ist wunderbar. Sehen wir ihn bitte als Ganzes und in seiner ganzen Dynamik. Ein großartiger Rausch, der alle mitnimmt:

Rund um die Erde gibt es Meeresströmungen, die man in Simulationen als Wirbel und Flussarme in den Ozeanen sichtbar machen kann. Sie sorgen für Wärmeausgleich und Durchmischung, verteilen Nährstoffe für unermessliches Leben. Der Golfstrom bringt Organismen und Wärme aus dem Golf (daher heißt er so) von Mexiko nach Westeuropa. Kalte Strömungen und Wirbel sorgen wiederum für planktonreiches Wasser. Man könnte denken, das hält sich im Gleichgewicht. Aber auch Strömungen fluktuieren, brechen mal zusammen, bilden sich neu.

Sandstürme der Sahara tragen Partikel über das Meer, nach Europa, sogar nach Südamerika. Man hat festgestellt, dass diese gelegentliche natürliche Substratfracht wichtig für die Ökologie des Amazonaswaldes ist. Aber vor 10 000 Jahren war die Sahara eine Savanne mit Wasserläufen und fruchtbaren Böden.

Tierwanderungen verbinden die Regionen der Erde. Ich durfte einmal eine Brutkolonie der Küstenseeschwalbe bei List auf Sylt mitbetreuen. Die Tiere fliegen jedes Jahr fast von der Antarktis bis fast in die Arktis (oder eben nach Sylt), also zweimal im

Jahr »längs« der ganzen Erde. Jedes dieser kleinen Tiere legt in seinem durchschnittlich fünf Jahre währenden Leben dreimal die Entfernung Mond-Erde zurück. Und die Küstenseeschwalbe ist flexibel: Je nach Klima und Wetter fliegt sie unterschiedliche Routen über den Atlantik.

Überhaupt ist der Vogelzug einerseits fest programmiert in den Vögeln, es gibt tradierte Zugrouten. Und doch können sich die meisten Vögel verändernden Umweltbedingungen anpassen, auch mal neue Routen finden, kürzer oder länger ziehen, manche den Zug einstellen, während sich andere Arten neu oder weiter bewegen, für sie günstige Lebensräume suchen. Der Vogelzug wird infolge des Klimawandels sicher nicht global zusammenbrechen. Er verändert sich wie alles auf der Erde.

Um die Anpassungsfähigkeit der Natur zu fördern, sind Lebensräume überall wichtig, auch immer wieder mit Wildnis: So ziehen Kraniche aus Nordeuropa in die spanische Extremadura. Dort finden sie eine parkartige Kulturlandschaft mit Eichen und reichen Nahrungsgründen im Winter vor. Im Sommer brüten sie in Feuchtgebieten im Norden. »Ein Sumpfloch reicht oft, aber das schön wild«, so darf ich sagen. Kulturlandschaft, naturnahe Lebensräume und Kleinwildnis ergänzen sich und sind im besten Fall miteinander vernetzt.

Wildnis-Dynamik im Kleinen

Tauchen wir aus der großen Welt hinab in das andere Extrem. Betrachten wir nur einen Quadratmeter in einem Wald unseres Vertrauens. Der amerikanische Naturforscher David Haskell hat genau das ein ganzes Jahr lang gemacht: Er sah das Große im Kleinen und entdeckte für sich eine Welt (siehe Buchtipp Seite 203). Allein in diesem Quadratmeter erlebte er Dynamik, Veränderung, Kooperation und Symbiosen, aber

Das Haskell-Experiment – auf 1 m² 1 Jahr 1 Wildniswelt *Tipp für Erlebnisse*

Machen Sie es ähnlich wie David Haskell (siehe oben): einen Quadratmeter im Naturwald, im ungenutzten Gartenteil oder auf einer Sukzessionsfläche immer wieder besuchen. Sie können die Fläche auch etwas größer wählen, aber nicht mehr als 10 m², weil es darum geht, auf kleiner Fläche genau hinzusehen. Stecken Sie sich Ihr Quadrat ab und ändern Sie es nicht. Nehmen Sie sich bei Ihren Besuchen möglichst viel Zeit und beobachten in Ruhe, wie viel Dynamik darin steckt, auch in Details. Sie kommen selbst zur Ruhe und entwickeln den Blick für Pflanzenformen und kleine Tiere, die Sie zu Hause nachrecherchieren können. Sie werden diesen einen Quadratmeter stellvertretend für so viele und so reich wie nie entdecken können: Wildnis schön intensiv.

Mikrowildnis an der Straßenecke – die Erlaubnis, sie zeitweise zuzulassen, bereichert das Leben

auch raffinierte Räuber. In einem Interview mit der Zeitschrift National Geographic 2015 antwortete er auf die Frage, ob immer auf dasselbe Stück Waldboden zu schauen, nicht furchtbar öde wäre: »Ha! In keinem Moment. Ich war jeden Tag neu verblüfft über die vielen Kreaturen auf diesem einen Quadratmeter.« Und weiter: »Weil dieser Quadratmeter nie von Menschen genutzt wurde, gibt es da unglaublich viele Arten.« Die allermeisten Lebensformen sind ganz klein, und sie sind es, die Natur »funktionieren« lassen: Asseln, Schnecken, Würmer, Mikroben. Sie zersetzen Laub, vertragen sich, jagen sich, sind allesamt Lebensgrundlage füreinander. Das Wesen der Welt steckt in jedem Quadratmeter. Wer ist hier klein?

Auf die Schlussfragen im Interview, was er an diesem Quadratmeter Wildnis über sich selbst gelernt habe, abtwortete David Haskell: »Dass ich vielen Arten seelenverwandt bin. Das heißt nicht, dass alle Wesen gleich sind. Ich erlebe die Welt fundamental anders als ein Waschbär oder ein Baum. Aber Leben ist die Summe vielfältiger Erfahrungen. In diesem Sinn bin ich Teil der Evolution.«

Auch auf fast jeder Pflanze wachsen kleinste gesundmachende und potenziell krankheitsverursachende Bakterien, die erst als Ganzes die Pflanze stark machen, wie im Jahr 2022 das Max-Planck-Institut für Biologie in Tübingen durch Forschung bestätigte. Mehrere Arten bilden einen Organismus. Wo ist da die Grenze zwischen Arten, zwischen Innen und Außen, zwischen diesem und jenem Quadratmeter? Alles ist miteinander verwoben – räumlich, zeitlich und dynamisch.

Wundervoll: Eigenentwicklung der Natur

Sukzession – die grüne Kraft überall

»In dieser Mondlandschaft wächst nichts mehr, alles tot«, mein Freund sagt das kreidebleich am Hang des riesigen Braunkohlentagebaus Schleenhain südlich von Leipzig im staubtrockenen August 1995. Wir blicken in die trostlose Weite. In der Ferne dampft das große Kohlekraftwerk Lippendorf in den Himmel. Ich nicke ernst, sehe ich doch die Folgen des Kohleabbaus als dramatisch umweltgefährdend. Was aber die ausgekohlte kahle Fläche an sich angeht, sehe ich es anders. Ich wende den Kopf: Dort hinten liegt eine Tagebaufläche, die vor Jahrzehnten auch so aussah. Dort geschah aber aus Geldmangel in der DDR einfach mal nichts. Deshalb liegt heute dort ein Naturparadies: Kleine Tümpel wechseln mit lückigen Grasfluren, dazwischen Büsche und im ältesten Teil sogar schon ein kleiner Wald. Bunte Schmetterlinge fliegen, viele Vögel singen, auch seltene Arten, während es in Schleenhain – noch – totenstill ist.

Heute sind Bergbaufolgelandschaften, wenn man sie sich frei entwickeln lässt, mit die wichtigsten Naturparadiese Deutschlands. Das darf natürlich nicht die brutalen Eingriffe zuvor oder gar Kohlebergbau generell rechtfertigen, verweist aber auf die großen Chancen, wenn man Flächen einfach sich selbst überlässt. Der Mond mag wirklich tot sein, angebliche »Mondlandschaften« der Erde sind es nicht.

»Wenn man in die Zukunft schauen will, vergleiche man Flächen gleicher Standortvoraussetzungen, aber unterschiedlichen Alters«, führe ich meinen Freund in meine Arbeit ein, die mich in den 1990er-Jahren als »Naturschutzforscher« am UfZ (Umweltforschungszentrum Leipzig) prägte. Es geht um Sukzession: die natürliche, »sukzessive« Abfolge von Vegetation und Lebensräumen in freier Naturentwicklung. Sukzession ist ein Naturgesetz, das oft unterschätzt wird. Jede Fläche entwickelt und verändert sich fortlaufend, ganz natürlich. Auf den meisten Flächen in Europa wüchse irgendwann Wald, auch unter Worst-Case-Szenarien der Klimawandelmodelle. Abhängig von Boden, Umgebung und Lokalklima verläuft Sukzession örtlich anders. Jeder Standort ist einzigartig, und doch gibt es Prinzipien.

Liegt ein Boden offen und niemand tut mehr etwas, fliegen von selbst Samen aus der Luft an. Auch Tiere bringen welche ein. Noch im Jahr 0 keimen Pioniergräser und Kräuter. Sind die Bedingungen unwirtlich, sind Moose und Flechten die Ersten, verbunden mit Bakterien, Mikroben und Pilzen. Sie schaffen Mini-Keimbette und Voraussetzungen für wieder andere Pflanzen, Pilze und Tiere. Aber auch schon ältere Biotope entwickeln sich weiter.

Die Sukzession funktioniert vielfältig dynamisch in Kooperation und Konkurrenz, in Symbiosen und Parasitismus. Strahlenbakterien (Actinomyceten) in Schmetterlingsblütlern (dazu zählen Klee, Platterbsen oder Wicken) binden Stickstoff aus der Luft und machen den Boden nährstoffreich, nicht zu verwechseln mit dem Drama der maßlosen Überdüngung. Erst aber in Verbindung mit unterirdischen Pilzgeflechten entsteht Bodenfruchtbarkeit. Dann können andere Pflanzen besser wachsen, mit denen andere Tierarten verbunden sind, und Lebensmöglichkeiten vervielfältigen sich. Parasiten sorgen dafür, dass nichts dauerhaft überhandnimmt, verursachen zeitweise auch natürliche Massenvermehrungen und Einbrüche.

Zunächst entsteht lückiges, dann dichteres Grasland. Bald schon können Büsche wachsen, Bäume, schließlich Wald. Auf aufgelassenen Äckern konnte vielfach gezeigt werden, dass von alleine schon nach 20 Jahren ein kleiner Vorwald entsteht, der weiter reift. Sogar zwischenzeitliche Brombeerdickichte treten unter Baumkronen wieder zurück. Aus einem lichten Vorwald mit Pionierbaumarten wie Weiden, Birken, Haseln und Pappeln wird über Jahrzehnte ein zumeist dichterer Wald, nach vielen Jahren urwaldartig. Derzeit wären in Europa Eichen und vor allem Buchen dominierend. Diese »Endgesellschaft« wird »Klimax(-Stadium)« genannt und zeigt den scheinbaren Abschluss einer idealtypischen Sukzession. In sehr trockenen Regionen oder in den Hochalpen sind Graslandgesellschaften eine Klimax, für Gewässer bestimmte Gewässertypen, die wiederum in Sukzession natürlich verlanden.

So ein Zufall!

»Schau Dir das an«, rufe ich meiner Kollegin zu. Ich blicke auf eine große Fläche Landreitgras *(Calamagrostis epigejos)* im Altbergbau Bockwitz, heute Naturschutzgebiet im Südraum Leipzig, damals in junger Sukzession. Das Landreitgras bildet hier einen Art Monokultur. Das Gras ist konkurrenzstark, der Boden verfilzt, sodass nichts anderes hochkommen kann. »Hier ist die Sukzession wohl zu Ende«, stellen wir fatalistisch fest – und liegen falsch. Zwar kann die Fläche wirklich jahrelang wie unverändert wirken, hat sich eine solche Sukzessionsphase erst mal eingefunden. Aber in Natur kann man die Rechnung nie ohne ihn machen: Er heißt Reiner, und zwar Zufall. Reiner Zufall, kein guter Name für ein Kind, aber für Sukzession. Zufälle prägen Natur maßgeblich, man spricht anders ausgedrückt von »Stochastizität«. Manchmal ist es aber auch einfach ein Glücksschwein.

»Wie riecht denn das?«, meine Kollegin zieht die Nase kraus. Wir stehen wieder vor dem Reitgrasbestand. »Schwein«, gleichzeitig sagen wir das, sehen uns an, meinen nicht uns und lachen. Offenbar hatte sich vor Kurzem eine Wildschweinrotte im Hochgras versteckt. Die Wühlspuren sind frisch. Ihr Geruch liegt noch in der Luft. Der verfilzte Grasboden ist an wenigen Stellen aufgewühlt, eine Unregelmäßigkeit in der bisherigen Einheitlichkeit. In den Folgewochen beobachten wir die Fläche weiter. Dieses tierische Zufallsereignis ließ Bodenöffnung und neue Keimbedingungen für andere Pflanzen entstehen. Ausgehend von den Lücken schreitet die Sukzession jetzt doch voran. In die Landreitgrasbestände mischen sich Kräuter, bald junge Büsche. Ein wildes »Mischmasch« wächst nun dort, das in keinem Lehrbuch beschrieben wird.

Und so lernte ich eine wichtige Lektion, die Wildniskonzepte mitprägt: Es kommt immer anders als man denkt. Es gibt zwar Pflanzen, die gerne nebeneinander wachsen und sich wechselseitig fördern, ja regelrecht aufeinander zustreben und sich finden. Zum Beispiel bei Kräutern harmonieren in Natur auf mageren Standorten wie auch in Kräuterbeeten Oregano, Salbei und Rosmarin bestens miteinander. Wurzelausscheidungen der Pflanzen oder Resistenzen gegen Insektenfraß stärken und ergänzen sich in solchen Fällen. Gute Gärtnernde und Permakulturen nutzen das. Es gibt Mischkulturen, die nach Naturvorbild robuster und besser als jede andere Kombination gedeihen. In einem dynamischen Sukzessionsgeschehen sind die Vermischungen zeitweise aber noch größer, werden Gesellschaften und Nachbarschaften stets neu getestet. Mit Lächeln stelle ich fest, dass die Natur keine Naturlehrbücher liest, die Vegetation Vegetationslehrbücher ignoriert und Tiere auf Beschreibungen ihrer angeblichen idealen Gesellschaften bestenfalls ihre Exkremente hinterlassen, die übrigens auch wichtig sind im Nährstoffhaushalt und für Mikro-Sukzessionen auf Dung und Kot. Zufälle sind das Lachen der Sukzession.

Interview: Wildschwein mit Marketing-Problem

Oh je, mitten in der Wildnis rennt eine große Wildwein-Bache auf mich zu, stoppt aber kurz vor mir. Ich atme tief durch. Zum Glück kann ich das Tier dank Bio-Translation interviewen.

Michael Altmoos (MA) Hallo Schwein.

Wildschwein (W) *Wer's sagt, ist es selber.*

MA Nicht frech werden. Wildschweine vermehren sich rasant, fressen alles auf, stören viele, tragen Viren in sich, verbreiten Angst und Schrecken.

W *Wer's sagt, macht es selber.*

MA Gut gekontert, Du Sau. Ja, ich erkenne leidvoll Analogien auf einem gewissen Abstraktionsniveau.

W *Vornehm ausgedrückt, aufrechter Eber. Aber die Schweinheit unterscheidet sich doch stark von der Menschheit: Wir sind hoch sozial, lieben unsere Kinder über alles, machen keine Kriege und sind echt wichtig in der Natur.*

MA Wir doch auch.

W *(schnippisch) Merkt man aber nicht.*

MA (etwas aufgebracht) Wozu seid Ihr denn wichtig, Du Schweinchen Schlau?

W *Wir wühlen viel rum ...*

MA (stöhnt) Ich weiß.

W *... und dadurch gibt es Luft im Boden, neue gute Keimbedingungen, kleine Mosaike, Zyklen und echt vielfältige Naturdynamik. In unserem Fell können wir die Samen von über hundert Pflanzenarten transportieren, die wir verbreiten und die ohne uns kaum überlebensfähig sind. Für Naturschutz geht nix ohne uns. Ich bin ein Schlüsseltier.*

MA Wohl eher ein Rüsseltier. Mit Eurer Schnüffelschnauze spürt Ihr auch noch die letzte Eichel auf. Ihr fresst alles, was uns lieb ist: Knollen, Wurzeln, Regenwürmer, wichtige Insektenlarven, Amphiben, schützenswerte Kleintiere. Und unsere Wiesen macht Ihr fast zum Bergbaugebiet. Das mag halt nicht jeder.

W *(kleinlauter) Schmeckt aber so gut. Das ist unser Wesen und der Preis für Erneuerung, für die wir sorgen. Wir arbeiten zwar in Rotten, rotten aber nichts aus, schon gar nicht unsere Nahrungsgrundlagen, auch weil wir nicht überall gleichzeitig buddeln. Kein Schwein ist so blöd wie der Mensch. Und wo wir waren, wird Leben besser als je zuvor ergrünen. Schießt uns daher nicht tot. Oder ein fairer Vorschlag: Wir bekommen auch eine Knarre und wer zuerst abdrückt ...*

MA Bitte nicht, es gibt schon genug Wahnsinn in der Welt.

Bild links: Bachauendynamik mit Wildschwein-Wühlen –
aus Aufwühlen wird lebendige Vielfalt,
hier Traunbach bei Börfink, Nationalpark Hunsrück-Hochwald

W *War ja nur ein Angebot. Wenn Ihr uns bejagt, vermehren wir uns umso schneller. Denn wir orientieren uns wie alle Tiere einzig daran, was der Lebensraum hergibt. Viel Futter, durch Euch künstlich erhöht durch Maisäcker, dann viel Schwein. Weniger Futter wie meist in Wildnis, dann weniger Schwein. So passen wir uns verträglich an die Landschaft an, besser als Ihr Menschlein. Uns zu bejagen, ist Unsinn. (Wildschwein grunzt sich in Rage.) Mit welchem verdammten Recht behauptet Ihr, der Tierbestand wäre zu hoch, und auf welcher falschen Grundlage bestimmt Ihr, wie viele Tiere wo erlaubt oder angeblich richtig wären? Warum schwingt Ihr Euch dazu auf, in Eurer Unvollkommenheit andere zu regulieren, wo Natur und wir uns doch selbst regulieren. Pfui. Mir fehlen die schweinischen Worte dafür. Was sagst Du dazu?*

MA (zurückweichend) Anmaßung. Hybris?

W *Ja, gut gegrunzt. Wenigstens gibst Du es zu.*

MA (betroffen) Ich entschuldige mich für das ökologische Unverständnis mancher Mitmenschen. Man will Euch eben von Nutzflächen vertreiben. Und – mit Verlaub – ihr schmeckt sehr gut. Ich kenne für gegrilltes Wildschwein ein wundervolles Rezept mit Rosmarin und ...

W *(selbst zurückweichend) Bau keinen Mist. Nur zur Vorwarnung: Wir sind in manchen Gegenden schwach radioaktiv, weil wir alle Stoffe vom Waldboden aufnehmen. Für die nur langsam nachlassende Verseuchung habt Ihr mit Tschernobyl-Schweinedingens gesorgt. Kein guter Appetit!*

MA (seufzt) Ich weiß. Und vor Jahrhunderten hat man Euch in England, seit 2020 in Dänemark sogar absichtlich ausgerottet. Auch Teile Deutschlands, Österreichs und der Schweiz waren vorübergehend durch Jagd unnatürlich wildschweinefrei. Das war angesichts Eurer Anpassungsfähigkeit eine brutale Leistung. Ich bin tief betroffen.

W *Und heute jammert Ihr, dass wir immer wieder aus den Weiten unseres großen eurasischen Verbreitungsgebietes von selbst zurückkamen und wir angeblich zu viele wären. Ihr solltet Euch angesichts unserer wichtigen Funktionen freuen. So wie Ihr Euch über den Wolf freuen solltet, der vieles elegant regelt. Leider reguliert er uns mit. Wir Schweine gehen ihm aus dem Weg und zerstreuen uns damit für Euch besser. Aus-dem-Weg-gehen ist ja Teil unseres Berufs. Erfahrungssache.*

MA Aber seid Ihr nicht gefährlich? Es gibt da gewisse Vorfälle.

W *Will doch nur spielen (Schwein scheint zu grinsen).*

MA (weicht zurück) Den Spruch kenn ich.

W *War nur kleiner Schweinehumor. Aber im Ernst: Wildnis ist ein großes Spiel.*

MA (lächelt) Große Schweinephilosophie. Auch im Ernst: Als Ökologe stimme ich voll zu. Als Mensch habe ich aber dennoch etwas Angst vor Dir. Sag es mir jetzt: Ist die berechtigt?

W *Nun ja, wenn Ihr uns bedroht oder auch mal versehentlich den Weg abschneidet, müssen wir Euch halt umrennen. Tut uns echt leid. Sonst aber sind wir überzeugte Pazifisten. Und wir meiden Euch. Nur wenn Ihr uns anfüttert, garantieren wir für nichts. Triebe, Du verstehst. An der Schweinegrippe leiden wir selbst am meisten. Auch die reguliert unsere Bestände, und zwar grausam. Könnte darauf verzichten. Für Euch Menschen ist die aber ungefährlich, nicht ansteckend.*

MA Aber sie springt auf Nutzschweine über und richtet wirtschaftlichen Schaden an.

W *(wütend schnaubend) Ihr solltet ohnehin die Massenhaltung unserer Genossen überdenken. Die ist das eigentliche Problem. Kein Schwein ist schuldig.*

MA Jetzt sehe ich Euch mit neuen Augen. Glücksschweine der Natur und für Wildnis.

W *Danke, Schweine-Bruder, wir verstehen uns jetzt. Wir selbst bräuchten zwar keine Wildnis, wir machen's auch kulturell. Aber wenn ihr uns ungenutzte Freiräume lasst, gehen wir Euch nicht auf die Hufe. Unsere Grabaktionen stören dort nicht, im Gegenteil, und wir werden dort auch gar nicht so zahlreich. Alle können dann gut leben. Wildschweine für Wildnis, so unsere Parole.*

MA Wildschweine machen Wildnis, würde ich texten. Noch eine Frage, verehrte Bache: Wenn Ihr so wichtig und eigentlich problemlos seid, so dürftet Ihr doch gar nicht so unbeliebt sein?

W *Das Wissen über uns ist zwar kein Geheimnis. Aber es wird oft ignoriert und es gibt eine üble Gegenpropaganda. Wir haben da ein Problem (wechselt plötzlich auf Business-Sprache): Wir haben ein sauschlechtes Marketing. Vom Content her sind wir zwar spitze, vielerorts sind wir Marktführer beim ökologischem Facility Management im Outdoor-Segment. Aber unsere PR-Abteilung wurde voreilig geschlossen, äh geschossen. Aber sag mal, Ihr habt doch so viele Berater? Könnt Ihr nicht ein paar Werbetypen für uns abrichten?*

MA Das ist nicht meine Branche. Aber ich verspreche Dir: Unser Gespräch werde ich nicht geheim halten. Die Wahrheit über Schweine und Wildnis soll sich direkt verbreiten. Und jetzt Tschüss, ich will weiter für Wildnis schreiben, auch für Dich. Grüß die Familie, Deine Rotte.

W *(beim Wegtrippeln) Nö, dauert zu lange. Rotte groß. Frischlinge quirlig. Grüße aber Deine Leserinnen und Leser. Rotte auch groß? Viele Frischlinge? Einen Wunsch habe ich noch: Rottet Euch zusammen, um nichts mehr auszurotten, außer Vorurteile, die es in Wildnis nicht geben sollte.*

MA Schwein gehabt. Weiter geht's.

Zyklen und Mosaike

Am Ende scheint die Klimax zu stehen, meist Wald. Doch auch sie ist nicht statisch – so wenig wie Klimax ohne x: das Klima. Eine klassische lineare Sukzessionskette, die von Vegetationskundlern gedanklich geprägt wurde, vergisst einen entscheidenden Naturfaktor: Tiere! Schwein hatten wir schon, daher zu weiteren Wildtieren:

Der Mensch hatte wilde Weidetiere größtenteils ausgerottet, später aber viele Flächen durch extensive Tierhaltung beweiden lassen. Aus einer linearen Sukzessionsvorstellung wird durch Tiere, aber auch durch natürliche Störereignisse wie Stürme, eine zyklische Sukzession: Baumgruppen fallen oder werden von Wild geschwächt, es gibt Licht und Platz. Tiere halten die Fläche lange offen. Irgendwann keimen stellenweise – in Sukzession – verbissresistentere Dornsträucher wie Weißdorn und Schlehe. In deren Schutz kommen lichtliebende Baumarten wie Eichen gut hoch, später schattenliebende wie Buchen. Die werden wieder alt und das Sukzessionsspiel beginnt von vorne und doch wieder anders.

Je nach Arten, klimatischen Bedingungen und Wildtierdichte einer Gegend kann eine vielfältige parkartige Halboffenlandschaft entstehen oder – vor allem bei feuchtem Klima und wüchsigen Böden – dichtere (Buchen-)Wälder mit nur kleinen Lichtungen. In der Ökologie hat man für Wälder einprägsam den Begriff »Mosaik-Zyklus« gefunden. Unterschiedliche Waldphasen und unregelmäßig verteilte Lichtungen ergänzen sich innerhalb eines Waldes. Natürliche Wälder sind langfristig nie einheitlich, Sukzession geht darin immer weiter.

Störung ist Betörung

Natürliche Störungen sind wichtiger Teil der Natur, wobei sie abzutrennen sind von menschengemachten Zerstörungen, was oft nicht einfach ist. Man geht inzwischen davon aus, dass Störungen das Normale sind, ja regelrechte Betörungen für vielfältige Lebendigkeit. Uns erscheinen sie als Katastrophen, für Landnutzer sind sie es auch, aber sie sind Teil der Natur. Sturmlücken oder Borkenkäfer mögen für den an Holzgewinn denkenden Förster Provokation und Schaden sein. Ökologisch gesehen, sind sie Chancen. Borkenkäfer dürfen sogar als Schlüsselarten für lebendige Wälder gelten: Aus naturfernen Kulturen wird beste Natur, Störungen und Katastrophen für uns sind Teil natürlicher Zyklen und von Regeneration.

So kann ein Verbiss durch Hirsch und Reh als natürlicher »Lichtschalter« und Keimzelle für lichtbedürftige Arten interpretiert werden. Und trotz hohen Wildbestands kommen Büsche und Bäume in unaufgeräumten Flächen hoch, weil Tiere dort ungern hineinstaksen. Ein ungenutzter Wald verjüngt sich auch unter Tierdruck, nur anders und langsamer, als es so mancher Förster gerne gestalten würde. Reh und Hirsch wirken zwar einseitiger als eine ursprünglich größere Vielfalt an Weidegängern, aber von ihnen angefressene und geschwächte Bäume sind gerade dann wichtige Habitate

Sukzession bewusst erleben und erforschen *Tipp für Erlebnisse*

- Altersvergleiche: Suchen Sie Flächen Ihrer Umgebung mit ähnlichen Standortvoraussetzungen (Boden, Hanglage, Himmelsrichtung), die unterschiedlich lange sich selbst überlassen wurden. Was ist wo geschehen? Wenn Sie viele verschiedene Flächen ähnlicher Standorte, aber unterschiedlichen Alters gefunden haben, können Sie Wahrscheinlichkeiten vorhersagen, was in Ihrer Region natürlich ablaufen kann. Dennoch birgt Wildnis immer auch Überraschung und Zufälle.
- Direkte Beobachtung: Beobachten Sie eine Fläche, bei der nichts aktiv gemacht wird. Von Woche zu Woche, innerhalb eines Jahres – und mit den Jahren. Mit der Zeit können Sie die Variation innerhalb eines Jahres, aber auch die fortlaufende Entwicklung mit den Jahren erkennen. Die Veränderung wird Sie oft überraschen, Sie werden sich der Dynamik bewusst.
- Sie finden kaum Flächen, die ungestaltet bleiben und die Sie in diesem Sinne beobachten können? Je nach Region werden Sie wirklich oft überrascht oder entsetzt sein, wie viel und flächendeckend wir doch gestalten. Ein Grund mehr, sich für mehr ungenutzte Sukzessionsflächen einzusetzen.

Profi-Ebene

Nach diesen zwei Prinzipien (Altersvergleiche, direkte Beobachtung) läuft auch wissenschaftliche Sukzessionsforschung ab. Im Detail gilt es aber, zu standardisieren (dieselbe Beobachtungsstelle, gleicher Zeitpunkt) und genau zu vermessen, was man sieht: welche Arten, welche Strukturen, welche Größen, welchen Boden.

für Insekten und Vögel. Eine Pflanze, die nicht mindestens eine Fraßspur wenigstens eines Tieres hat, mit der stimmt etwas nicht. Und gegen Massenbefall, der auch in Wildnis vorkommen kann, haben Pflanzen faszinierende Schutzmechanismen, die wir bislang nur im Ansatz verstehen. Nach Massenvermehrungen erfolgen Einbrüche. Irgendwer profitiert dabei immer.

In Trockengebieten ist zudem Feuer ein Faktor, der die Keimbedingungen für angepasste Arten fördert. Feuchtere (Buchen-)Wälder sind eher nicht betroffen, dort wäre Feuer ein unnatürlicher Schaden. Im Gebirge sind Lawinen wichtig: Auf ihren Trassen wächst neue Vielfalt, die es sonst nicht gäbe.

Das zeigt: Trotz unserer Klimaxvorstellung hat die Natur letztlich doch kein Ziel und wird von den genannaten Faktoren stetig durcheinandergewürfelt. Im Wandel des Klimas lässt sich die Vegetation in Wildnis oft nicht mehr vorhersehen. Das alte und noch verbreitete Vorhersage-Konzept »potentiell natürlicher Vegetation« berücksichtigt keine Klimaänderungen und ist somit untauglich. Es gibt sie nicht, die Endvegetation. Vorhersehbar ist lediglich, dass etwas Angepasstes und für uns durchaus Wertvolles entsteht, aber nicht immer Bilder, die wir gewohnt sind.

Wilder Lech in Tirol

Wildnis-Positiv-Beispiel und Erlebnisort

Steinreiche Wildflusslandschaften – wilder Lech, Tagliamento, Vjosa

Alpine Wildflüsse mit ihren Kies- und Schotterinseln samt wilden Furkationen sind ein Urbegriff von Wildnis. Als kleine Bäche sind die meisten Fließgewässer in ihren obersten Oberläufen in den Alpen zumeist noch wild und frei (Tipp: dort wilde Bäche genießen, erleben, im Bachbett spielen), bevor sie weiter unten heute fast alle begradigt, verbaut, entwertet sind. Großräumig sind Wildflusslandschaften fast ganz verschwunden, ein dramatischer Verlust. Umso wertvoller sind die allerletzten großen Wildflusslandschaften in den Alpen: der wilde Lech in Tirol, bevor er in Bayern zum Forggensee aufgestaut wird, und der Tagliamento im Friaul (Italien). Nur diese sind auf ganz großer Länge zusammenhängend noch weitgehend unzerstört und eine beeindruckende Wildnis mit dynamischen Lebensräumen und Artenvorkommen. Einmal dort zu sein, ist ein Wildniserlebnis, das tief berührt und für Wildnis öffnet. Lech und Tagliamento regen an, Flüsse wieder zu befreien. Aber: Vielen noch freien Wildflüssen droht der Verbau, in Europa gilt das in Vielzahl auf dem Balkan. Beispiel ist die wilde Vjosa in Albanien (siehe auch Seite 132), die durch Staudamm und andere Infrastrukturplanungen bedroht ist. Nach großem Engagement (zum Beispiel von »River Watch«) wurde 2022 eine Nationalparkgründung in Aussicht gestellt, was Rettung hieße. Die Zukunft braucht Engagement!

- ➤ Wilder Lech als Teil des Naturparks in Tirol (Österreich): www.naturpark-tiroler-lech.at
- ➤ Tagliamento im Friaul (Italien): viele freie Zugänge
- ➤ Rettet die Vjosa (Albanien): www.balkanrivers.net/de/vjosa-nationalpark-jetzt

Steinreich: Morphodynamik von Wildflüssen

Hoch dynamisch sind Fließgewässer. Springen Sie mit mir in den Bach:

Verträumt stehe ich auf der Kiesbank. Um mich herum rauscht das ungestüme Wasser des wilden Lechs in Tirol, einer der letzten größeren Wildflüsse der Alpen. Er bildet viele Nebenarme und veränderliche Inseln mit zumeist offen liegendem Kies. Diese Furkation (Verzweigung), typisch für natürliche Flüsse im Oberlauf, prägt das Flussbett und dieses das Tal. Im Mittel- und Unterlauf von Flüssen treten Mäander, veränderliche Schleifen, an deren Stelle. Bei langsamer Fließgeschwindigkeit im Unterlauf lagert sich mehr Sand ab und ein Flussdelta, auch wieder mit Nebenarmen, mündet in größere Flüsse oder ins Meer.

Die kleinen Nebenarme des Lechs überspringe ich mit großen Sätzen. Manchmal nicht weit genug. Platsch. Die größeren Wasserarme reißender Strömung respektiere ich als unüberwindlich. Vergnügt bewege ich mich von Kiesbank zu Kiesbank, bin für einige Zeit eins mit der Wildflusslandschaft. Die Freiheit des Wildflusses berührt meine eigene Freiheit. »Man überspringt nicht zweimal denselben Fluss«, denke ich abgewandelt zum Sprichwort: »Niemand steigt zweimal in denselben Fluss.« Ja, jeder Augenblick ist anders. Auch jede Sekunde unseres Lebens ist einzigartig. Ich stehe auf Steinen, heruntergeschwemmt von den Gipfeln. Rund geschliffen durch Reibung. Hier sind sie mal zur Ruhe gekommen, nur vorübergehend auf dieser Erde, so wie ich. Irgendwann werden sie weiter zerrieben: zu Sand, ich zu Staub.

Die Lassing im Wildnisgebiet Dürrenstein-Lassingtal (siehe auch Seite 32).
Viele Oberläufe von Bächen sind noch natürlich dynamisch, während Unterläufe zu oft verbaut sind.

Das nächste natürliche Hochwasser wird Steine weitertragen, wird Kiesbänke umlagern, während auf den höchsten Bänken die Sukzession mit lückigen Gras- und Gebüschfluren voranschreitet – bis zum noch größeren Hochwasser. Alles hat seine Zeit. Wildflüsse sind großartige Lehrmeister. Strömung gestaltet viel, verwaltet nie.

Die Selbstreinigungskraft frei fließender Gewässer und Auen ist groß, auch der kleinen Bäche. Tausende, ja Millionen Tiere und vor allem Larvenstadien größerer Tiere leben im Lückensystem, dem Interstitial, zwischen Kiesen und Sanden in der Gewässersohle. Im Wasser zerkleinern Lebewesen massenweise hineinfallendes Laub, filtern Trübstoffe. Eine Bachmuschel *(Unio crassus)*, die auf strukturreiche Bäche angewiesen ist, filtert bis zu 80 Liter Wasser pro Tag. In guten Populationen mit 50 bis 100 Muscheln pro Quadratmeter Flusssohle ergeben sich bis zu 7000 Liter gereinigtes Wasser pro Tag.

Sogar vorübergehende Verschmutzungen, die zu Massensterben fast aller Kleintiere und Fische führten, können in wenigen Jahren ausgeglichen werden, wenn aus anderen Abschnitten, sofern sie wild und frei sind, Tiere einwandern können. Das gilt besonders, wenn es große, natürliche Auen gibt, die zudem sehr wichtig für Hochwasserrückhaltung, Boden und Klima sind.

Das soll nicht dazu verleiten, arglos mit unseren Gewässern umzugehen, im Gegenteil: Sauberkeit ist Voraussetzung, dass Krisen überstanden werden, und weitere Voraussetzung für Selbstreinigungskräfte ist mehr Wildnis in größeren Auenbereichen. Aber das zeigt, welch dynamische Kraft Fließgewässer haben. Kein Ingenieur kann ein Gewässer besser gestalten als es selbst.

Wildnis schön offen: Felsen, Erdbewegungen und Bodendynamik

Eine weitere Naturdynamik prägt Landflächen: Durch Starkregen, aber auch Bodenwasser bewegt sich der Boden in Erosion – im Kleinen oder dramatisch in großen Bergrutschen. Trocken-Feucht-Wechselphasen, Verwitterung, Erdbewegung durch Schwerkraft prägen eine natürliche Dynamik aller Oberflächen: Solche Morphodynamik führt oft zu kleinsten Bodenanrissen und Spalten, auch in Gärten. Und dann wühlt da noch so mancher Maulwurf. Auch oberirdisch scharrende Tiere wie Wildkaninchen sind Teil einer fortwährenden Bodendynamik, die immer wieder auch vegetationsfreie Kleinstellen schafft (»patch dynamics«, siehe Lexikon Seite 192). Offene Bodenstellen werden gebraucht. So nisten fast 80 Prozent aller europäischen Wildbienenarten in offenen Bodenstellen. Wilde Bienen lieben wilde Mosaike.

In Klein und Groß entsteht mit Wildnis eine natürliche »Geodiversität«, eine standortgerechte Vielfalt und Dynamik der Erdoberfläche. Davon hängt Biodiversität mehr ab, als man oft denkt.

Die Nationalparks im Wattenmeer ermöglichen die veränderliche Wildnis des Lebensraums Watt sowie eine Küstendynamik mit Dünenvielfalt

Wildnis-Positiv-Beispiel und Erlebnisort

Küstendynamik der Nordsee – Nationalparke Wattenmeer

Den zeitweilig trockenfallenden Bereich zwischen Meer und Land, der sich ständig natürlich verändert, nennen wir Wattenmeer. Das ist ein einzigartiger dynamischer Lebensraum, heute geschützt durch drei Nationalparks mit leider relativ kleinen Wildniszonen. Der Schutz ist schwierig, weil Massentourismus, Fischerei, viele Siedlungen, Nutzungen, Windindustrie und Öl- sowie Gasförderungen auf Natur prallen. Dennoch besteht in wilden Dünengebieten und auf unbeeinträchtigten Wattflächen Wildnis: ein Erlebnis, wenn Tausende Vögel ziehen, wenn Priele sich wie Wildflüsse verzweigen und eine veränderliche Lebewelt sich hochdynamisch im Watt angepasst entdecken lässt.

Wildnis an der Nordsee, die erlebt, verteidigt und vermehrt werden will:

➤ www.nationalpark-wattenmeer.de

Fruchtende Dynamik

»Ein Männlein steht im Walde, ganz still und stumm. Es hat von lauter Purpur, ein Mäntlein um. Sagt, wer mag das Männlein sein, das da steht im Wald allein, mit dem purpurroten Mäntelein?« So lautet das berühmte Rätsel-Lied von Hoffmann von Fallersleben aus dem Jahr 1843. Beim Lesen entstehen Bilder und vielleicht haben Sie innerlich mitgesummt, so bekannt ist es noch heute. Aber ist auch bekannt, was da gemeint ist? Häufigste Nennung: der Fliegenpilz. Nein, gemeint ist die Hagebutte. Die Frucht der (Wild-)Rose. Früchte und Pilze haben aber eines gemeinsam: Sie sind für uns gut sichtbare Lebenszeichen des Kreislaufes der Natur. Und der lädt wahrlich zum Mitsummen ein, wenn er sich in Wildnis frei bewegen darf.

Pflanzen blühen, verblühen, bilden Samen. Viele Samen sind in Früchte eingehüllt. Sinnliche Verführung! Während viele Früchte zu Boden fallen und dort die Samen keimen können, brauchen andere einen tierischen Transport, sogar im Magen, bevor sie – dann weit weg und gleich mit natürlichem Startdünger – keimen können.

Rennende Pflanzen und fliegende Bäume

Wer denkt, Pflanzen oder Bäume seien »statisch«, ortsgebunden, vergisst die Früchte und Samen. Diese reisen, ja rennen regelrecht in Fellen und Mägen von Tieren oder fliegen mit dem Wind, auch im Gefieder von Vögeln weit umher, teils über Kontinente. Bevor der Mensch die Tiere so stark dezimierte, gab es Unsummen von wandernden Tieren aller Art.

Dass sich Pflanzen gut verbreiten, dazu bedarf es dreierlei: 1. Viele Früchte, die nicht von anderen, ich sag mal »uns«, zu viel abgeerntet werden. 2. Viele Wildtiere für eine genügend hohe Wahrscheinlichkeit, Samen zu verbreiten. 3. Mehrere geeignete Standortvoraussetzungen anderenorts, die nicht immer identisch mit dem Ursprungslebensraum sein müssen. So gibt es dynamische Verbreitungsverschiebungen, manchmal in klimatische Fallen hinein, oft aber auch mit Erschließung neuer Lebensräume. Natur testet sich stetig selbst und oft gelingen Überraschungen.

Pflanzen-Tier-Dynamik

Etwa die Hälfte aller Pflanzenarten ist auf Tiere als Samenverbreiter angewiesen. Bedeutend waren die bepelzten Großweidegänger. Von denen sind viele ausgerottet worden, gerade Wild- und Waldrinder, die besonders weit wanderten und Samen streuten. Immerhin gibt es noch Rot- und Schwarzwild – und viele Vögel.

Aber sogar noch häufige Vogelarten wie Mönchsgrasmücke, Star und Drosseln haben an Menge verloren. Sie sind dafür bekannt, stetig Samen in ihrem Gefieder und Kot über weite Strecken von Süd nach Nord und umgekehrt zu verfrachten, Büsche und Bäume »zu pflanzen«, Wälder lebendig zu halten, als Lebensraum für viele und auch in Klimaanpassung. Rotkehlchen und Amsel ziehen zwar nicht, streifen aber weit umher und verbreiten viele Samen. Eichelhäher und in den Alpen der Tannenhäher können ganze Wälder pflanzen und verjüngen (Eichen, Zirben). Das ist eine oft unterschätzte Naturdynamik.

Zwischen 1980 und 2020 sind nach Schätzung des Dachverbandes Deutscher Avifaunisten (DDA) europaweit 16 Millionen Vögel, rechnerisch etwa 40 000 Vögel pro Tag, verschwunden. Anerkannte Ursachen sind direkte Lebensraumzerstörungen aller Art, Gifte im Agrarraum und ausfallende Insektenmasse als Nahrung sowie Massentötungen auf dem Zug vor allem in Nordafrika.

Die dramatische Mengenabnahme auch häufiger Arten hat Auswirkungen: Ein Pflanzenwandern und eine Verbreitungsdynamik sind zwar noch möglich, auch weiterhin eine Klimaanpassung, aber die Verbreitungsleistung für Samen ist schon bis zu 60 Prozent eingeschränkter, als sie es natürlicherweise wäre. Das belegt beispielhaft eine Studie eines Teams um Evan Fricke von der Universität Houston aus dem Jahr 2022.

Bilder links: Wild wuchernder Wildrosenstrauch mit Hagebutten-Früchten (links).
Vögel wie das Rotkehlchen verbreiten kleinere Samen auch über weite Entfernungen (rechts).

Bäume – wie hier die Eiche – sind eng mit dynamischen Pilznetzwerken im Boden und einer Vielzahl an Lebewesen verflochten

Interview: »Na und«, sagt der Pilz

Welch ein schöner Steinpilz hier im wilden Wald. Dank Bio-Translation, der Übersetzung von allem Lebendigen in verständliche Worte, spreche ich den mal an.

Michael Altmoos (MA) Hallo Pilz. In meinem Buch schreibe ich über das Pilzreich: Netzwerk im Boden. Inzwischen fast Allgemeingut. Deshalb frage ich Dich was anderes, was sicher auch alle Leserinnen und Leser interessiert: Hast Du nicht Angst, gefressen zu werden, so als leckerer Steinpilz?

Pilz *Na und?*

MA (verwirrt) Habe ich falsche Worte verwendet?

Pilz *Na und?*

MA Gesprächig bist Du nicht gerade. Hast wohl noch viel mehr Geheimnisse, als wir Menschen schon entschlüsseln konnten. Wir haben gerade erst begonnen, Euer Netzwerk, Eure Kommunikation und Stofftransporte zu verstehen.

Pilz *Na und?*

MA (verzweifelt) Ist gar nicht so leicht, mit Natur ins Gespräch zu kommen. Ich umarm jetzt mal den Baum, mache ein paar Sinnesübungen, das entspannt: Waldbaden ist ja in.

Tiefe langgezogene Stimme von oben *Woorte siind Träuume. Uund iin deer Natuur haat aalles eine aandeere Zeit.*

MA (überrascht am Baumstamm nach oben blickend) Wer spricht da?

Tiefe langgezogene Stimme, irgendwo aus der Krone der Eiche kommend *Ich biin deer Eichbaum. Weenn Duu miit deem Piilz spriichst, spriichst Duu auch iimmer miit miir. Wiier siind aalle eeng veerneetzt. Aabeer waaruum uumaarmst Duu meeinen Staamm? Siieht bescheuert aus.*

MA Tut mir halt gut. Und Dir?

Eiche *Ich spüüre niichts. Iich haabe dooch keine Neervenzeellen, kein Bewusstsein. Waas siich diie Meenschen nuur eeinbiilden. Zu viel Esoteerik geleeseen? Ich schääme miich, waas Ihr aus meeinem Hoolz maacht. Eheer müüssteest Duu deen Pilz küüssen, um miich schneelleer zu erreichen.*

MA Das ist nicht Dein Ernst. Was sagt der Pilz dazu?

Pilz *Na und?*

MA (seufzt) Offenbar reicht unsere menschliche Wortwelt nicht aus, um die Wildnis angemessen zu verstehen.

Piepsiger Ton aus dem Baum *Also ich versteh Dich gut. Ich bin die Singdrossel. Wenn Du mit dem Pilz sprichst, sprichst Du mit dem Baum. Wenn Du mit dem Baum sprichst, sprichst Du mit mir. Wenn Du meine Lieder hörst, klingt es in Dir. Also sprichst Du immer auch mit Deiner eigenen Natur, wenn Du mit einem von uns sprichst (fängt an zu flöten).*

MA Ach wie schön. Halt, wohin fliegst Du schöne Drossel? Weg ist sie. Aber ich ahne: Alles ist dicht vernetzt und zugleich veränderlich.

Pilz *(meldet sich vom Boden) Na und?*

MA Irgendwie nervt der jetzt.

Wispernde Stimme von der Baumrinde *Niemand nervt hier. Wir Pilze sind vielgestaltig und überall.*

MA Wer ist das jetzt? Quatschen etwa schon die Flechten am Baumstamm mit mir?

Wispernde Stimme *Ja, natürlich. Du wolltest Pilze ansprechen. Hier. Wir sind viele davon und leben mit Algen in einer völlig neuen Form zusammen – als Flechte, wie Ihr es nennt. Perfekte Symbiose wie vieles hier. Du verstehst? Wenn Du mit dem Pilz sprichst, sprichst Du mit anderen Pilzen, sprichst mit dem Baum, sprichst mit den Vögeln, sprichst mit Dir, sprichst mit ...*

MA Ist ja gut, ich hab's verstanden. Vernetzung und Rückkopplung total.

Pilz *(vom Boden) Na und?*

Eiche *Piilze siind aabeer niicht gleeich Piilze. Maanche siind uunseere Paartner, maanche paarasitiieren fies, andeere zerseetzen meein Hoolz (Eiche stockt kurz), aber aalle siind wiichtiig. Aalles zu seiner Zeit. Ich selbst haabe eeine aandere Zeeit als Iihr Meenschen. Aabeer Ihr laasst uuns viiel zuu weeniig daavoon.*

MA Deshalb setze ich mich ja für mehr Wildnis ein. Räume, wo alles frei seine Zeit bekommt. Aber sag mal, Eiche, kann Euer Symbiosepartner da unten (zeigt auf den Steinpilz am Boden) auch was anderes sagen als »Na und«?

Plötzlich weht ein sanfter Windhauch durch den Wald.

Pilz *(rattert plötzlich wie eine Computerstimme schnell sprechend los) Cogito ergo sum – Boletus edulis, Steinpilz an alle – Feinwurzel steuerbord voraus – Mycele an Hyphen: Stoffe weiter marsch – Meldung Wareneingang: Zucker-Stau bei Importkontrolle – Fruchtköper-Bildung backbord vorbereiten – Messenger-Dienstmeldung von Eiche 2315 an Eiche 2313: Zikaden nerven, Bitterstoffe ausschütten, Botschaft weitergeben – Baumkeimling Nordost3Südwest braucht Phosphor – Durchsage an alle: Pilze, hört die Signale.*

MA (völlig überrascht) Na und?

Pilz *(rattert weiter, sich fast überschlagend) 5 Millionen Signale pro Sekunde laufend – jetzt Stopp – Error – Match not found – WWW Wood-Wide-Web Seitenfehler 404 – Log-out. (Plötzlich Stille)*

MA Was war das denn jetzt? Erinnert mich ans Büro.

Eiche *(von oben) Duu hööorst Natuur, uns, iimmeer nuur soo, wie ees Deiner Weelt eentspriicht. Natuur ist ein Spiegelbiild Deeineer Seele. Aabeer die Waahrheeit iist aanders. Piilze siiind keeine blooßeen Stooffaustausch-Maschiinen, sie siiind eeinfaach Piilze, waandlungsfäähiig und seehr guut verneetzt. Miit miir spreechen die schöön laangsaam und aandeers.*

MA (erschöpft) Ich werde fast verrückt. Jetzt muss ich mich erst mal entspannen (umarmt den Baumstamm, atmet ruhig durch). Man muss ja nicht gleich mit Begriffen wie Waldbaden kommen. Einfach achtsam Natur genießen und alle Sinne öffnen, das geht bei jedem Spaziergang. Tut mir gut und wir können sehen, hören, riechen: vernetzte dynamische Natur! Wie schön individuell doch jeder Baum ist (streichelt sanft über die Rinde, zugleich damit die Flechten).

Flechten auf Baumrinde *Oaaah, uuh, aaah, schöööön – mehr.*

Baum *(plötzlich leicht schnippisch) Alsoo iich brauch daas niicht.*

MA (entspannt lächelnd) Na und?

Das oft vergessene kleine Große – Pilz sei Dank

Auf eine eigene Welt möchte ich besonders hinweisen, weil sie immer noch zu oft unterschätzt wird. Ohne sie ist Wildnisentwicklung undenkbar, sie bestimmt und verändert Sukzessionsverläufe, ermöglicht Fruchtbarkeit auch auf unwirtlichen Standorten, steuert Bewaldung und Anpassung von Pflanzen: Nicht Tier, nicht Pflanze – so sind Pilze eine Welt für sich, die unsere Welt zusammenhält. Nur ihre Fruchtkörper sehen wir zeitweise. Der größte Teil lebt als riesiges und sich täglich änderndes Geflecht im Boden und im Holz.

Viele, aber nicht alle Pilze leben in Symbiosen mit einer oder mehreren Pflanzen- oder Baumarten, zum Beispiel der Fliegenpilz oft mit Birken. Die meisten Pilzarten führen aber eine eher offene Beziehung, wenige sind auf nur eine Pflanze spezialisiert. Andere Pilze schmarotzen, weitere zersetzen als Saprophyten im Verbund mit Kleinsttieren und Mikroben natürliche Abfälle zu Nährstoffen. Ohne Pilze kein Boden, kein Wachstum, kein Kreislauf.

Im Untergrund bilden Pilze dynamische Netzwerke. Die Fäden (Hyphen) und Geflechte (Mycele) verflechten sich mit den Pflanzen. Mykorrhiza wird die Verbindung von Pilzfäden mit Pflanzenfeinwurzeln genannt: die berühmteste Symbiose der Welt. Der Pilz gibt der Pflanze Nährstoffe und erhält Zucker sowie Stärke. Deal! Weitere Stoffe werden ausgetauscht, ebenso Botenstoffe.

Auch in Form elektromagnetischer Signale gibt es eine Art »Kommunikation« durch Pilze. Nach Untersuchungen von Andrew Adamatzky von der Universität Bristol (2022) reagieren Pilze auf mechanische, chemische und optische Reize, indem sie das Muster ihrer elektrischen Aktivität ändern. Seine mathematischen Analysen der Signalstruktur zeigen Muster von Sequenzen, die der Abfolge von Wörtern in menschlichen Sprachen strukturell ähneln. Verschiedene Pilzarten erzeugen dabei unterschiedlich komplexe »Sätze« und jede Pilzart hat andere Signale. Die von ihm untersuchten Pilze kennen bis zu 50 »Wörter«, meist werden 15 bis 20 verwendet. Pilze »sprechen« offenbar meist seeehr laaangsaaam: Die Spitzen elektrischer Aktivitäten kommen im Schnitt nur alle paar Stunden.

Wie bei allen Lebewesen gibt es bei Pilzen auch viele Parasiten und Räuber. Und doch gibt es eine Art »Fürsorge« in Natur, wenn alte Bäume ihren jungen »Sprösslingen« oder kranken Individuen gezielt Stärke via Pilznetzwerk zukommen lassen. Das wird bei all dem menschengeprägten Konkurrenzdenken oft missachtet, darf aber auch nicht sehnsuchtsvoll überhöht werden. Natur ist einfach so. Nur uns fehlen die richtigen Worte.

Mindestens 6000 Pilzarten vergesellschaften sich mit Pflanzen und etwa 90 Prozent aller Landpflanzen brauchen oder nutzen dieses Prinzip, sonst kümmern sie vor sich hin. Für dieses Pilz-Pflanzen-Netzwerk und Wälder gibt es seit 1997 den eingängigen

Schleimpilze – mit ihren zarten und skurrilen Formen – steuern wichtige Stoffflüsse mit und können in Wildnis gut aufleben

Begriff »Wood Wide Web«. Auch auf Grasland sind solche Netzwerke der Schlüssel. Der Begriff spielt auf das »World Wide Web« des Internets an. Man versucht inzwischen, den Menschen durch Technikvergleiche halbwegs begreifbar zu machen, dass Natur komplexe Netze hat. Doch jede Technik ist so viel unterkomplexer als jeder einzelne Quadratmeter freie Natur.

Pilze können über ihre Sporen und über Winde auch weit entfernte Standorte erreichen, sich an vielen Stellen immer wieder mit Sukzession entwickeln. Unzählige Sporen treiben hoch über uns um die ganze Welt. Natur und Pilzwelt sind das eigentliche »World Wide Web«: global erdverbunden mit dem Hang, Wildnis überall zu entwickeln, wenn wir es zulassen.

Schlüsselarten: Lebewesen gestalten Wildnis

Wir haben gesehen, dass Natur und ihre Entwicklung durch biotische Vorgänge (Sukzession, Wirken von Pflanzen und Tieren) und abiotische Vorgänge (Morphodynamik) geschehen. Manchmal greifen beide – biotisch und abiotisch – ineinander: Pflanzenwurzeln »sprengen« Gesteine, unterstützen Verwitterung, darauf wachsen wiederum andere Pflanzen, dann Tiere. In Wildnis können wir solche Prozesse freilassen, beobachten und oft Überraschungen erkennen.

Arten, die besonders große Wirkung haben, bezeichnen wir als »Schlüsselarten« (key[stone] species). In Naturschutzkonzepten werden »Zielarten« (target species) emporgehoben: Diese und ihre Lebensräume werden bevorzugt gefördert und wir erwarten bei ihrem Schutz hohe »Mitnahmewirkung« für Vielfalt. Arten mit großem raumkomplexen Anspruch gelten als »Schirmarten« (umbrella species).

Ein »Klassiker« unter den Schlüsselarten ist der Biber, dieser nagende Baumeister. Wo er wirkt, wird eine Bach- und Flussaue lebendig und vielfältig. Er fällt Bäume, meist Weichholz, das nachwächst. Damit baut er Dämme, was zu Wasserstau führt und Vegetation absterben lässt. Dafür entstehen »Biberwiesen«. Dort wachsen viele der Gräser und Blumen, leben viele Offenland-Insekten, die wir in anderer Zusammensetzung von Wiesen der Kulturlandschaft kennen. Hier ist einer ihrer Primärlebensräume.

Wer trommelt da heftig und schnell? Es sind die Spechte, und die sind hell. Verzeihen Sie den albernen Reim, aber Spechte mir ihren Klopfrhythmen regen einfach zum Reimen und Rappen an. Probieren Sie es. Wildnis macht Spaß. Spechte sind es, die für sich selbst Baumhöhlen schaffen, von denen dann viele Nachmieter wie höhlenbewohnende Vögel (Eulen, Hohltaube, Meisen, Star), aber auch hohlraumbewohnende Insekten (Wildbienen, Hornisse) abhängen, die selbst keine Höhlen schaffen können. Baumhöhlen sind Schlüsselfaktor. Es gibt verschiedene Spechtarten mit jeweils unterschiedlichen Wirkungen. Der Schwarzspecht ist der Großbaumeister, er zimmert an dicken, alten Buchen ovale Höhlen. Buntspechte bauen kleinere, runde Höhlen und nehmen gerne auch die krummen Bäume. Es gibt Neubauten und veränderliche Ruinen, viele Ein- und Umzüge, auch mal Mietnomaden und Eigenbedarfskündigungen. Dank Spechten.

Wenn wir auf diese Weise die Lebewelt durchdeklinieren, kommen wir zu einer wilden Erkenntnis: Eigentlich ist jede Art eine Schlüsselart. Denn jedes Lebewesen entfaltet Wirkungen. Was wir als bedeutend erkennen, ist nur die Spitze eines Eisberges, Verzeihung: der Wildnis. Die Eigenart von Wildnis ist erfreulicherweise, dass wir nicht mehr zwischen angeblich bedeutenden, auffälligen Schlüsselarten und unscheinbareren, aber ebenso wichtig wirkenden Arten unterscheiden müssen.

Artenvielfalt: Alle zusammen und alles ist eins

Die Vielfalt des Lebens ist groß und großartig. Arten scheinen für uns als begreifbare Einheit, mit der wir diese Vielfalt für uns ordnen wollen. Eine Art ist, was sich paart. So die einfache Definition. Und jede Art sieht etwas anders aus. Oder doch nicht? Genetische Analysen zeigen immer mehr, dass die Grenzen zwischen Arten fließend sind.

Auf der Oberfläche und im Innern aller Organismen gibt es weitere Organismen, die wiederum teils offene Beziehungen führen. Auch wir Menschen sind eigentlich keine eng begrenzte Art, sondern bestehen auf der Haut und in unserem Inneren aus

Millionen verschiedener Bakterienarten, ohne die wir gar nicht leben könnten. »Wer bin ich – und wenn ja, wie viele?« Diese Frage – und bekannter Buchtitel des Philosophen Richard David Precht – möchte ich biologisch beantworten: Ich bin ganz viele und ich kann mich nicht von anderen abgrenzen, ich bin Teil der Natur und ihrer Dynamik.

Es bleibt zwar pragmatisch sinnvoll, mit Arten zu arbeiten, weil es für uns am ehesten begreifbar ist. Im Hintergrund dürfen wir aber begreifen, dass alles eins ist und im einen alles ist. Dass das Kleine unterschätzt wird und wir vieles gar nicht kennen. Artgrenzen gibt es nicht wirklich. Auch deshalb ist es so wichtig, Wildnis zuzulassen: wo alles eins sein kann – in natürlicher Dynamik.

Ur-Werk Natur – mehr Veränderung als Gleichgewicht

Pflanzen und Tieren, Stoffflüsse und Klima im Gleichgewicht? Eine schöne Vorstellung! Zu schön, um wahr zu sein. Selbst Räuber-Beute-Beziehungen sind nicht so gleichmäßig, wie sie in alten Lehrbüchern vermittelt werden. Niemand hat Pflanzen und Tiere auf einen dauerhaften Platz gesetzt. Sie migrieren, wo immer möglich, ändern ihre Verbreitung, ändern Beziehungen und Netzwerke. Und sie sind abhängig von vielen anderen veränderlichen Faktoren. So dringt der Goldschakal, eine wolfsähnliche Wildhundeart, ganz natürlich seit etwa 2015 aus Südosteuropa nach Mitteleuropa vor, sucht und findet neuen Lebensraum, obwohl es diese Art hier zuvor nie gegeben hat. Er wird Gewohnheiten von Wölfen und Füchsen durcheinanderbringen können, und welche Folgen das auf deren Räuber-Beute-Verhältnisse hat, wissen wir nicht.

Vor diesem Hintergrund ist es ärgerlich und falsch, wenn Natur mit einem mechanischen Uhrwerk verglichen wird, wo ein Rädchen exakt in das andere greift und alles gleichmäßig tickt. Lieber spreche ich statt Uhrwerk vom Ur-Werk Natur mit hochkomplexen Zusammenhängen und einer oft chaotischen Dynamik. Menschengemachte Uhrwerke können zertrümmert werden, das Ur-Werk der Natur so leicht nicht. Seine dynamische Kraft spüren wir in den Freiräumen der Wildnis.

Konkurrenz oder Kooperation? Das Wildnis-Wesen

»Kampf ums Dasein.« Der Satz sitzt – und zwar in vielen Köpfen. »Fressen und gefressen werden.« Das auch. Schon Charles Darwin, der Urvater des Evolutionsverständnisses, hat es aber wohl gar nicht so gemeint: »Survival of the fittest« heißt nicht, dass der Stärkere gewinnt, sondern der Angepasste. Das kann auch mal »der Freundlichste« sein. Der, der kooperiert – der, der viel gibt.

So besteht freie Natur aus einem dynamischen Geflecht vieler für die Beteiligten insgesamt positiver Beziehungen. Die meisten Lebewesen leben friedlich zusammen, tauschen Stoffe aus, stützen sich. Und es gibt Ausnahmen, die dazugehören, denn Natur

Bilder links: Wildnis beginnt im Kleinen und umfasst unzählige dynamische Beziehungen: Tierfraß an Pflanzen ist Teil eines großen Ganzen, das sich laufend ändert, aber lebendig bleibt

ist kein Kuschelraum. So gibt es Parasiten, die Steuerungsfunktionen haben. Und das Zebra, das gerade vom Löwen gefressen wird, denkt, wenn es denn noch denkt, eher »dumm gelaufen« als »so eine tolle Kooperation, ich bin jetzt gut im Stoffkreislauf«.

Wir finden unzählige Beispiele von raffinierten Täuschungen, (Aus-)Nutzungen und letztlich Konkurrenz. Dennoch wurde lange unterschätzt, dass die unscheinbarere Mehrheit des Lebens in positiven Beziehungen zueinander lebt. Symbiose ist das besonders enge Zusammenleben verschiedener Arten zum wechselseitigen Nutzen. Immer klarer wird, dass dies oft eine offene dynamische Beziehung ist. In einem fließenden Übergang von Kooperation und Konkurrenz gibt es unzählige Zwischenformen (Buchtipp: »Symbiosen in unseren Wiesen, Wäldern und Mooren«, siehe Seite 203).

Wildnis lautlos – hinterlasse keine Spuren

Tipp für Erlebnisse

Kleine Übung oder Spiel, gerne mit Familie oder Gruppe: Versuchen Sie, fünf Minuten den Weg durch die Wildnis zu gehen, ohne ein Geräusch zu verursachen und beim Laufen auch nichts zu verändern (kein Stein darf durch Sie rollen, kein Ästchen darf sich durch Sie bewegen). Pro Geräusch 1 Minuspunkt, wer am wenigsten Punkte hat, ist »Wildnisgewinner«.

Auswertung

Hiermit üben Sie Ihre Achtsamkeit auch für kleine Dinge: Wie strukturreich und beweglich doch der Boden ist. Welch kleine Dinge alle einen Ton von sich geben. Wie Wildtiere sich unauffälliger als wir bewegen können. Aber auch eine Ruhe und ein »Schleichen« als motorische Übung, die gut tun.

Es ist ein gutes Naturerlebnisprinzip, keine Spuren zu hinterlassen. Durch diese Übung wird das zwar auf die Spitze getrieben. Übrigens: Auf den Spitzen der Zehen zu gehen, hilft hier und da, aber auch ein breites Auftreten auf ausgesuchten Stellen kann zum Gewinnen führen.

Hinweis: Abseits dieses »Experiments« dürfen Sie gerne normal durch Wildnis laufen, das macht ihr oft nichts. Viele Wildtiere wittern Sie ohnehin und sind »normale« Menschengeräusche gewöhnt. Die werden eher ängstlicher, wenn jemand ungewohnt schleicht. Trotzdem kann man Tiere in Stille oft besser und schöner wahrnehmen.

Profi-Ebene

Wildnis zu erleben, ohne Spuren zu hinterlassen, ist ein Leitbild der amerikanischen Wildnisbewegung und auch für nachhaltigen Wildnistourismus überall ein gutes Prinzip. Im Klartext: Abfälle mitnehmen, keine Äste und Zweige unnötig zerbrechen, einfach mit Freude alles erleben, aber auf nachhaltig achtsame Art. Als wäre man nicht da gewesen, und doch war alles intensiv fühlbar.

Mensch – Macht – Dynamik: zur Unterscheidung von Dynamik und Zerstörung

Wenn die Dynamik der Natur so groß ist, darf man als Mensch dann nicht auch alles? Wir sind ja auch Natur. Ist die natürliche Dynamik gar als Freibrief zur Party zu verstehen?

Die Grenze zwischen unauffälligen Lebensäußerungen, verträglichen Veränderungen der Natur und menschengeprägter Zerstörung ist fließend. Wir zerstören zwar Lebensräume, Arten und ganze Evolutionszweige mit Jahrmillionen Entwicklung. Unsere Umgestaltungen bringen aber auch Gewinner hervor: neue Lebensräume und Arten als Kulturfolger. Im Extrem könnte man folgern, unsere Autobahnen seien ja nur wie Ameisenstraßen, wenn auch in anderem Maßstab. Sie gehörten zur Umweltgestaltung der Gattung Ameise oder Mensch dazu, mit positiven und negativen Folgen für andere Arten: Manche Tiere werden überfahren. Aasfresser profitieren davon. Ist das zynisch?

Allerdings ist es ein Unterschied, ob wir nur wenige Menschen waren, ob wir naturnah leben oder ob wir heute Land millionenfach dicht besiedeln und der Natur regelrecht bewaffnet begegnen. Aber auch wenn wir schonend wirtschaften, gibt es spannende Fragen rund um Wildnis, was Veränderung und was Zerstörung ist.

Zum Beispiel die Frage um Buchenwald oder Eichenwald. Buchenwälder sind auf den meisten Standorten in Europa die natürliche »Urwaldform«, so denkt man oft. Gebietsweise wird ein Eichenwald »künstlich« gegen die Buche entwickelt. Solche eher lichten Eichen-Hainbuchenwälder sind wie Buchenwälder ebenfalls artenreich. In ihnen wohnen andere für uns attraktive Pflanzen und Tiere. Es gibt sie kleinflächig zwar auch natürlich, doch die heutige Menge und eine bestimmte Zusammensetzung sind nutzungsabhängig entstanden. Ließe man diese Wälder in Wildnis übergehen, würden sie schwinden und Buchenwälder entstehen, nicht wahr?

Allerdings halten sich Eichen je nach Standort in kleinen Beständen auch natürlich in von Buchen dominierten Wäldern. Sie nutzen alle paar hundert Jahre natürliche Störungen oder profitieren als Lichtbaumart von Beweidung und parkartigen Wald-Halboffenländern, wie es sie früher gegeben hat. Im Schutz von Dornensträuchern, Gebüschen oder Geäst, das Wildtiere meiden, können sie hochkommen. Eichenwälder wären an einigen Stellen sogar natürlicher als Buchenwälder. Eichen und Wildnis passen also einerseits zusammen, andererseits gestalten wir: Man könnte die forstliche Umwandlung des Primärwaldes (Buche) in Eichennutzwälder als Zerstörung sehen. Oder war die Zerstörung bereits die Ausrottung der Weidefauna, auf Kosten von Eichen-Parklandschaften zugunsten dunkler Buchenwälder? Eigentlich gehen dabei nur zwei wertvolle Lebensräume ineinander über. Was aber ist wo wichtiger?

Als Lösung kann ich anführen, dass sich Eichenwälder durchaus in Wildnis und in Buchenwälder verwandeln dürfen, wenn wir zugleich aufpassen, dass es in der größeren Region immer noch genug davon gibt. So könnte man auch mit europäischen Verpflichtungen der FFH-Richtlinie umgehen, die alle diese Waldtypen schützt, aber Eichenwälder als »von Wildnis bedroht« – falsch – bewertet. Ein Einfrieren auf bestimmte historische Größen oder Ausstattungen ist dagegen willkürlich. Eher geht es um ein Netz an unterschiedlichen Lebensräumen mit Wildnis, die insgesamt überlebensfähige Größen haben, sich im Verbund ergänzen und als Ganzes in ihrer Verteilung wie Größe dynamisch sind.

Anderes Beispiel: Wildflüsse werden zu Stauseen gestaut. Damit einher geht dramatischer Funktions- und Lebensraumverlust. Manche Stauseen sind aber hoch interessante neue Lebensräume. Die vogelreichen Inn-Stauseen (Bayern und Oberösterreich), heute anerkanntes Europareservat, sind ein Beleg dafür. Wenn aber etwas natürlich, selten und so wichtig ist wie ein Wildfluss, ist jeder Staudamm eine Zerstörung, auch weil wir schon (zu) viele davon haben. Wenn dagegen natürliche Prozesse zu Veränderung führen, ist das eher zuzulassen, zum Beispiel wenn ein Bergrutsch einen Natur-(Stau-)See bedingt.

Wenn hochbedeutende und klimaschützende Moore mit ihrer Eigenart, also wenigen spezialisierten Arten, zugunsten einer größeren Allerweltsvielfalt entwässert und umgewandelt werden, ist das zwar eine Artenanreicherung – und dennoch Zerstörung. Artenreichtum ist aber dann einn gutes Hilfskriterium, wenn Grünländer durch Übernutzung unangemessen artenärmer werden.

Diese Beispiele aus dem Naturschutzalltag zeigen, dass stets mehrere Bewertungskriterien iabgewogen werden müssen: Seltenheit, Gefährdung, Artenvielfalt, Eigenart (das jeweils Typische!), Natürlichkeit, erwünschte und natürliche Funktionen. Ein einzelnes Kriterium kann irreleiten, aber mit Überlegungen darum herum und einem Blick für das Netzwerk über Einzelflächen hinaus, minimiert man Fehlschlüsse.

Zerstörung von Veränderung klarer abgrenzen kann man, wenn natürliche Stoffflüsse so massiv verändert werden, dass aus typischer Vielfalt untypische Monotonie entsteht. Wenn ein Waldtyp nicht nur in einen anderen übergeht, sondern wenn seine Anteile an Altholz und Totholz sinken oder wenn er entwässert oder durch Bauwerke, Energieanlagen oder Straßen erheblich zerschnitten wird. Zerstörung ist es sicher auch, wenn Böden versiegelt werden. Wenn Kunstprodukte, Abgase und Gifte in die Natur entlassen werden – Stoffe, die es in Natur nie gab, wie Plastik.

Ein wichtiger Unterschied zwischen Veränderung und Zerstörung ist auch, ob man seine eigene Lebensgrundlage erheblich beeinträchtigt. Als Teil der Natur sollten wir uns entsprechend benehmen: möglichst wenig Spuren hinterlassen, wo immer wir es nicht zum (Über-)Leben brauchen. Maßlosigkeit und Gier sind von Grundbedürfnissen zu unterscheiden. Was wie und wo genau zu viel ist, ist stetige komplexe Denkaufgabe.

Gefährlich groß werden Fragen im Arbeitsfeld der »synthetischen Biologie« (»synthetische Biodiversität«, »künstliche Ökosysteme«): Wir Menschen »designen« hier bewusst Lebensräume, züchten neue Arten und setzen sie aus, gruppieren mit »Gen-Scheren« Leben um. Trotz vermeintlich genialer Forschung sind wir aber sicher niemals so genial wie die Natur selbst. Alles zu gestalten, ist ethisch problematisch und ökologisch dumm. Denn wir wissen nicht, was wir anrichten, wenn wir einseitig mit stets begrenztem Wissen über relativ wenige Parameter verfügen. Das gilt auch für Geo-Engineering, um Treibhausgase technisch einzufangen, Sonneneinstrahlung zu lenken und Ähnliches. Das kann niemals berechtigt oder gar gerecht sein. Freie Natur hat über 4 Milliarden Jahre vielschichtige Erfahrung, wir nur wenige Jahrzehnte sogenannte »High-Tech«, die relativ zur Natur erschreckend unterkomplex ist.

Demnach haben wir Menschen trotz der großen Veränderlichkeit der Natur keinen Freibrief für uns als (Um-)Gestalter. Welche Veränderung zerstörerisch ist und für wen überhaupt, welche dagegen als Teil der Natur zuzulassen ist, das ist nicht immer einfach zu werten und Nachdenkaufgabe. Mit den genannten Beispielen habe ich einige Hilfskriterien angeführt, mit denen man kritisch weiterdenken darf.

Bild links: Die vegetationsfreien Flächen im Wimbachtal, Nationalpark Berchtesgaden, sind wertvoller naturdynamischer Lebensraum, ein natürlicher »Schottergarten« (siehe dazu auch Seite 161). Wasser fließt hier nur unterirdisch.

Gute Gründe für Wildnis

Für die Biodiversität

Artenvielfalt – mit Unterscheidungen

Kulturlandschaften und Wirtschaftswälder können zeitweise artenreicher sein als ungenutzte Räume, jedenfalls an für uns bekannten Arten. Wir müssen aber verschiedene Wertmaßstäbe und Sichtweisen berücksichtigen:

Je mehr Arten desto besser? Artenreiche Lebensräume können mehr Funktionen haben und beziehungsreicher sein, weil sich viele Arten, viele Trophiestufen (Vielfalt an Energie- und Ernährungstypen) und mehr Spezialisten in ihren Funktionen stützen. Doch es gibt Lebensräume, die natürlicherweise artenärmer sind. Auch innerhalb eines Naturwaldes gibt es Phasen, die mal artenreicher, mal artenärmer sind. Sie alle gehören zusammen. Wichtig sind Kriterien, die den Wert von Wildnis begründen:

- Naturnähe: Wildnis ist definiert als höchstmögliche Natürlichkeit – in Entwicklung. Arten, die in Wildnis vorkommen, werden hoch gewertet.
- Repräsentativität, also ob es die standorttypischen Naturprozesse und Arten gibt: Das lassen wir mit Wildnis zu. Dort müssen keine Seltenheiten vorkommen (obwohl sie das mit der Zeit oft tun). Das Häufige, das Repräsentative, ist schützenswert, zumal die Erfahrung zeigt, dass aus dem Häufigen leider ein Seltenes werden kann.
- Seltenheit und Gefährdung: Sind unter den Arten seltene oder durch uns gefährdete, so ist das höherwertig als hohe Zahlen von Allerweltsarten. In Wildnis entwickelt sich langfristig Raum für viele Spezialisten, oft mit positiven Überraschungen.
- Widerstandfähigkeit, Elastizität und Resilienz: Die entwickelt sich in Wildnis, das ist Natur, während genutzte Flächen das nicht ganz imitieren können.

International eingeführt ist der Begriff »Biodiversität« (biodiversity): wörtlich »Lebensvielfalt«. Diese ist nicht gleichzusetzen mit Artenzahlen oder Artenvielfalt. Biodiversität bezeichnet die natürliche Vielfalt an Genen innerhalb einer Art, an regionstypischen(!) Arten, Lebensräumen und Landschaften. Weil wir uns der Dynamik wieder bewusst sind, wissen wir, dass auch Biodiversität nicht statisch ist. Somit sind Wildnisflächen nicht nur bedeutende Rückzugsflächen, sondern auch Entwicklungsräume für Biodiversität und Evolution.

Bild links: Wildnis schafft Vielfalt und neue Perspektiven: Vierfleck-Libellen *(Libellula quadrimaculata)* im Mikrokosmos von Schilfbeständen einer dynamischen Verlandungszone

Welche Arten betrachten oder bevorzugen wir eigentlich? Ist eine winzige, »hässliche« Hornmilbe oder ein Springschwanz im Boden unwichtiger als ein »putziger« Biber? Nein, sagen wir Ökologen, wenn wir das Zusammenwirken aller betrachten. Ein Biber ist auffallender, populärer und schöner. Aber haben Sie eine Hornmilbe oder einen Springschwanz schon mal genauer betrachtet? Heiraten muss man die ja nicht gleich, aber ihr faszinierendes Sein und ihre Leistung bewundern. Allein in einer Handvoll durchschnittlicher Walderde leben mehr Lebewesen als Menschen auf der Erde. Unzählige Kleintiere und Mikroben im Boden sind noch nicht als Art beschrieben. Und sie alle haben Schlüsselfunktionen, um wahrlich der Natur den Boden zu bereiten. Der Biber gestaltet Landschaft, ein Springschwanz den Boden. Ohne guten Boden keine Landschaft – und umgekehrt. Niemand ist unwichtig.

Mit verbesserten DNA-Analysemethoden werden sogar in vermeintlich gut untersuchten Lebensräumen atemberaubende Neuentdeckungen gemacht: So wurden 2022 allein in nur wenigen Flächen Bayerns etwa zweitausend neue Insektenarten, hauptsächlich kleine Mücken, neu bekannt (Projekt »German Barcode of Life III« der zoologischen Staatssammlung München unter Leitung von Stefan Schmidt). In unserer scheinbar so gut erforschten Welt stellen wir fest, dass das meiste doch noch unerforscht ist, dass es Arten und womöglich wichtige ökologische Funktionen und ein Zusammenwirken gibt, von denen wir noch gar nichts ahnen, während wir zu oft

Vergleich Naturnaher Waldbau	Nationalpark und Wildnis
meist schönes, harmonisches Waldbild	auch »schön«, aber zeitweise und teils auch »unordentlich«, überraschend, provozierend
Vielfalt hoch, manchmal höher	bestimmte Arten nur in Wildnis, die sonst fehlen; Vielfalt phasenweise höher oder niedriger
Altholz und Totholz vorhanden	richtig viel Altholz und Totholz jeder Qualität (viel mehr als in Wirtschaftswäldern)
sehr dichtes Wegenetz, oft Störungen	(relative) Ruhe, wenige, dafür tolle Wege
weitgehend beplant	Zufälle und Überraschungen
begrenzte Dynamik	Dynamik – freie Entfaltung
theoretisch alle dort zu erwartenden Tierarten und Pflanzenarten, praktisch fehlen wichtige Arten	praktisch alle dort zu erwartenden Tierarten und Pflanzenarten des Waldes (Falter, Käfer, Kinderstube Säuger, Pilze)
wichtig und klasse, aber es fehlt etwas	unersetzbar

nur auf altbekannte Arten fokussiert sind. In Konzepten zu Zielarten und Schlüsselarten, die durchaus sinnvoll sind, weil sie mit attraktiven Symboltieren und Mitnahmewirkung arbeiten, vergessen wir dennoch zu oft das Kleine. Nur in Wildnis lassen wir alles konsequent gleichwertig zu – weil wir dort nicht lenken, nicht bevorzugen, nicht gestalten. Wildnis ist das einzige Konzept, das alles Leben, alle Arten, alle Übergänge zulässt, wie es nun mal ist. Nur Wildnis garantiert, dass keine Art durch Unkenntnis oder gegenteilige Förderung ausgeschlossen wird. In gestalteten Lebensräumen der Kulturlandschaft fördern wir eher das uns gewohnte Spektrum.

Biodiversität von Wildnis und Wirtschaftswäldern im Vergleich

In Wildnis wird es langfristig viel mehr Altholz und Totholz geben, stehend und liegend, dünn und dick. Darauf und auf deren Zerfallsphasen ist das Gros der Kleinsttiere, Mikroben und Pilze angewiesen. Auch von uns mal nicht weggeräumte Tierkadaver sind wichtige Habitate. Manche Pilzarten benötigen eine so hohe Stärke, Menge und Qualität an natürlichem »Faulholz«, das in Wirtschaftswäldern bei aller Rücksicht nicht möglich ist. Für Biodiversität ist totes und zerfallendes Holz das »Gold des Waldes«, für Förster hingegen nur das wachsende Holz. Langfristig gesehen, ist ein Wald in Wildnis deshalb immer artenreicher. Nur in kurzfristigen Phasen kann ein Nutzwald artenreicher sein, was aber meist nur für die uns bekannten und gut sichtbaren Arten gilt. Im genutzten Wald können wir bewusst harmonische Waldbilder für uns gestalten, in denen viele Arten gut leben können, manche können wir sogar gezielt fördern. In Hallenwäldern können zum Beispiel manche Fledermausarten wie das Große Mausohr oft noch besser jagen als in Wildnis, aus der sie kommen.

Demnach haben Wildnis und genutzte Wälder unterschiedliche Stärken. Der beste Nutzwald kann aber Wildnis nie ersetzen, weil sonst immer etwas fehlt. Das gilt auch, wenn man eine größere Waldwildnis durch viele kleine Altholzinseln meint ersetzen zu können. Solch ein Bewirtschaftungssystem, wie man es zum Beispiel im Forstbetrieb Ebrach (Bayern) eingeführt hat, ist sicher relativ naturnah. Dort hat man es wohl auch deshalb eingeführt, um einen Nationalpark Steigerwald zu verhindern. Doch viele kleine »Wildnis-Inseln« sind trotz interessanter Qualitäten in ihrer Summe viel wertärmer als große zusammenhängende Wildnis. Denn einige Naturprozesse, Tiere und Pilze brauchen zusammenhängenden Großraum mit noch mehr Totholz.

Übrigens ist nicht jeder Wildniswald undurchdringlich und nicht jeder Wirtschaftswald gut begehbar. Das hängt von Waldphase und Standort ab. So lassen sich einige Buchen-Urwälder der Karpaten – trotz manch liegender Stämme – relativ einfach querfeldein durchwandern, während mancher Forst mehr Hindernisse bereithält. Die Tabelle links zeigt Unterschiede zwischen Nutzwald und Wildnis im Überblick.

Tiere und Pflanzen der Nutzlandschaft mit Primärhabitat in Wildnis

Beispiele bekannter Tiere und Pflanzen der Nutzlandschaften, die ihr Primärhabitat (Ursprung) in Wildnis haben oder dort wieder überlebensfähig und sogar oft besser leben können.

Art oder Artengruppe	Die Nutzlandschaft, in der die Art heute vermeintlich verankert ist	Ihr Primärhabitat in Wildnis oder Wildnisart, in der sie sekundär leben könnte
Brennnesselfalter (Tagpfauenauge, Kleiner Fuchs, Admiral, Landkärtchen)	Wegränder, Hecken	zahllose Ökotone und dynamische Übergänge auf nährstoffreichen Böden, wilde Auen
Großer Schillerfalter	Hochwälder mit Waldrändern, Letztere mit Salweiden	Salweidengebüsche in Sukzession, verbunden mit wildnistypischem Wald-Offenland-Mosaik
Grünspecht	Baumgruppen-Offenland-Mischung (Parklandschaft)	lichte Wildnisphasen, verzahnt mit Altbäumen
Mittelspecht	Mittelwaldwirtschaft, Eichenwälder: Weil er raue Rinde insektenreicher Bäume braucht.	alte Buchenwälder: Uralte Buchen bekommen raue Rinden und sind dann insektenreich.
Wiesenpflanzen, Wieseninsekten, (wie Offenland-Schmetterlinge)	artenreiche extensive Mähwiesen	Biberwiesen, Wildtier-Weidelandschaften, Naturlichtungen in Wäldern, natürliche lichte Wälder auf flachgründigen Südhängen
Arnika, Magerweiden-Arten, Borstgrasrasen-Arten	gepflegte Magerrasen, Beweidungskulturen	montane lichte Naturwälder im Bereich der Waldgrenze, sonst bodenmagere natürliche Störstellen in Wäldern, flachgründige Standorte, Wildtier-Weidelandschaften, Kiesbänke von Wildflüssen
Dohle	Gebäude	alte Bäume, ungestörte Wälder
Hausbewohnende Fledermausarten wie Zwergfledermaus, Großes Mausohr, Graues Langohr, Braunes Langohr	Häuser, Dachböden, Mauerspalten	alte und hohle Bäume, Baumritzen an alten Bäumen, abstehende Rinde an Bäumen nach Blitzschlag, absterbende Baumruinen, Felsen und Felsspalten
Heckenvögel wie Heckenbraunelle, Rotkehlchen, Amsel, Goldammer ...	gepflegte und daher dicht wachsende (Schlehen-)Hecken	wilde, breite Gebüsche und »chaotische« Sukzessionsphasen und Übergänge – auch in Klein: dort besserer Schutz und Bruterfolg als in schmalen Kultur-Hecken
Amphibien	(gestaltete) Tümpel, extensive Nutzlandschaften	Wildflusslandschaften, wilde Auen, Naturweiden, in denen von selbst Tümpel entstehen und die einen Verbund aus Sommerlebensraum und Winterlebensraum bieten

Bergbaufolge-Wildnis Grünhaus in der Niederlausitz – hier das »Mainzer Land« in der Kostebrauer Heide

Wildnisprofiteure – Wildnisverlierer

Von Wildnis profitieren einige Arten besonders gut, die sonst weniger Chancen hätten. So kommen in großen Wildnisflächen mehr störanfällige und raumanspruchsvolle Arten vor, die zwar auch in Kulturlandschaften leben können, aber mit Wildnis mehr Qualität und Ruhe haben: Schwarzstorch, Wildkatze oder viele Fledermäuse.

In Kleinwildnissen von Gärten oder nur wenigen Hektar Fläche kann Wildnis zeitweise auch mal monoton aussehen, dafür manchen Arten Qualitäten bieten, die in Nutzlandschaften seltener sind: dichte Verstecke und Nistplätze für Vögel, Schmetterlingsarten wilder Gebüsche, Käfer, die ihre Zyklen durchlaufen können.

Wo Gewinner, da Verlierer. Obwohl in größerer Wildnis immer auch Offenlandstadien vorkommen können, werden Arten des Offenlands und der Steppen, die inzwischen zu unserer Kulturlandschaft gehören, (zeitweise) weniger zahlreich sein, manche auch ganz fehlen.

Primärhabitate und neue Möglichkeiten für Kulturarten in Wildnis

Bei den vermeintlichen Verlierern darf man aber nicht zu kurz blicken. Ein spannendes Forschungsfeld ist, welche Ansprüche Arten wirklich haben und welche Habitate diese erfüllen. Und dabei kann es Überraschungen geben. Denn nicht jede Wiesenart braucht eine Mähwiese. Belegt ist, dass Biberwiesen oder natürlich beweidetes Land, auch lichter Wald, für viele, wenn auch nicht für alle heutigen Mähwiesenarten Ursprungshabitate sind.

Heckenvögel des Kulturlandes können mindestens genauso gut in Wildnis leben: Sie kommen ursprünglich von dort oder können sich sekundär dort wieder einfinden, weil in Mosaik-Zyklen und Übergängen immer wieder breite Büsche und Bodenmulden als Nistplätze samt insekten- wie nahrungsreicher Umgebung entstehen. Allerdings wechselt das zeitlich, räumlich und oft chaotisch. Das ist für uns ungewohnt und trotz verbesserter (Habitat-)Modelle örtlich und zeitlich nicht exakt vorhersehbar. Unsere Federfreunde haben sich aber seit jeher daran angepasst und pfeifen wahrlich auf unsere Ordnung.

Die meisten Arten waren schon in unseren Breiten, bevor wir kultivierten. Wir wissen nur nicht, wie ihre Ansprüche im natürlichen dynamischen Spektrum erfüllt werden, weil wir eher starre Lebensraumanblicke und bestimmte Biotopklassifizierungen gewohnt sind. Diese gewohnten Lebensräume sind aber teils nur untypische Ausweichräume. Mit neuer Wildnis entdecken und erforschen wir die tieferen Ansprüche von Arten und ermöglichen ihre Erfüllung.

Erste Wildnisprojekte zeigen geradezu explodierendes Leben auch für vermeintliche Kulturarten. So finden sich in wuchernden Sukzessionsgebüschen mit chaotischer Salweiden-Vielfalt kaum gekannte Populationsstärken von Nachtigall, Turteltaube und Großem Schillerfalter, wie das Rewilding-Projekt »Knepp Wildland« in England zeigt. In unserer gewohnten Erwartung verorten wir diese Tiere in geringerer Populationsstärke in etwas anderen Lebensraumschwerpunkten, zum Beispiel den Schillerfalter eher als (Dunkel-)Waldart mit ein paar netten Waldrändern. Doch in Wildnis geht es ihnen offenbar besser, auch wenn wir dabei zusehen müssen, wenn Vorkommen nach einer Optimalphase wieder kleiner werden. Ermöglichen wir Wildnis aber länger und an mehreren Stellen, werden sie – von dort ausgehend – nach einiger Zeit oder woanders wieder aufleben können.

Die echten kulturabhängigen Arten gibt es zwar auch, aber einige von ihnen könnten vielleicht in manchen Wildnisphasen sekundär leben. Nur wenige Kulturfolger würden wirklich verschwinden. Wildnis stellt also Primärlebensräume für unsere alten Arten bereit, manchmal auch mögliche neue Chancen für Kulturarten.

Wildnis mit Beutegreifern und ohne sie

Ist Wildnis nur Wildnis, wenn es Top-Beutegreifer und große, wilde Weidetiere gibt? Ich meine nein, auch wenn deren Vorkommen wirklich wichtig und ein Zeichen hoher Qualität sind. Unscheinbare parasitäre Insekten beeinflussen die Menge an Tieren aber oft mehr als die jagenden Großtiere. Letztere erhöhen vor allem die »Fitness« des Beutebestandes und seine Verteilung (mit Folgen auch für das Vegetationswachstum) und schöpfen ein »Zuviel« ab. Wichtig ist, dass alles frei kommen kann, ob groß oder klein.

Bilder rechts: Werden einst genutzte Bergbereiche sich selbst überlassen, entstehen neue wilde Lebensräume (oben). Baumpilze (hier der Zunderschwamm) zersetzen entstehendes Alt- und Totholz und sorgen für neue Nährstoffe (unten).

Wildnis-Positiv-Beispiel und Erlebnisort

Aus Bergnutzung wird Wildnis-Paradies mit Strahlkraft – das Val Grande

Das Val Grande westlich des Lago Maggiore ist mit etwa 15 000 Hektar das größte Wildnisgebiet Italiens und eine große Besonderheit in den Alpen: Einst genutzte (Almwirtschaft), dann aus wirtschaftlichen Gründen (Abwanderung) aufgegebene Fläche, wurde es zu einer einzigartigen, vielfältigen und intensiven Bergwildnis. Das heute tief berührende, fast menschenleere Gebiet umfasst Bergwälder, Wildbäche, Schluchten und zuwachsende, aufgrund von Naturdynamik teils doch halboffen bleibende ehemalige Almen. So sehen die (Süd-)Alpen »verwildert« aus: Das Val Grande hat sich von einem »normalen« Bergnutzungsgebiet zu einem stillen Wildnis-Paradies und Hotspot alpiner Biodiversität entwickelt. Daraus darf nicht gefolgert werden, dass man extensive Almwirtschaft anderenorts leichtfertig aufgeben sollte, im Gegenteil: Diese schafft auf traditionelle Art Biodiversität. Wo das aber wirklich mal nicht mehr geht, ist Wildnis eine großartige Lösung, die Bergkulturen passend und einzigartig ergänzt.

➤ Mehr Information: www.parcovalgrande.it

Gehören Neobiota zu Wildnis?

Neobiota sind Neubürger: Pflanzen und Tiere, die es bis zu einem bestimmten Zeitpunkt, der künstlich definiert wird (meist 1492, Kolumbus in Amerika), hier nicht gegeben hat. Wenige von ihnen verhalten sich invasiv, breiten sich also schnell aus, und man meint, dass sie heimische Arten verdrängen. Das Thema ist komplex. Hier will ich nur im Überblick darauf eingehen, soweit es Wildnis betrifft.

Zu oft findet eine regelrechte Verteufelung des Neuen, des Fremden statt, wobei man kaum noch genau hinschaut, ob Arten nicht auch von selbst kommen oder wie lange sie doch schon da sind. Migrationen sind schon immer Teil der Natur, auch Einbrüche und Massenverbreitungen. Aufgrund des globalen Handels mag das Ausmaß vergrößert sein. Aber man darf nicht unterschätzen, dass Tiermassenwanderungen und Samen-Verschleppungen vor dem Menschen wohl größer waren, als sich das viele heute ausmalen – bevor wir die Massen an Wildtieren, riesige Lebensraumverbünde und auch »Zufälle« so extrem begrenzt haben.

Ich rege daher zur Toleranz gegenüber dem Fremden an und verwende nach Erfahrung die 10-Prozent-Faustregel: Von Neuankömmlingen sind laut dem deutschen Bundesamt für Naturschutz nur 10 Prozent in der Lage, sich zu etablieren. Und von diesen sind nur 10 Prozent möglicherweise problematisch – wobei man genau analysieren muss, ob das wirklich ein Problem ist und doch »nur« eine ungewohnte Wahrnehmung. Einige inzwischen etablierte Arten werden oft falsch als Problem gesehen.

Zum Beispiel das Indische Springkraut *(Impatiens grandulifera)* wird entlang von Bächen gerne bekämpft. Es verdrängt aber insgesamt keine heimischen Arten, die in anderen Abschnitten wachsen. Es bietet sogar neue Ressourcen (hummelfreundlichen Nektar) und fördert durch seine lockeren Wurzeln Naturprozesse wie eine Uferdynamisierung. Das ärgert zwar den Wasserbauingenieur, freut aber den Renaturierer. Als ich in den 1990-Jahren in den Rastatter Rheinauen am damaligen WWF-Aueninstitut mithalf, erschien mir das Indische Springkraut dort erschreckend dominant. Viele Jahre später ist es immer noch da, aber eine unter vielen – heimischen – Pflanzen.

Wo eine fremde Pflanze eine ganz bestimmte erwünschte und sonst seltene Vegetation im Kulturland überwuchert, kann man sie lokal zurücknehmen, aber keinen generellen Feldzug daraus machen.

Fremde Reiztiere sind Waschbär und Nilgans: Der Waschbär ist aber schon in fast ganz Mitteleuropa etabliert. Als Allesfresser und Eierdieb kann er lokal Bestände heimischer Kleintiere zurückdrängen. Aber mit Jagd bekäme man ihn ohnehin kaum mehr los und die heimische Tierwelt kann bei gutem Lebensraumangebot mit ihm koexistieren. Auch die Nilgans verdrängt – von lokalen Ausnahmen abgesehen – keine heimischen Tiere, bereichert unsere Fauna und wird von Greifvögeln, Füchsen und Mardern dann anstelle heimischer Enten leicht geschlagen. Generell ist das Fehlen intakter Lebensräume das eigentliche Problem, nicht die Neubürger. Schließlich ist die ganze Welt eine einzige natürliche Migrationsgeschichte.

Zwar verleitet eine EU-Richtlinie seit 2016 (»Neobiota-Richtlinie«, in der Schweiz die »Schwarze Liste«) allzu leicht, Fremdes negativ zu werten. Aber es gibt darin zunächst eine Beobachtungspflicht und einen Verhältnismäßigkeitsansatz, mit denen man gut umgehen kann, ohne in »Fremdenfeindlichkeit« zu verfallen.

Einige Neobiota siedeln sich gerade dort an, wo Lebensräume vom Menschen überdüngt oder anders beeinträchtigt sind. Zum Beispiel folgt das Indische Springkraut gerne den Fahrspuren der Forstgeräte. Neobiota sind dann Symptom, nicht Ursache von tiefer gehenden Problemen. Mit Wildnis setzen wir an diesen Problemen an und fördern natürliche Standorte, in deren Entwicklung manche Neobiota (nicht alle) gegenüber den angepassten heimischen Arten auch wieder zurücktreten.

Eines aber darf man nicht tun: absichtlich oder fahrlässig neue Arten aussetzen, wo sie zuvor nicht waren. Leider passiert gerade das massenweise und dumm: durch Samenmischungen unklarer Herkunft, durch Gartenbau, Landwirtschaft (zum Beispiel Aussetzen von »Nützlingen« oder vermeintlich »gewinnbringender« Fremdpflanzen, die sich später selbständig machen), Forstwirtschaft (zum Beispiel Anpflanzen angeblich klimatoleranter fremder Baumarten, siehe Seite 155), durch Angler, Fischer, Aquarien- und Terrarienfreunde. Mit Fremdem, das schon da ist oder sich selbst ausbreitet, darf man dagegen meistens (lokale Ausnahmen!) gelassen umgehen.

In Wildnis können wir Neobiota hervorragend beobachten, mehr über sie lernen und sie willkommen heißen: Wie verhält sich die unbekannte Art? Entstehen mit ihr neue spannende und gute Habitate, die wir nie erwartet hätten? Oft sind die »neuen Wilden« sogar eine Chance, indem sie devastierte (zerstörte) Böden renaturieren und später oft von selbst wieder zurücktreten. Ähnlich fasst das auch Fred Pearce in seinem Buch »Die neuen Wilden« zusammen (siehe Buchtipp Seite 203).

In manchen Nationalparks werden Neobiota entfernt, weil man eine vorgeblich urtümliche Natur haben möchte. Doch das ist nicht identisch mit Wildnis, sondern folgt einem rückwärtsgewandten Leitbild. Wildnis hingegen ist immer zieloffen und frei in die Zukunft gerichtet, auch mit Neubürgern und allen Naturprozessen, die wir von früher vielleicht nicht so kennen.

Dass größere Wildnis von Neobiota überwuchert, aufgefressen oder anderweitig überprägt wird, habe ich noch nicht erlebt. Auch dass von ihnen ausgehend umgebende Kultur »verseucht« wird, ist unwahrscheinlich. Bedarfsweise kann man aus Rücksicht auf die Nachbarn Pufferstreifen einrichten. Neobiota können Wildnis-Kleinstflächen allerdings zeitweise schon mal überprägen. Doch irgendwann kommen Gegenspieler. Auch durch Neobiota entstehen spannende Strukturen und Habitate: vielleicht das Schützenswerte von morgen oder Erkenntnisse, wie wir anderenorts mit ihnen umgehen können.

Naturdynamik erleben im Wildnisgelände »Nahe der Natur« in Staudernheim

Für Heimat und Zukunft

Wildnis als gutes Erbe

Wildnis überträgt Natur, wie sie sich ab heute frei entwickelt, an die nachfolgende Generation, die damit ihre eigenen Freiräume erhält. Auch auf Industriebrachen, den Sünden vor uns, stellt sich fantastische Natur ein, wenn wir es zulassen.

Während wir aus guten Gründen wilde Natur in tropischen Regenwäldern oder dünn besiedelten Gebieten der Welt einfordern, sollten wir auch einen Teil unserer Flächen als wild, frei und natürlich zulassen. Schließlich gibt es auch hier einzigartige Lebensräume wie zum Beispiel Buchenwälder, die weltweit nur in Europa vorkommen und für die wir generationenübergreifende Verantwortung haben. Das gilt auch für deren Übergangs- und Sukzessionsphasen.

Wildnis als Teil der Heimat

Was die Natur auf Flächen macht, ist ein wesentlicher identitätsstiftender Teil unserer »Heimat«. Nicht nur Kulturleistungen, Geschichte(n) und Traditionen verbinden uns mit der Gegend, in der wir gut leben wollen. Ebenso wichtig sind unverbaute Landschaften mit ihrer spezifischen Natur. Wildnis wird sich überall etwas anders entwickeln. Heimat ohne Wildnis ist unvollständig. Dabei muss Heimat nicht an bestimmte Orte gebunden sein. Für mich ist sie die ganze Welt, wo immer Natur mich berührt und ich freundliche Menschen erlebe.

Wildnis – ein wichtiger Erfahrungsraum auch für Kinder

Ein Beispiel: Schottland ist berühmt für seine waldfreien rauen Highlands. Viele haben vergessen, dass dies Ergebnis von Naturzerstörung wie Rodung und Überweidung ist. Noch vor Jahrhunderten waren die Hochländer größtenteils bewaldet. Reduzierte man die Überweidung, so wüchse wieder Wald, der natürlich dorthin gehört. Zugleich können noch genug waldfreie Kultur und Moore auf anderen Flächen bleiben. Wildnis schenkt aber das, was verloren war. Zugleich mischt sie es zieloffen mit neuen Entwicklungen und trägt Heimat vielfältig in die Zukunft.

Wildnis wird Kult

»Die Natur braucht uns nicht, wir aber die Natur.« Ja – aber stimmt das denn? So betont zum Beispiel der Ethnobotaniker Wolf-Dieter Storl, dass es der Natur noch besser ginge, wenn der Mensch sie bewunderte, über Blätter streichelte und wilde Blumen wertschätzte. Es bedürfe geradezu der Anwesenheit achtsamer Menschen, damit Natur gut gedeiht. Ähnlich sehen das viele Indigene, wie Robin Wall Kimmerer zusammenfasst (Buchtipp siehe Seite 202): Bei jeder Ernte, die ehrfurchtsvoll zu erfolgen hat und die Natur sogar fördern kann, soll der Natur auch etwas zurückgegeben werden.

Diese Vorstellung mag ich, drückt sie doch Verbundenheit mit der Natur aus. Allerdings müssen wir bescheiden zur Kenntnis nehmen, dass die Natur Jahrmillionen glänzend ohne uns zurechtkam – und zwar, bevor wir kamen – und es sicher ohne uns bestens weiter schafft. Aber wir wollen dabei sein – als Beobachter und Schüler.

Wildnis ist für mich eine gute Kulturaufgabe – und zwar mehrdeutig: 1. Keine Kultur auf einer Fläche bestellen. 2. Die Kulturleistung, sich für freie Natur zu entscheiden. 3. Die Kultur, Natur zu bewundern, sich selbst aber nicht so wichtig zu nehmen.

Für Trost, Mut und Hoffnung

Eigenwert der Natur und Verbundenheit

Finden auch Sie in freier Natur Trost oder Mut? Eine Begegnung mit allem Lebendigen, der Urkraft des Lebens? Mir geht es so: Natur ist (m)eine Kraftquelle. Das Gefühl des Eingebundenseins in Kreisläufe und Dynamiken der Natur und das Wissen darum erden mich tief, auch in Krisen, die ich damit besser überwinde.

Wir vermessen, nutzen und gestalten gemeinhin nach heutigen Wertvorstellungen. Natur aber hat jenseits von Moden einen eigenständigen Wert, gerade auch im Wissen, dass sie sich laufend verändert – wertneutral. In Wildnis stülpen wir der Natur jetzt mal nicht unsere Wertmaßstäbe über. Mit Wildnis lassen wir Natur frei sein, was eine ethische Leistung ist, auch im Bewusstsein eigener Vergänglichkeit:

Wenn ich die wunderbaren Bockkäfer mit ihren bizarren, langen Fühlern sehe – einige wie der Wespenbock sind schön gefärbt –, muss ich auch an alte absterbende Bäume denken, den Tod. Darin entwickeln sich ihre Larven, machen Totholz zu Mulm, zu neuen Nährstoffen. Die farbenfrohen Käfer erlebe ich dann an den schönsten Blüten Nektar saugend, die dank der Nährstoffe gut wachsen. Buntes Leben für kurze Zeit, Teil eines Kreislaufes, der aus Tod Lebendigkeit zaubert und in großer Natur unsere Ängste auch vor Tod vielleicht tröstlich kleiner werden lässt.

Ethik der Ehrfurcht vor dem Leben – mit und für Wildnis

»Kommen Sie näher heran«, ich winke den Besucherinnen und Besuchern meiner Wildnisführung zu. Hier in der knorrigen Hasel, deren Äste sich vielgliedrig verzweigen, habe ich eine kleine Schrifttafel versteckt. Die Besucher beugen sich vor, sodass die Blätter sie sanft am Kopf streicheln. »Ich bin Leben, das leben will, inmitten von Leben, das leben will«, so der Satz auf der Tafel. Der stammt von Albert Schweitzer, sein Kernsatz der »Ethik für die Ehrfurcht vor dem Leben«. Mitten in der Wildnis.

Seine Ethik regt auch heute vielfältig an, hat Interpretationen, Variationen und Kritik erfahren. Eines ist mir daraus abgeleitet zentral wichtig: Natur zu schützen, sie zuzulassen, weil sie einfach da ist und lebt. Ihr wird in der Ethik jenseits von Nützlichkeitsüberlegungen (siehe Seite 112) ein Eigenwert zugestanden. Nur in Wildnis ist Natur definitionsgemäß ganz frei.

Toleranz statt Kategorien

Wir sind gewohnt, unsere Umwelt in Kategorien einzuteilen und zu werten:

Nützliches, dann das vermeintlich Nutzlose oder Schädliche. Erwünschte Pflanzen gegen Unkräuter. Fremd und angeblich schlecht gegen heimisch und vorgeblich gut? Die Trennlinien sind aber künstlich und ökologisch oft unsinnig. Dort ein »Raubtier«: Rauben ist ja böse. Hier sein Opfer, mein Lieblingsvogel, den es geschlagen hat. Das arme Gute. Und dort der Regenwurm im Magen des Lieblings? Alle sind in einem Netzwerk miteinander verbunden.

Neuerdings »ökonomisieren« wir höchst fragwürdig, indem wir Natur in eine Wirtschaftssprache übertragen. Natur ist dann nicht einfach mehr unsere Lebensgrundlage, sondern bietet ein Portfolio an Ökosystemdienstleistungen, als wäre sie eine Aktiengesellschaft, ein Dienstleistungsbetrieb, eine Art Call-Center? Ich meine fast, wir bräuchten statt Call-Centern mehr Telefon-Seelsorge. Die vertrauenswürdigsten Stimmen hören wir in freier Natur.

Natur wird »monetarisiert«: Der natürlichen Bestäubungsleistung von Insekten wird ein Geldbetrag zugerechnet. Ergebnis ist immerhin ein hoher, aber auch abstrakter Betrag. Damit soll der Wert der Natur naturentfremdeten Entscheidungsträgern vertraut gemacht werden. Es gibt durchaus kluge Konzepte, den Wert von Naturgütern marktwirtschaftlich einzupreisen, sodass laut den meist immensen Kosten von Naturzerstörung diese eher unterbleiben sollte. Doch in der Praxis geht das oft schief. Abgesehen davon, dass es fragwürdig ist, aus welcher Sicht und was an Natur bewertet wird und was gerade nicht, werten Entscheidungsträger dann doch vor allem das »cash« kurzfristiger Einnahmen, zum Beispiel für das neue Gewerbegebiet. Die Natur zahlt aber nicht schnell und bar. Das Blaukehlchen aus dem bedrohten Sumpf bringt

Bild links: Wildnis bietet auch mal wohltuende Weite und trotzdem eine Sinfonie aus Formen und Farben (Wattenmeer, Nordseeinsel Baltrum)

keine regelmäßigen Steuern wie ein Betrieb, der den Sumpf trockenlegt. So wird die Freifläche dann doch kurzfristig »gewinnbringend« überbaut, obwohl langfristig viel höhere und unermessliche Naturwerte verloren gehen. Dabei macht ein freier Vogel, ein Schmetterling oder ein formenreiches Wildgras auch ohne Preisetikett unser unbezahlbares und unberechenbares Leben aus: jeden so wertvollen Tag. Eine Naturentfremdung der Menschen wird durch Ökonomisierung der Natur also nicht besser, eher im Gegenteil. Viel wichtiger ist, mehr Wildnis zuzulassen, um Naturverbundenheit und Wertschätzung als tiefere Entscheidungsgrundlage überhaupt zu eröffnen.

Was in Natur lebt, lebt einfach: Wald statt Ressource. Bestäubung statt Berechnung. Werden und Vergehen statt Ökosystemdienstleistung. Lebewesen statt Nützling oder Schädling. Offenheit statt Festlegung. Einfach sein dürfen statt bewertet werden. Kein richtig oder falsch. Einfach mal Ruhe statt Worte: Wildnis!

Wildnis statt Ideologie

Ein besonderer Tag: 26. Dezember 2021. Für viele Menschen ein ruhiger Weihnachtsfeiertag. Da platzt die mich berührende Meldung herein: Edward Wilson 91-jährig gestorben. Edward wer, fragen Sie? Edward Wilson war »Ameisenforscher« in den USA, wurde aber zum bis dato weltweit bedeutendsten Ökologen und Naturschützer seit Darwin. Seine Arbeiten reichen weit in die Zukunft: Die Hälfte der Erde soll unter Schutz gestellt werden, so seine Initiative (siehe Seite 205). Wichtig dabei, Wildnis zu erhalten, neu zuzulassen. Er hat viele, auch mich inspiriert. Und er hat ideologische Diskussionen durchlebt, die uns heute zu denken geben sollten.

Am Vorabend des Zweiten Weltkrieges, als totalitäre Ideen die Welt schon einmal in Atem hielten, stritten sich Biologen wie Caryl Parker Haskins, ob Ameisenstaaten eher faschistisch oder kommunistisch interpretiert werden können. Anarchisten sahen im Gleichen das positive Chaos, hierarchisch denkende Menschen wollten eine feste (Unter-)Ordnung erkennen und Demokraten sahen in Ameisenstaaten Grundzüge von Basisdemokratie. Edward Wilson war mittendrin, er erkannte Kommunikation und Kooperation als wichtige Lebensprinzipien der Natur und jeder menschlichen Gesellschaft. Er sprach über Ameisen und meinte die Menschen mit. Das war revolutionär.

Heute wissen wir, dass es Kooperation und Konkurrenz gibt, wobei das Kooperative wohl immer noch unterschätzt wird. Andererseits drohen hier und da wieder falsche Verniedlichungen. Vergleiche mit Menschen sind ebenfalls problematisch. Heute ist es modern, Natur mit Marktwirtschaft zu erklären: In der Tat bestehen Symbiosen aus Geben und Nehmen, manche sprechen von »Aushandeln«. Doch einmal mehr spiegelt sich hier nur unser Zeitgeist in Natur. Indigene »Naturvölker« würden sich wundern: Was wir marktwirtschaftlich interpretieren, ist für sie Mutter Erde, in die wir eingebunden sind. Das reicht.

Alte Äste sind eine eigene Mikro-Wildnis mit aufsitzenden Pflanzen (Epiphyten) wie Moosen, Farnen, Flechten und auch Pilzen, wenn wir sie einfach sein lassen

Natur selbst wertet nicht. Kein Wort für Faschismus, keines für Kommunismus und – sorry, liebe Zeitgenossen – sie weiß auch leider nicht, was Marktwirtschaft ist. Sie ist so frei: Natur. Und nutzungs- wie ideologiefreie Räume sind einfach: Wildnis.

Wildnis als Beitrag für Freiheit

Ob die nächsten Generationen etwas aus Wildnis machen und wenn ja, was, ob sie Naturflächen, die wir für sie frei lassen, in Nutzung überführen, Natur sich weiter entwickeln lassen oder von den Ergebnissen auf den Naturflächen lernen, ist ihre Sache. Ohne freie Natur fehlt aber diese Freiheit. Die Enkelinnen und Enkel wüssten nicht, was da hätte Tolles entstehen können.

Dazu ein Gedankenexperiment: Was wäre gewesen, wenn die Menschen vor 2000, 1000, 500, 100 Jahren die damalige Landschaft für immer so erhalten hätten? Gut, es hätten viele Zerstörungen der späteren Zeit nicht stattgefunden. Schlecht, denn es hätte, wenn es wirklich möglich gewesen wäre, auch keine Weiterentwicklung stattgefunden, keine neuen Lebensräume, die wir heute schützen.

Wildnis ist das Konzept, das zu jeder Zeit Offenheit schafft für das Morgen: Natur, die wir nicht bestimmen, aus der etwas Neues entstehen kann. Etwas Neues, was wir nie planen können und vielleicht unterdrückt hätten. Wildnis heißt Freiheit der Natur jetzt – und Freiheit für die Zukunft.

Für den Frieden

Friedensverständnis in Natur?

Wir lebten etwa 90 Prozent unserer Menschheitsgeschichte friedlich in und mit Wildnis. Nach breitem aktuellen Forschungsstand spricht – entgegen verbreiteten früheren Annahmen – vieles dafür, dass Selbstsucht und Gier, Gewalt unter unseresgleichen und Kriege erst später (seit Sesshaftwerdung) kulturell anerzogen und seitdem immer wieder eingeübt wurden, leider immer mehr. Das ist aber gegen unsere eigentliche Natur, wie zum Beispiel Bettina Ludwig (»Unserer Zukunft auf der Spur«, 2022) und

Perspektivenwechsel – Wildnis entdecken wie ein Tier

Tipp für Erlebnisse

Setzen Sie sich, wandern oder laufen Sie entspannt durch ein Naturgebiet, Sie lieber Mensch! Als solcher haben Sie die wunderbare Fähigkeit, zu denken, sich vor allem auch in die Lage anderer zu versetzen. Das will geübt sein. Versetzen Sie sich jetzt gedanklich in die Lage eines Tieres, das hier leben könnte. Freie Wahl, aber immer nur eine Art: ein bestimmter Schmetterling, ein Dachs, eine Vogelart? Wie könnte hier dieses Tier leben? Was braucht es, was findet es vor, was fehlt, wo und wann entsteht das Notwendige? Versteck im Sommer und Winter, Nahrung, Vermehrungsort, Partnertreff und ähnlich. Mit den Augen und Sinnen eines Tieres sehen Sie nun die Wildnis neu und anders, achten zudem auf mehr Details. Bitte mindestens 10 Minuten lang, sonst kommen Sie nicht tief genug in die Rolle hinein.

Mit dieser einfachen Übung verbinden Sie Fantasie, Realität, (Vor-)Wissen und Empathie. Und Sie werden vielleicht merken, dass Sie nicht alles wissen, was das Tier wirklich braucht, und Fragen werden aufkommen. Gut so, denn damit werden Sie angeregt, später zu recherchieren und die Übung zu wiederholen, vielleicht in neuer Wildnis – und wieder neue Anregungen bekommen.

Sind Sie Teil einer Gruppe, so tauschen Sie hinterher Erfahrungen und Wissen aus. Diese Kommunikation ist oft bereichernd, wobei Sie während der Übung still vorgehen, Sie liebes Tier!

Profi-Ebene

Prinzipiell geht man derart in der Habitatmodellierung vor, nur systematischer und aufbauend auf vielen Stichproben: Man denkt vom Tier her, was es braucht, und sucht Strukturen, die eine Tierart benötigt, von der sie direkt oder indirekt abhängt (Indikation). Dann kann abgeschätzt werden, wie viel davon und in welcher Qualität vorkommt. So werden Lebensräume und ihre dynamischen Veränderungen beurteilt. Wenn Sie die entscheidenden Strukturen oder deren Kombinationen gefunden haben, können Sie Vorhersagen für Tiervorkommen und Lebensraumeignung treffen.

Rutger Bregman (»Im Grunde gut«, 2020) in ihren auf umfangreichen Recherchen aufbauenden Büchern differenziert darlegen. Zwar stecken im Menschsein seit jeher Forscherdrang und viele Fähigkeiten, die je nach Umfeld für positive Entwicklungen oder bei negativer Prägung zur Ausbeutung, Expansion, Natur- und Selbstzerstörung führen können (zu Letzterem: Matthias Glaubrecht: »Das Ende der Evolution«).

Wir hatten und haben aber aufgrund unserer originären friedfertigen und kooperativen Natur stets die Eigenschaft und Entscheidungsfreiheit in uns, in vielfältigen Kulturen ohne Kriege, »nachhaltig« sowie »friedlich« mit Natur leben zu können. Angesichts scheinbar festgefahrener moderner Überprägungen und Gewaltspiralen ist das nicht ganz einfach, aber doch möglich.

Was liegt da näher, Wildnis als Friedensraum – auch zum Üben – zu betrachten? Nicht in falscher Idylle: Denn Naturprozesse und Räuber-Beute-Beziehungen können auf uns grausam wirken. Und auch nicht rückwärtsgewandt, denn Leben und Zeit laufen nur vorwärts. Aber Wildnisflächen sind als Friedensräume ohne Anspruch an Gestaltung und Besitz, ohne Kriege aller Art so wichtig, damit wir uns in echter Natur erden können, unsere Wurzeln erkennen, gut in die Zukunft wachsen nach Verwirrungen und Verdrehungen der Vergangenheit. Auch wenn gesellschaftliche Zwänge und Rahmenbedingungen der jüngsten Geschichte nicht einfach zu überwinden sind, möchte ich die realistische Vision einer modernen Zukunftskultur für Frieden entwerfen, zu der ein Mehr an Wildnis entscheidend beitragen kann. Ich jedenfalls finde meinen Frieden immer wieder tief in freier Natur. Doch wie ist Ihr Friedensverständnis? Es gibt verschiedene Ansichten und ich möchte Ihnen keine vorschreiben. Aber ein paar Fakten, die zur Friedensbegründung mit Wildnis gehören, biete ich hiermit an.

Wildnis grenzfrei für Frieden

Die Beschäftigung mit freier Natur führt vor Augen, dass Natur keine Grenzen hat. Nationen zeichnen künstliche und – mit Blick auf Natur – regelrecht alberne Linien im Sand der Zeit nach oft fragwürdigen Herrschaftshistorien. Mit Wildnis können wir angeregt werden, grenzfrei und friedlich zu denken. Ich weiß, derzeit nur ein Traum. Aber Wildnis regt gut zum Träumen für Frieden an. Sie hören vielleicht wie ich das Summen der alten Bäume im Wald: »Imagine ...«

Ist das naiv? Sicher nicht, denn in Ansätzen funktioniert es schon: Als »peace parks« verbinden staatenübergreifende Wildnisgebiete wie Nationalparks Länder. Im Südosten Afrikas wurden damit Grenzstreitigkeiten überwunden. Das schafft Prosperität, auch für Tourismus. Bei Wildnis statt Gestaltung gibt es keine Streitereien mehr, welches Nutzungsmanagement denn das richtige sei, wer wem das Wasser abgräbt und welche Maßnahme auf Kosten der anderen geht. Keiner gräbt, Natur gedeiht, Frieden und Menschlichkeit wachsen mit. Wildnis kann somit als lebendiger, friedlicher Übergang und Pufferstreifen zum Vorteil gereichen, wenn man sich mal wieder sinnlos streitet, welche Grenze die wahre sei. So ist es auch ein Drama, wenn Grenzbefestigungen entstehen, die Lebensräume und Wanderung der auf Austausch angewiesenen Wildtiere zerschneiden. Seit 2022 verläuft auch durch den größten Tieflandurwald Europas, Białowieża, zwischen Polen und Belarus der neue »eiserne Vorhang«, der Europa wieder zerteilt. Und sogar der nicht ganz so dichte, kleine Grenzzaun (Wildschweinzaun) zwischen Dänemark und Deutschland (seit Ende 2019) behindert genetischen Austausch und Tierwanderungen. Forschungen entlang der neuen und oft dichten Grenzbefestigungen in Südosteuropa (gegen Wanderung notleidender Menschen seit 2015 errichtet) belegen eine wachsende genetische Isolation mit Gefährdung der Fauna.

Im ganz Kleinen rege ich auch für Parks und Gärten an, Grundstücksgrenzen nicht zu befestigen. Man könnte sich auf einen wilden Übergangsstreifen einigen. Ein solcher ist wirkungsvoller als Zäune oder gestutzte Hecken und viel lebendiger mit einer nahen Mini-Wildnis. Frieden beginnt bei uns selbst und auch im Kleinen. Wildnis kann Brücke zu einer Friedenskultur sein, die wir alle brauchen.

Wildnis jagdfrei!

Wildnis als befriedeter Bereich? So nennt man jagdfreie Zonen. Die sind wichtig für Wildnis. Jagd aber ist ein komplexes Thema. Hier biete ich zentrale Punkte in Perspektivenvielfalt an, soweit sie Wildnis betreffen:

»Wir müssen regulieren«, sagen Jäger. Diese Aussage ist aber aus vielen Gründen fast überall fragwürdig. In Wildnis gilt die »Regulierungs-Argumentation« gar nicht. Denn definitionsgemäß wollen wir dort Räume haben, die sich unter aktuellen Umweltbedingungen entwickeln: auch mit gegenwärtigem Bestand an Wild, einem Mangel an natürlichen Weidegängern und zu wenigen Großräubern. Ich kenne keine Belege, dass Wälder in Wildnis wegen eines großen Wildbestandes langfristig nicht heranwachsen. Sie gedeihen trotz großen Wildbestandes oft besser, weil in »unordentlichen« Zerfallsphasen und Sukzessionsgebüschen Jungwuchs besser als in »ordentlichen« Nutzwäldern hochkommt. Dass zeitweise keine jungen Bäume wachsen, ist auch möglich, aber Wälder müssen nicht gleichmäßig geschichtet sein, das ist ohnehin eine forstliche Kunstvorstellung. Natur hat Zeit und Geduld. Wir oft nicht. Üben wir sie in Wildnis.

Populationen passen sich immer an die Kapazität von Lebensraum und Nahrung an: Relevanter als zu jagen, ist es, eine verträgliche Nutzung in der Kulturlandschaft zu entwickeln, davon hängt der Wildbestand maßgeblich ab. So sind Maisfelder an vielen Standorten unverträglich, mästen Wildschweine. In Wildnis hingegen entsteht auf lange Zeit gesehen kein Übermaß. Sie ist nicht verantwortlich für übergroße Wildtiervermehrung, auch wenn in manchen Jahren Fruchtphasen von Eichen und Buchen die Tiere fördern, in anderen Jahren aber umso mehr begrenzen.

Aber ich möchte nicht generell gegen Jagd außerhalb von Wildnis reden. Sie ist im Gegensatz zur Massentierhaltung eine gesunde Fleischbeschaffung und knüpft an den naturverträglichen Teil der Menschheitsgeschichte als Jäger und Sammler an.

In Europa werden durch Jagd kaum noch Arten bedroht. Problematische Ausnahmen sind die skandalöse Jagd auf Wildgänse mit ihren Familienstrukturen oder die Jagd auf die seltener werdende Waldschnepfe. Überzogene Jagd in anderen Teilen der Welt ist aber durchaus ein Faktor im Artensterben. Wir erleben das schreckliche Phänomen, dass Lebensräume fast tierleer werden (»entfaunisiert«). Der Lebensraum degradiert danach schleichend.

Bei wirklich naturverbundenen Völkern und Indigenen ist eine angemessene Jagd guter Teil ihrer zumeist noch naturangepassten Lebensweise, damit sie mit Natur überleben können. Dort, wo Menschen in tiefem Einklang mit Natur leben, kann und muss Jagd in Wildnis – nur für sie – zugelassen werden.

»Ist es dann nicht auch unerheblich, in unserem kleinen Wildnisbereich ein paar Rehe unauffällig zu ›ernten‹?«, fragt mich der ausgebildete Jäger von nebenan. Allerdings sind wir in Europa dann doch keine indigene Bevölkerung mehr, sondern anderweitig wohlgenährt. Auch beeinträchtigt selbst schonende Jagd die Tiere in ihrem Verhalten. Tierbeobachtungen werden für Besucher in jagdfreien Räumen viel einfacher.

Wildtiere könnten sich in die Wildnis zurückziehen und von dort dann mehr Schäden in Kulturen anrichten, so eine verbreitete Angst. Auch wird behauptet, dass man Wildnisbereiche für ein Gesamtjagdregime nicht aus der Kulturlandschaft isolieren könne. Dem widerspreche ich: Die Versammlung von Tieren in Wildnis, wenn es sie mal kurzzeitig gibt, liegt eher daran, dass die Lebensräume außerhalb zu stark beeinträchtigt sind. Das ist das eigentliche Problem. Meist bietet Wildnis keine langfristig ergiebigen Futterquellen, sodass sich die Tiere lieber in Kulturlandschaften bewegen und dort dem Jagdregime unterliegen – über dessen Sinn man streiten kann.

Wildnisflächen müssen folglich jagdfrei sein, außer in bestimmten Fällen bei Indigenen. Es ist eine Schande, dass sogar manche Nationalparks das nicht sind. Statt »Jagd« wird es beschönigend »Wildtiermanagement« genannt. Doch Wildnis und Management schließen sich aus. In Wildnis sollten Tiere nur eines natürlichen Todes sterben und auch nicht durch Treiber aus ihr herausgetrieben werden, um sie außerhalb zu erlegen. Wildnis heißt vieldeutig: Ruhe in Frieden.

Wildnisse sind hoch attraktive Beobachtungsräume, auch um Wildtiere zu beobachten – mit natürlichem Leben und Sterben. Man sollte Tiere dort treffen können. Ohne Knarre, nur mit Foto: Schnappschuss statt Blattschuss!

Für umfassende Nachhaltigkeit

Der Begriff »Nachhaltigkeit« (sustainable development) wird inflationär verwendet und oft fehlinterpretiert, insofern dass man ja alles nutzen müsse, nur halt »verträglich«. Aber Nachhaltigkeit kann ohne ungenutzte Flächen, ohne Wildnis nicht funktionieren.

Die Definition der Norwegerin Gro Harlem Brundtland ist Basis vieler Varianten: Die jeweilige Generation solle derart leben und nur so viele Ressourcen verbrauchen, dass nachfolgende Generationen die gleichen Entscheidungsfreiheiten und mindestens die gleiche Lebensqualität haben können. Wildnis ermöglicht solche Entscheidungsfreiheiten für morgen.

Viele Förster schränken »Nachhaltigkeit« darauf ein, dass nicht mehr (Holz) entnommen wird als nachwächst. Das ärgert mich. Weil dabei die Lebensraumqualität – mit viel Altholz und Totholz als Faktoren für »nachhaltige« Lebensvielfalt – einer anhaltenden Nutzung untergeordnet wird. Dabei hat bereits Menzius (Mengzi) in China 300 Jahre vor Chr. umfassendere Gedanken zum schonenden Umgang mit Gütern der Natur formuliert, auch zu schonender Holznutzung.

Manche befürchten, dass anderswo intensiver »weniger nachhaltig« genutzt werde, wenn wir bei uns weitere Flächen aus der Nutzung nehmen. Dieser Sorge entgegne ich: Erst durch Wildnis wird »Nachhaltigkeit« überhaupt erreichbar – ergänzend zu Nutzflächen. Denn nur dann werden die ganze Natur, das ganze Artenspektrum und seine Wohlfahrtswirkungen auch wieder für angrenzende Nutzwälder möglich.

Der Gefahr, dass sich Nutzung in andere Räume verlagert oder intensiviert, kann begegnet werden. Erstens gilt es, auch anderenorts hohe »Nachhaltigkeit«-Standards einzuführen. Zweitens ist es wichtig, generell weniger, bewusster, qualitätsvoller und gezielter zu verbrauchen. Auch im Garten muss ein Wildnisbereich nicht Ihren Obst-, Beeren- oder Gemüsegenuss einschränken. Sie profitieren von einer Wildnisecke: mehr Bestäuber, mehr »Schädlings«-Vertilger, bessere Luft, Wasserrückhalt.

In der Forstwirtschaft gibt es bereits – theoretisch – eine kluge Nutzungskaskade für Holz: zuerst für hochwertige, langlebige Produkte, erst am Ende Restholz zur Verbrennung. Beherzigte man dies – praktisch – noch mehr, könnte es neben Wirtschaftswäldern viel mehr Wildnis geben, zugleich eine Wertschöpfung rund um Holz erhalten und gesteigert werden. Tragisch, wenn Holz zu früh und als angeblich »regenerative« Energie (und mit neuer Feinstaubbelastung) verbrannt wird. Holz ist ein toller Wertstoff, aber nicht automatisch umweltfreundlich, wenn er in Massen statt in Maßen genutzt wird. In langlebigen Holzprodukten wird Kohlendioxid lange gebunden, ein zu hoher Holzverbrauch zerstört aber den Großteil des Waldlebens, das auf viel Alt- und Totholz angewiesen ist. Jungwuchs ist kein Ersatz. Nur wenn wir mehr Wildnis zulassen, weniger Ressourcen, auch weniger Holz verbrauchen, wird es nachhaltig.

Bild rechts: Aus Bergrutsch wird Chance, hier am Würzjoch in Südtirol: neue reichhaltige Wildnis-Sukzession in dann schwer zugänglichem Bereich

Wildnis im Anthropozän

Viele Wissenschaftler sind der Ansicht, dass der Mensch seit der Industrialisierung, besonders seit Ende des 20. Jahrhunderts zu einem bestimmenden Faktor der Erdgeschichte geworden ist. Der Wissenschaftler Paul Crutzen hat dafür den Begriff »Anthropozän« eingeführt: das Erdzeitalter des Menschen. In der Tat hinterlassen wir auch für nächste geologische Phasen nachweisbare Spuren. Die jetzige menschengeprägte Klimaerwärmung wird in Sedimenten nachweisbar sein. Auch Spuren erhöhter Radioaktivität durch Atomwaffen(-Tests) und neuartige Kunststoffe werden noch lange wirken. Das menschengeprägte Artensterben kann Evolutionslinien verändern, wenn wir es nicht stoppen, und durch Fossilien – oder weniger Fossilien – die zukünftigen Entdecker zum Nachdenken bringen. Besser aber, wir denken heute schon nach.

Vielleicht ist es nur menschliche Überheblichkeit, sich als erdgeschichtlich so relevant darzustellen. Unsere Taten und wir werden sich vielleicht doch nur in ganz dünnen Schichten als kurze Episoden der Zeit widerspiegeln. Natur ist stärker: Wildnis ist ein Instrument, mit dem wir im Anthropozän selbst besser überleben können und schädliche Spuren abschwächen. Zugleich lehrt uns Wildnis, wie klein wir doch sind.

Für die Bildung

Akzeptanz von Wildnis

Die Zustimmung für Wildnis ist seit Jahren nach repräsentativen Akzeptanzstudien des deutschen Bundesamts für Naturschutz hoch: Über zwei Drittel der Bevölkerung möchten mehr Wildnis, ein guter Grund, das auch zu tun. Allerdings scheint mir, dass viele einem falschen Harmonieverständnis folgen. Jedenfalls wird es spannend, wenn die Natur wirklich schon mal (halb-)wild nur zu Besuch kommt. Daran knüpft eine besondere Wildnisbildung an.

Rabengrüße

Im Laufe meiner Naturschutztätigkeiten musste ich mich mit vielen Beschwerden auseinandersetzten: zum Beispiel wenn Frösche am nahen Teich des Nachts quakten, während das Rauschen der Autobahn weniger störte. Ein Reizthema sind auch Krähen. Die sind keinesfalls an Wildnis gebunden, aber doch ein Gruß wilder Natur in den Alltag, der auch für Wildnisvermittlung anregt – und aufregt:

»Krah«, ruft die Krähe. »Krawall«, denkt der Mensch.

Auf ihren Schlafbäumen machen sie abends und morgens mächtig Lärm. Doch nachts sind sie so still wie wir in unseren Träumen. Das hindert Anwohner aber nicht, Sturm zu laufen, die Tiere zu verjagen oder sie abschießen lassen zu wollen. Meine »schwarzen Brüder« haben einen schlechten Ruf. Angeblich vermehren sie sich stark, würden andere »niedliche« Vögel schädigen und brächten Krankheiten. All das ist falsch. Diese intelligenten und sozialen Mitgeschöpfe sind wichtig im Naturhaushalt und nehmen (nach allen mir bekannten Daten) nicht wesentlich zu, schon gar nicht mehr, als ein Lebensraum hergibt. Sie erbeuten zwar Eier und Jungvögel, was schrecklich aussieht. Das tun die süßen Eichhörnchen aber auch, und sie alle sind nicht für den Rückgang der anderen Tiere verantwortlich. In einer intakten Natur ist Platz für alle. Auch für Krankheiten sind Wildtiere und Rabenvögel im Gegensatz zu Massentierhaltungen oder unhygienischen Wildtiermärkten nicht verantwortlich, obwohl sie Aas fressen. Im Gegenteil: Sie beseitigen Kadaver, räumen auf, sorgen für »gesunde Landschaften«. Und wenn sie zeitweise Saatkörner der Landwirte fressen, vernichtet das nicht die ganze Ernte, verhindert nicht unser täglich Brot.

Das Wilde auch in Kultur und Alltag zuzulassen, ist eine Brücke zu unserer eigenen Natur. Zwar höre ich Sympathie für Wildnis, die man gerne besucht, aber doch nicht bei sich. Doch. Rabenvögel sind ein Test: Trifft Intelligenz auf Intelligenz? Die Klugheit der Rabenvögel ist vielfach belegt, bei unserer bin ich mir nicht sicher.

Mit dem Auto fuhren wir im Herbst 2021 als Familie aus unserem Ort heraus. Als Beifahrer beobachtete ich interessiert, wie uns eine fliegende Krähe folgte. Plötzlich ließ sie von oben eine Walnuss aus ihrem Schnabel fallen, zielgenau etwa 100 Meter vor uns auf die Straße. Dieses Verhalten ist mehrfach in Forschung beschrieben und jetzt durfte ich es selbst erleben: Die Raben planen regelrecht, dass das Auto über die Nuss fährt, diese knackt und sie damit an die Futterquelle im Inneren kommen. Doch meine brave Tochter am Steuer wich in letzter Sekunde dem plötzlichen Gegenstand am Boden aus – der Nuss. Der Vogel drehte umgehend ab und flog gezielt Richtung Nussbäume zurück. Auf ein Neues, auf dass »die dummen Menschen« doch besser Autofahren lernen, so mag er gedacht haben. Ich kurbelte das Fenster herunter und schrie begeistert wie übermütig »Entschuldigung« und ein lautes »Krah, Krah« nach oben, dass sie hören musste. Der Passant neben uns tippte sich an die Stirn, wir im Auto lachten.

»Krah«, ruft der Mensch. »Krawall«, denkt die Krähe.

Cabriofahrer können hingegen hoffen, dass sich die Rabenfreunde im Zielen üben: Bitte vor das Auto, nicht auf das Auto! Ein »Gruß der Wildnis« trifft auf offene Köpfe.

Nagende Herausforderungen

Auch unser heimischer Großnager, der Biber, der als Wildnis-Schlüsselart wichtig ist (siehe Seite 79), sorgt nicht nur für allseitiges Entzücken. Wir Naturschützer sind froh, dass er zurückkam, teils alleine, teils gestützt durch frühere Artenschutzprojekte mit Wiederauswilderungen. Sein Wieder-Vorkommen ist einer der wenigen größeren Erfolge im Naturschutz. Doch nicht selten nietet er statt der Pappeln und Weiden in Ufernähe den geliebten Obstbaum von Onkel Jürgen um. Böser Biber? Er braucht eben gutes Bauholz. Die Freude beim unfreiwilligen »Baumarkt Jürgen – Biberservice« ist begrenzt. Wütende Anrufe musste auch ich schon wegen solch buchstäblicher Biberfälle entgegennehmen. Chance auf Besänftigung gering, schon verständlich, wenn es der Lieblingsbaum war. Oft wird der Biber sogar als persönliche Gefahr gesehen. Das muss ich stets zurückweisen.

Natur überwuchert uns? Wir überwuchern sie!

Besucher meiner Waldwildnis (siehe Seite 149) fragen nicht selten, ob es nicht gefährlich sei, der Natur freien Lauf zu lassen. Sie überwuchere doch alles, ließe keinen Platz für anderes? Während ich bei solchen Vorstellungen im Kopfkino heldenhaft mit einer Schlingpflanze kämpfe, die nichts Besseres zu tun hat, als Haus, Frau, Kinder und mich selbst ganz schnell einzuwickeln, versuche ich zu erklären, dass sich Natur selbst reguliert, sich anpasst und einpasst.

Naturentfremdung: zwischen Ablehnung und Romantisierung

Ich respektiere trotz manchem Kopfschütteln die Sorgen der Menschen. Aber ich musste vermehrt feststellen, dass auf der einen Seite Abwehrreflexe gegenüber Natur zunehmen. Auf der anderen Seite nehmen ebenso schräge Projektionen auf Natur als Harmonie und Idylle zu. Umso erschreckender dann die normale Wirklichkeit.

Auch früher wussten viele Menschen wenig über Natur und bekämpften Wildtiere teils übel. Uns Heutigen fehlt inzwischen aber zugleich mehr Gelassenheit und weiterhin Bildung: Daran setze ich an – mit und für Wildnis.

Bildung durch Wildnis

Nur in Wildnis kann man erfahren, wie sich Natur ganz frei entwickelt, mit Idylle und auch mal Nicht-Idylle, aber stets authentisch. Daraus erwächst die Anregung, mit Natur auch in Kultur und Alltag wieder entspannter und vernünftiger umzugehen.

Man kann sich zu Hause Kopfhörer aufsetzen, wenn laute Frösche und Krähen mal nerven. Man darf den Lieblingsbaum im Bibergebiet einzäunen, um die Nager des Vertrauens auf weniger vertraute Bäume zu lenken. Aber es ist wichtig, erleben zu können, wie all diese Geschöpfe frei leben, wie Pflanzen auch mal wuchern dürfen – und fallen. Nicht alles muss gefallen. Gerade das kann in Nutzräumen nicht vollständig erlebt werden. Wir brauchen Wildnis, auch nahe uns Menschen.

Je mehr der Planet bebaut und genutzt wird, desto wichtiger werden Wildnisräume, die anders sind als das Genutzte, das Gestaltete. Sie sind das Urtümliche, das Unbeherrschte, das Freie – im Gegensatz zum Gewohnten und Kontrollierten. Man spricht von »Differenzialerfahrung«: das Erlebnis von Kontrasten. Kontraste bilden.

Bildung durch Wildnis ist auch deshalb wichtig, weil in Wildnis einfach mal »Ruhe« ist. Keiner nutzt, sägt, arbeitet – außer die Natur selbst. Wildnis sind Räume, aus denen ausschließlich Naturgeräusche kommen. Lärm mag von außen leider in sie hineinschallen, aber in einer (zu) lauten Welt sind sie doch relative Ruheräume, die wir auch brauchen: für unsere Gesundheit und Bildung. Wo man selbst zur Ruhe kommt, erwächst Reflexion, entsteht Bildung. Jeder Lehrer, jede Lehrerin weiß das. Eine gute Lehrerin heißt »Wildnis«. Und sie vergibt keine Noten.

Die Schmetterlingstramete *(Coriolus versicolor)* ist ein totholzzersetzender Pilz, der für neue Nährstoffe und guten Boden sorgt – und eine eigene schöne Mikrowildnis ist

Nuss-Test zur Wildnissuche *Tipp für Erlebnisse*

Im Herbst finden wir viele Nüsse am Boden. Eine besonders schöne Nuss? Stellen wir uns vor, wir wollten, dass diese schöne Nuss in Ruhe keimen und zum Baum wachsen kann. Dazu bräuchte es nicht viel, zum Beispiel einen breiten Wegrand, der aber wirklich lange nicht genutzt wird, denn sonst würde der Keimling ja bald abgemäht oder spätestens als Jungbaum unterdrückt werden. Wo sind Flächen, die geeignet sind und die lange in Ruhe gelassen werden? Ich mache diesen Denktest gerne. Es wird spürbar, wie viel wir an Flächen überprägen. Die arme Nuss. Keine Chance – oder doch? Das übt den Blick, wie viel Wildnis auch im Kleinen fehlt und wo eventuell wenigstens ein paar Ecken doch möglich wären. Anstelle einer Nuss können Sie das mit einer beliebigen anderen Wildfrucht tun, die Sie mögen. Es ist ja eher eine Kopfnuss: Suchen und finden wir Raum, wo mal etwas ganz lange frei wachsen dürfte. Schulen wir den Blick für neue Wildnis.

Für Ökonomie und Forschung

»It's the economy, stupid!« Auf Deutsch: »Es ist die Wirtschaft, Dummkopf!« Diesen berühmten Slogan sprach 1992 James Carville, ein Berater des US-Präsidenten Bill Clinton. Auch heute meinen viele Entscheider, dass es zuerst auf die Wirtschaft ankommt, alles andere wäre zweitrangig. Ist es vor diesem Hintergrund überhaupt mehrheitsfähig, Flächen zugunsten von Wildnis aus der Nutzung zu nehmen? Ja! Denn auch der wirtschaftliche Wert von Wildnis ist hoch:

In Nationalparks und Rewilding-Gebieten wurde mehrfach nachgewiesen, dass gerade wegen der Attraktivität von Wildnis die Geldeinnahmen durch Tourismus und Wertschöpfungsketten viel größer sind, als dort zuvor mit Holznutzung und anderen Wirtschaftszweigen erreicht worden war.

Die Bewertung von Natur als »Ökosystemdienstleistungen« sehe ich unter ethischen Aspekten zwar kritisch (siehe Seite 99). Wenn man dennoch Geldwerte für freie Natur berechnet, zum Beispiel für Luftreinigung, Wasserhaltung und Biodiversität, die in Wildnis besonders hoch sind, sind die Naturwerte weit höher als die Nutzwerte. Dazu kommen all die riesigen Leistungen für Klima und Gesundheit, die Technik und Nutzungen überlegen sind.

Aus Wildnis können wir zudem lernen, was die Natur machen würde: Welche Bäume setzen sich unter gegenwärtigen Umweltbedingungen und im Klima wirklich durch? Wie funktioniert die Luftreinigung der Natur genau? Was macht Natur mit dieser und jener Fläche? Welche Arten können medizinisch verwendet werden? Daraus können Erkenntnisse für wirklich nachhaltige Nutzungen gewonnen werden, auch für Forstwirtschaft, Technik und Naturschutzmanagement in Kulturlandschaft. Wildnis ist eine Forschungsabteilung, die systemrelevant und unermesslich wertvoll ist. So müsste es für wirtschaftliche Entscheidungen eher heißen: »It's the wilderness, great!« Es ist die Wildnis, großartig!

Ein Topf Freiheit – die kleinste Wildnis der Welt *Tipp für Erlebnisse*

Einfach einen Topf magere Erde Ihrer Umgebung nach draußen stellen – oder auf die Fensterbank. Nichts tun, auch nichts einsäen. Irgendetwas wird kommen. Entweder kann eine Wildbiene auf unbewachsener Erde nisten, ein Moos findet die Stelle oder der schönste Löwenzahn der Welt wächst gerade hier. Hauptpreis kann auch ein blau leuchtender Ehrenpreis sein (ein Wildkraut), das wahrhaft schönste Wort für Wildnis? Doch noch schöner ist wohl die Überraschung der Veränderung hier auch im Kleinen.

Für die Gesundheit

Wildnis heilt

»Das Kind muss mal an die frische Luft.« Ein nervender Satz von früher, der heute vom Aussterben bedroht ist wie vieles in der Natur. Immer weniger Kinder spielen einfach so im Freien oder in (halbwegs) wilder Natur: Keine Gebüsch-Wildnisse mehr, in denen ich als Kind entlang der Wegränder – selbst in der Stadt – mit Freunden »geheime« Lager baute und Abenteuer en miniature erspielte. Beschwert hatte sich nur die Amsel, die nebenan in Ruhe brüten wollte – und es dann doch erfolgreich schaffte. Heute gibt es kaum mehr Kinder, die sich ohne Aufsicht im Matsch schmutzig machen. Selbst Amseln darf man auf solche Art nicht mehr stören, per Verordnung: Irgendjemand verbietet immer etwas. In den Resten der wilden Gebüsche meiner Kindheit wird ihre Brut dennoch oft erfolgloser: mehr streunende Katzen als Kinder.

Mit seinem Buch »Last child in the woods?« (auf Deutsch: »Das letzte Kind im Wald?«) machte Richard Louv das »Natur-Defizit-Syndrom« bekannt: das Phänomen, dass immer weniger Kinder in Natur spielen, mit Folgen für Gesundheit und Entwicklung. Unsere Gesundheit ist auf Natur angewiesen. Die Liebe zur Natur, die Biophilie, ist in uns. Vielfältig ist belegt, dass uns Naturkontakte seelisch guttun und mithelfen, dass wir uns auch körperlich besser fühlen. Dagegen wird starke Naturentfremdung mit psychischen, sozialen und gesundheitlichen Problemen in Verbindung gebracht. Ich selbst erlebe es bei meinen Naturführungen, dass manche Großstadtjugendliche mehr Probleme haben als viele Rentner, sich auf unebenen Naturpfaden sicher zu bewegen. Ihre Motorik ist verkümmert – besonders gut geschult wird sie dagegen dort, wo Natur unaufgeräumt, frei und wild sein darf.

Nun ist es aber auch so, dass viele Menschen harmonische Wirtschaftswälder, Gärten und Parks außerhalb von Wildnis bevorzugen. Auch dort kann Biophilie gut gelebt werden. Aber: Dem Spontanen begegnen, den Körper abseits der sonstigen Ordnung fördern – das geht nur in Wildnis. Zudem deuten Ergebnisse aus Wildnisgebieten (wie Sihlwald, Nationalpark Schwarzwald 2018) an, dass die Wahrnehmung von Wildnis die Erholungsleistung und Resilienz von Körper und Geist stärkt.

Schutz vor Pandemien

Können Naturkontakte nicht auch krank machen? Gefährliche Krankheitserreger werden von Tieren auf Menschen übertragen. Allerdings geschieht dies dort, wo Tiere und Menschen unnatürlich dicht aufeinandertreffen: in manch fragwürdiger (Massen-)Tierhaltung, in Laboren, auf (Wildtier-)Märkten oder in Monokulturen.

Wildnis entzerrt diese Gefahren: In ihr gibt es keine unnatürlichen Monokulturen. Gegen Massenvermehrungen gibt es Gegenspieler. Unnatürlich nahe Kontakte kommen kaum vor. Ausnahmen gibt es nur, wenn der Mensch die Wildnis auf zu kleine Räume zusammendrängt oder Wildtiere stört wie beim Eindringen in Fledermauskolonien ohne Maske.

Insgesamt ist belegt: Wildnis senkt schädliche Virenlast, filtert Schadstoffe, macht Wasser rein und schützt vor Pandemien der Zukunft. Sie ist eine unersetzliche Gesundheitsversicherung für jeden Menschen und die Menschheit als Ganzes.

Wildnis-Gesundheitsschulung

Idealisiere ich Wildnis zu sehr? Das fragen viele, die schon mal in den wilden Sümpfen dieser Welt von Moskitos zum Rotschwamm gemacht wurden. Die in wilder Natur mit dem Auge gegen einen Ast gelaufen sind. Die von Wespen gestochen wurden und wegen allergischer Reaktionen in Lebensgefahr kamen. Schließlich sind es Fortschritt und Zähmung mancher Wildnis, was zum Beispiel Malaria zurückdrängt, was zu besserer Hygiene führt und fiese Krankheiten kontrollierbarer und heilbar macht.

Es bleibt ein Spannungsfeld und die Lösung liegt in Wildnis selbst: Ohne sie geht es nicht. Sie lehrt uns aber auch, einen vernünftigen Umgang mit ihr zu lernen und gesunden Respekt vor wilden Tieren und Gefahrenstellen zu üben. Man muss nicht in jedem Sumpf zelten, sich anschließend über ihn beschweren und dann trockenlegen wollen.

Für die Schönheit

Wildnis enthält die Ästhetik und Sinnlichkeit des Unvorhergesehenen. Rauheit und Brüche verbinden sich mit harmonischen Formen und Linien. Naturlandschaft kennt keine ganz harten Sprünge, keine langen, klaren Kanten, keine geometrisch reinen Formen – wohl aber aufgeraute Varianten davon, wie man an Wildflüssen, Küsten, Bergformen oder Erosionskanten sieht. Und wenn doch geometrisch, wie in Kristallen, Gesteinen oder Eiern, oder spiralförmig wie in Schneckenhäusern, Blüten oder sich entrollenden Farnen, werden sie in Natur zeitnah aufgebrochen, verwandelt und überwachsen. Das kann als anregende Ästhetik des Veränderlichen bezeichnet werden.

Es gibt spannende wie vielfältige, nicht vorher bestimmbare Formen, Strukturen, Prozesse mit allen Sinnen zu erleben, wenn sich eine wilde Fläche dem Zugriff des Menschen entzieht. Die Eigendynamik in Wildnis bewirkt – im Gegensatz zu vorhersehbaren Kulturen –, dass dasselbe Naturding bei wiederholter Begegnung neu

Detailblicke in freier Natur zeigen ästhetisch ansprechende Formen und Farben auch im Kleinen – Leben (hier Eier des Flussregenpfeifers) in dynamischer Kies- und Schotterwildnis

und anders aussieht: Das ist »Dauer im Wechsel«, wie es schon Johann Wolfgang von Goethe in seinem so betitelten Gedicht ausgedrückte. Wildnis macht auf jeder Fläche etwas »Eigenartiges« mit Varianten, die unser Empfinden anregen. Und wo es, wie in den Weiten der Tundra, bei Weitblick eintönig wirken mag – und ohne Menschenwerke zugleich beruhigend –, da enthüllt sich bei Detailbetrachtung und im Kleinen eine Vielfalt an Mustern, die keine Kultur je imitieren kann.

Letztlich sind Naturwahrnehmung und ihre Interpretation oft ein Spiegelbild des eigenen Gefühlszustandes. Das ästhetische und sinnliche Angebot des Wilden aber ist einzigartig.

Wenn jemand aber Kulturlandschaften doch schöner findet, ihre oft harmonischeren Linien, die Vorhersehbarkeit und Wiedererkennung, ist das zu respektieren. Nicht alles in Wildnis muss einem gefallen. Ja, Wildnis kann sogar sinnlich provozieren. Aber dadurch wohnt dem Wilden eine eigene Ästhetik inne, die Kulturlandschaft nie ersetzen kann. Natur und Kultur ergänzen sich. Wildnis ist schön – und schön eigen.

Obersee im Nationalpark Berchtesgaden

Wildnis-Positiv-Beispiel und Erlebnisort

Magische Orte mit Wildnis – Nationalpark Berchtesgaden

Wildnis ist nicht immer nur an abgelegenen Orten zu finden. Sie kann auch Sehenswürdigkeiten und berühmte Plätze in Szene setzen, sie einrahmen und mit ihnen in Einklang sein. So sind bekannte Landschaften und »heilige Orte«, die oft schon früher mit ihrer Natur verehrt wurden, gute Ansatzpunkte für Wildnis.

Als schönes Beispiel dient der Alpen-Nationalpark Berchtesgaden (Südost-Bayern) rund um den fjordartigen Königsee und den sagenumwobenen Gipfel des Watzmann, weitere Berge und Täler. Traditionelle Almbewirtschaftung, die (halb-)offene Lebensräume in die Zukunft trägt, wird von der eigentlichen Wildnis (Kernzone) umgeben. Sie umfasst ehemals genutzte Bergwälder, alpine Matten und Felskomplexe, aber auch kleine Bäche, riesige Schottertäler (Wimbachtal), Wasserfälle und Bergseen abseits des Königsees. Modellhaft wird Massentourismus geschickt gelenkt. Geradezu magisch ist diese Landschaft auch in den abgelegeneren Gebietsteilen, wo Wildnis Lebensräume verzaubert, wo sich viele Alpentiere frei in ihren Beständen regenerieren und sicher (über-)leben können.

➤ Mehr Information: www.nationalpark-berchtesgaden.bayern.de

Weitere besonders magische Bereiche mit großer Wildnis sind die berühmten Felsformationen mit Waldlandschaften »Sächsische Schweiz« südlich von Dresden, grenzübergreifend mit dem Nationalpark Böhmische Schweiz in Tschechien.

➤ Mehr Information: www.nationalpark-saechsische-schweiz.de • www.npcs.cz

Bild links: Einstieg ins Wimbachtal

Für das Zauberhafte

Gefühle und Mystik

Wildnis bietet einen besonderen Raum für Mystik, anknüpfend an die Geschichte der Menschheit: das Geheimnis des Lebens, das jeder und jede für sich selbst suchen darf. Hier kann sich jede und jeder als Teil des natürlichen Ganzen erleben. In Nutzlandschaften ist das nur eingeschränkt möglich. Die große amerikanische Wilderness-Bewegung sucht in freier Natur das Geistige, eine Gegenwelt, aber auch Inspiration. Das tun auch die romantischen Strömungen Mitteleuropas auf vielfältige Weise. Ihnen allen gemeinsam ist eine »Verzauberung der Welt«. Vielleicht brauchen wir Menschen auch das immer wieder, um unser Staunen nie zu verlernen. Ein Staunen, das dann auch wieder Basis für Wissenschaft sein kann.

Henry David Thoreau, eine Ikone der Wilderness-Bewegung, gönnte sich 1854 fast zwei Jahre (Fast-)Wildnis und schrieb sein weltberühmtes Buch »Walden«. Das Werk regt noch heute Menschen zu Naturverbundenheit an. Dass er es mit der Wildnis nicht ganz so eng sah und an manchen Wochenenden in die Stadt zu seinen Eltern zum Essen fuhr, macht mir das Buch umso sympathischer. Denn Wildnis mag keinen Dogmatismus. Wer »Walden« liest, erkennt eine sinnliche Liebe zur Wildnis.

In einer (post-)modernen Welt, die technokratisch und mechanistisch Zusammenhänge in Einzelteile zerlegt, um Details zu begreifen, aber oftmals vergisst, das Ganze wieder zusammenzuführen, ist es umso wichtiger, auch mal gefühlvoll in freie Natur einzutauchen, in ein Ganzes. Eine Romantisierung steht dabei keinesfalls Aufklärung und Wissenschaftlichkeit entgegen, sondern ergänzt sie vielmehr. Wildnis fördert ganzheitliches, systemisches Fühlen und Denken – und das brauchen wir für Problemlösungen rund um Mitwelt und Klima.

Zaubern können

Aus Wildnis entstammen Motive von Märchen: Hexen, Elfen, Zauberer, Feen und Kobolde, gute wie schlechte. In Wildnis gibt es überraschende, ungeplante, skurrile Formen, die Fantasie mehr anregen als gestaltete Landschaften.

Eine Waldrebe wickelt sich um einen Stamm, bildet Schleifen, wie sie kein Künstler schöner entwerfen könnte. Und sie verschwindet wieder nach ein paar Jahren, dafür wächst eine andere spannende Ecke. Ein »Elfentor« entstand bei mir im Gelände durch Zusammenbruch eines Baumes. Wildnis (ver-)zaubert die jeweilige Fläche – und uns.

Bild links: Strukturreicher (halb-)wilder Wald im Winter, hier Plauer Stadtwald, Mecklenburg-Vorpommern

Für die Regeneration

Die Welt mal ohne uns?!

Samen von Gräsern oder Löwenzahn, Sporen der Moose, Pilze und Flechten wehen weit durch die Lüfte und fallen auch in kleinste Ritzen und Spalten. Die gibt es früher oder später überall. Nach dem Keimen strebt die Triebspitze des Löwenzahns mit Macht ans Licht. Durch Osmose wird in den Zellen ein Druck von bis zu 13 bar aufgebaut. Zum Vergleich: Ein Presslufthammer hat etwa 6 bar. Die Triebspitzen durchbrechen Asphalt, auch Ihre Terrasse. Daran schließen sich weitere Pflanzen, Pilze und Tiere an.

Ich stelle mir seit Langem vor, was die Natur wohl aus unseren Nutzlandschaften und Orten machen würde. Infrastruktur wird Naturstruktur? Der Wissenschaftsautor Alan Weisman hat in seinem Bestseller »Die Welt ohne uns« (siehe Seite 202) dieses Gedankenexperiment gemacht. Pure Inspiration: Weltstädte wie New York werden innerhalb eines Jahrzehntes zum Naturparadies. Wildtiere kommen zurück, sofern wir sie nicht alle vorher ausgerottet haben. Ich übertrage das gerne mal auf Mitteleuropa:

Schlingpflanzen klettern Fassaden empor, wenn wir sie nicht mehr wegschneiden. Schwalben und Fledermäuse nisten in Ihrer Wohnung, nachdem die Scheiben altersmüde bersten und nicht repariert werden. Elche laufen durch Berlin, nachdem sie ohne Abschuss von Norden oder Osten den Weg ihrer Vorfahren gefunden haben. In Zürich paaren sich Dachse auf der Straße, die sie vom Rand her mit ihren Bauen unterhöhlt haben. Aber welche Straße? Unsere Verkehrsadern werden zu Naturadern, bedeckt mit Falllaub und neuem Boden, der sich aufbaut dank sich einstellender Kleintiere und Material der Pflanzen. Durch überschwemmte Straßen von Wien, das wieder zur Auenlandschaft wird, spielen Fischotter im Donauwasser. Das ist wieder sauber aufgrund der Reinigungskraft sich einfindender Uferpflanzen, Mäander und unzähliger Kleintiere. Überall im Wasser sind Fische und Mücken. Vögel kommen zurück, finden wieder viel Nahrung und bauen großartige Schwärme wieder auf.

Übertreibung? Blicken wir auf einen unfreiwilligen Beweis, das große Sperrgebiet um Tschernobyl. Nach der Reaktorkatastrophe 1986 hat sich trotz radioaktiver Belastung binnen Jahren das bedeutenste Wildnisgebiet mit der höchsten Dichte und vollständigsten Ausstattung an Wildtieren in Europa entwickelt. Verlassene Städte wurden zu Biotopen, entwässertes Kulturland wurde durch Biber zur grandiosen Sumpf-Wald-Wildnis. Allerdings will ich nicht, dass wir erst durch Tragödien, Unfälle oder Kriege verschwinden, damit Naturparadiese entstehen. Das geht menschenfreundlich durch Zulassen von Wildnis als Kulturleistung auf ausgewählten Flächen. Eines aber darf man aus der Regenerationskraft, die in Wildnis steckt, nicht ableiten: Dass man weiterzerstören könne, denn Natur schaffe es ja doch immer wieder. Sie schafft es dann, wenn noch genug intakte Lebensräume da sind. Manche Regeneration braucht mehr Zeit: Artenreiche Wiesen benötigen Jahrzehnte, bis sie seltenere Arten und Pilznetzwerke beherbergen. Gute Wälder brauchen Jahrhunderte an Entwicklung. Neue Wildnis ist aber die beste Option, Flächen zu heilen. Mit Wildnis schaffen wir Regeneration – auch um dort beobachtend dabei zu sein.

Shifting baselines

Wissen wir wirklich, was natürlich wäre? Der Meeresbiologe Daniel Pauly stellte fest, dass die jeweilige Generation von Fischern oft diejenigen Fischbestände für gut und natürlich hielt, die sie am Anfang ihres Lebens kannte, oder die ihrer jüngsten Vorgänger. Objektiv aber waren diese »Ideale« gegenüber den Vorgenerationen schon verarmt. So verschieben sich die Referenzlinien der Bewertung. Daniel Pauly führte dafür den Begriff »shifting baselines« ein.

Auch im Naturschutz beobachte ich das Phänomen: Jüngere Kolleginnen begeistern sich für eine heutige Vielfalt, die ich gegenüber meiner Erfahrung 20 Jahre zuvor oft als völlig verarmt bezeichnen muss. Es schmerzt mich tief, dass wir trotz größten Naturschutzengagements den Rückgangstrend, von wenigen Erfolgen abgesehen, nicht aufhalten konnten. Der Druck der anderen Einflüsse und Gruppen (Landnutzer) war viel größer. Oft konnte ich nur den Niedergang wissenschaftlich dokumentieren, immerhin viel daraus lernen und habe einen gewissen Vergleich. Aber auch ich selbst darf nicht den – gegenüber heute – viel bunteren Zustand am Anfang meines Lebens als Ideal bezeichnen, denn bereits davor gab es dramatische Rückgänge. Die Auswertung älterer Quellen eröffnet uns eine untergegangene Welt mit einer unfassbar großen Vielfalt und Menge an Pflanzen und Tieren. Naturnahe Weiden voller Schmetterlinge waren zeitweise normal. Wälder mit unzähligen Tierstimmen. Auen voller Insektenwolken gab es ganz natürlich. Und Massen an heute seltenen Vögeln erweckten wohl den Eindruck der endlosen Ausnutzbarkeit.

Bestehende Rewilding-Projekte belegen eindrucksvoll, wie viel doch wiederkommt, wenn wir Naturprozesse mehr ermöglichen. Neue Wildnis öffnet uns die Augen für das, was natürlich, was vielfältig, zugleich einfach möglich wäre. Regelrechte Explosionen neuen Lebens werden aus Wildnisprojekten beschrieben (zum Beispiel in »Wildes Land«, siehe Seite 202) und ich kann das mit meinem kleinen Beispiel bestätigen (siehe Seite 149). Die gute Nachricht gegenüber der Verlusterkenntnis: Das ist überall auf eigene Art möglich. Somit werden wir uns der »shifting baselines« mehr bewusst, die uns so oft täuschen und immer weiter nach unten ziehen. Zugleich verschieben wir sie in eine gesündere Richtung. Wir wollen und könnten erleben, wie ein neuer Aufschwung stattfindet. Ändern wir die Richtung ins Positive: eine Regeneration und Neuentwicklung durch Wildnis, die neue Blüten trägt.

Für Klimaschutz und Klimaanpassung

Wildnis macht gutes Klima

Intakte Buchenwälder kühlen ihre Umgebung im Sommer um bis zu 10 Grad herab, während sie selbst lange Hitzeperioden überstehen oder sich daran anpassen können. Sollte sich aber langfristig dann doch ein anderer Wald entwickeln, sorgt auch dieser für gewisse Kühleffekte und eigene Qualitäten. Große natürliche Waldgebiete fördern Wolkenbildung sowie die Entstehung von Regen in sich selbst und in Gebieten, die in der Windrichtung liegen. Man kann von »fliegenden Flüssen« infolge großer Wildnis sprechen. Bäume verbrauchen zwar viel Wasser, halten aber auch viel davon, holen es sich teils aus der Luft, führen es in den Boden, sodass Quellen sprudeln können. Das gilt zwar auch in Maßen für naturnah bewirtschaftete Wälder, aber Wildnis setzt noch eines drauf: Die immense Menge an Altholz und Totholz sorgt für noch mehr Feuchtigkeit, Kohlenstoffbindung und Schutz von Boden und Wasser.

In Wildnisgebieten entwickeln Böden wieder größere »Schwammfunktion«: Sie werden auf den meisten Standorten lockerer, vielfältiger, lebendiger und nehmen damit mehr Wasser auf als die Böden vergleichbarer genutzter Standorte. Sie reinigen das Wasser und geben es schön langsam wieder ab. Wasserhaushalt, Wasserrückhalt samt Hochwasservorsorge, lebendige (Boden-)Vielfalt und Klima hängen eng zusammen und mit Wildnis sind somit all deren Gefährdungen lösbar.

Wildnis bindet mehr Kohlendioxid als Nutzflächen

Wildnis bindet langfristig mehr Kohlenstoff als Nutzflächen. Besonders gilt das für intakte Feuchtgebiete und Auen. Ungeschädigte Moore mit ihren Torfmoosen auf noch 2 bis 3 Prozent der Erdoberfläche binden als Kohlendioxid-Senken etwa 30 Prozent des globalen Kohlenstoffs. Bedeutend sind auch Weide- und Graslandschaften, Prärien und Savannen, alle natürlichen Wälder, auch die oft unterschätzten Trockenwälder.

Dass die Meere massenhaft Kohlendioxid aufnehmen, ist ebenso belegt. Umso wichtiger ist ihr Schutz vor Überfischung (siehe Seite 138). Derzeit besteht eine Gefahr der Versauerung, aber auch natürliche Pufferwirkungen sind möglich. Die kleinen Algen des Phytoplanktons (vor allem Kieselalgen) sind für etwa die Hälfte des Sauerstoffgehaltes der Atmosphäre verantwortlich und binden ihrerseits mindestens ebenso viel Kohlendioxid.

Moment mal: Treten in Wildnis nicht auch Treibhausgase aus? Ja, natürlich! Es gibt Lebensräume wie heiße Quellen, Vulkangebiete, große natürliche Zerfallsphasen

Bilder links: Wildnisse regulieren für uns positiv das Klima und binden enorm viel CO_2, vor allem intakte Moore und Feuchtgebiete (oben), aber auch alte Wälder mit viel Altholz und Totholz, zugleich Lebensraum auch für die Wildkatze (unten)

oder Wildtierherden, die Treibhausgase abgeben. Dieser Ausstoß muss aber von den menschenverursachten industriellen Produktionen getrennt werden. Das Problem sind Übermaß, Übernutzung und Industrie, nicht Natur an sich. Als Faustregel kann gelten: Wo Wildnis ist, gibt es langfristig weniger Treibhausgase und mehr Kohlenstoffbindung als auf genutzten Flächen, wie ich am Beispiel Wald ausführe:

Ungenutzte Wälder sind für das Klima jedem genutzten Forst überlegen. »Halt«, sagt der Förster. »In meinem verträglich bewirtschafteten Wald schaffe ich es, noch mehr Kohlendioxid zu binden. Und wenn ich die langlebigen Holzprodukte sehe, die Kohlendioxid-intensive Kunstprodukte ersetzen, ist ein guter Nutzwald einem Naturwald überlegen.« Irritiert schaue ich ihn an – er mich. Wer hat Recht?

Ein Teil der forstwirtschaftlichen Annahmen kommt zum vermeintlichen Schluss, dass gepflegte wachsende Forste mehr Kohlendioxid binden als ungenutzte Wälder. Die ökologische Forschung kommt zum gegenteiligen Ergebnis, wie auch ein Autorenteam um Prof. Rainer Luick in der Zeitschrift »Naturschutz und Landschaftsplanung« (12/2021 & 1/2022) bestätigt. Sehen wir genau hin: Wird nur das Holzwachstum betrachtet, vor allem in einem jungen und mittelalten Wald, so ist ein Nutzwald in dieser begrenzten Phase einem Urwald hinsichtlich der Kohlendioxid-Bindung überlegen. Allerdings besteht ein Wald nicht nur aus Bäumen und Holz, sondern auch aus Boden, unendlichen Pilz-Wurzel-Geflechten, Wasser: Leben vollumfassend. Um darauf hinzuweisen, hatte mein kluger Ökologie-Professor Hermann Remmert aus Marburg (gestorben 1994) einst verschmitzt gesagt: »Das Unwichtigste im Wald sind die Bäume.« Ich lache noch heute darüber und ernte Empörung, wenn ich das zitiere. Natürlich ist das nicht ganz wörtlich zu nehmen. Bäume bleiben wichtig, aber das, worauf sie und wir stehen, und all die anderen Funktionen dürfen wir nicht gering schätzen.

Die Vereinten Nationen nannten 2021 auf Basis unterschiedlicher Studien als Faustwert, dass innerhalb der Wälder weltweit etwa 295 Gigatonnen Kohlenstoff in der lebenden Biomasse (das sind die Bäume) stecken: Das entspricht etwa 44 Prozent des Kohlenstoffs im Wald. Weitere 45,2 Prozent des Kohlenstoffs, 300 Gigatonnen, befinden sich im Boden und immerhin 68 Gigatonnen (10,3 Prozent) in Totholz und Streuschicht. Für Deutschland gelten ähnliche Verhältnisse, wobei die Bedeutung des Bodens noch etwas höher ist als im weltweiten Durchschnitt. Weil es in Naturwäldern besonders viel Totholz gibt und ein Boden mächtig ist, wenn sich alles ungestört entwickelt, ist bei ganzheitlicher Betrachtung der lange ungenutzte Wald jedem Nutzwald überlegen. Das unterstützt das Argument, Wildnis dauerhaft und nicht nur zeitweise zuzulassen.

Ältere, langsamer wachsende Bäume, die Wildnis dominieren, nehmen pro Tag weniger Kohlendioxid auf als jüngere, schneller wachsende Bäume, die den Nutzwald dominieren. Allerdings bindet der ältere Baum den Kohlenstoff sehr viel länger, wenn man ihn nicht fällt, was angesichts akuter Klimaproblematik und für Zeitstreckung

Nach Dürre oder Borkenkäfer regenerieren sich Naturwälder von alleine und zeigen eine wertvolle Habitatvielfalt mit lichten Phasen, hier Nationalpark Berchtesgaden am Obersee

besonders wichtig wäre. Der jüngere Nutzbaum kann letztlich trotz seiner hohen Kohlendioxid-Aufnahme in der Wachstumsphase gar nicht so viel Kohlenstoff binden wie zeitlebens der uralte Baum in Wildnis.

Dementsprechend hat ein Forscherteam um Sebastiaan Luyssaert (in: »Nature« 455, 2008) nachgewiesen, dass alte Wälder bedeutende Kohlenstoff-Senken sind, also mehr als »nur« kohlenstoffneutral sind – obwohl sie durch Atmung und Verottung viel Kohlendioxid abgeben. 1,3 Gigatonnen Kohlenstoff pro Jahr werden in den verbliebenen Primärwäldern der gemäßigten und borealen Zonen der Nordhalbkugel gespeichert. Das ist ungefähr so viel wie die Europäische Union pro Jahr ausstößt. Europäische Laubwälder, in denen Bäume älter als 200 Jahre sind, speichern im Mittel 2,4 Tonnen Kohlenstoff auf nur einem Hektar pro Jahr. Schützen wir also die letzten alten Wälder und lassen neue wilde Wälder und Sukzessionen unbeeinträchtigt altern.

Wie wichtig bei all dem wirklich eine Gesamtbetrachtung und nicht nur ein wirtschaftlich erwünschter Ausschnitt ist, zeigt auch eine andere verblüffende Tatsache: Forscher haben 2020 festgestellt, dass alle Pilze der Erde ganz natürlich achtmal mehr Kohlendioxid pro Jahr in die Luft abgeben als alle Menschen und ihre Industrien zusammen. Soll man nun die Pilze dezimieren, um das Klima zu retten? Wenn man aber weiß, dass Pilze maßgeblich Stoffkreisläufe steuern, für die Fruchtbarkeit samt Kohlenstoffspeicherung des Bodens und das Wachstum fast aller Pflanzen mitverantwortlich, ja unersetzlich sind, relativiert dieses Wissen den immensen Treibhausgasausstoß der Pilznatur. Die Universität von Kalifornien hat in Experimenten herausgefunden, dass Pilzhyphen und Mykorrhizen bei einer Kohlendioxid-Konzentration von 670 ppm in der Luft, ein Worst-Case-Szenario des Klimawandels für Mitte des 21. Jahrhunderts, dreimal so lang wären und fünfmal mehr Glomalin produzierten als heute. Glomalin ist ein für die Bodenwelt wichtiger kleiner, klumpenhafter Bodenstoff, der viel Kohlenstoff enthält. Somit wird gerade durch Pilze in natürlicher Bodenentwicklung ein unermesslich Vielfaches an natürlicher Kohlendioxid-Bindung wieder möglich. Und Wildnis ist das, wo alle Pilze frei und besonders gut wirken können.

Nach Schätzungen der wissenschaftlichen Britischen Royal Society könnten die Böden der Welt, allein schon wenn sie deutlich schonender bewirtschaftet würden, sagenhafte zehn Milliarden Tonnen Kohlenstoffdioxid pro Jahr speichern. Alan Savory, Ökologe aus Zimbabwe, propagiert ein »mob grazing«, ein Rotationssystem für naturnahe Weiden in versteppten Zonen Afrikas. Er schätzt, dass damit fünf Milliarden Hektar geschädigtes Grasland in halbwilde Ökosysteme überführt werden könnten, die der Bevölkerung mit zur Ernährungssicherheit dienen könnten. Damit meint er, pro Jahr mindestens zehn Gigatonnen Kohlenstoff aus der Atmosphäre in Kohlenstoffsenken des Bodens natürlich speichern zu können. Bei dieser Zahl würde die Konzentration der Treibhausgase innerhalb von Jahrzehnten auf vorindustrielles Niveau absinken. Klimaproblem gelöst? Zu bedenken gebe ich, dass solche Berechnungen die Schwäche haben, von unvollständig bekannten Einflussgrößen abhängig zu sein. Oft überschätzt man sich. Wenn wir aber bedenken, dass Wildnis nach Untersuchungen aus englischen Rewilding-Projekten rund 50 Prozent mehr Kohlendioxid-Speicherfähigkeit im Boden aufweist als intensiv genutzte Bereiche ähnlicher Standorte, erkennen wir auch ohne Zahlenzauber das unermessliche Bindungspotential für Kohlenstoff von Wildnis. Daher ist mehr Wildnis ein entscheidender Beitrag, um den menschengemachten Anteil der Klimaerwärmung zu minimieren. Oder anders formuliert: Ohne viel mehr Wildnis gibt es keine »Klimarettung«!

Wildnis als bestmögliche Klimaanpassung

Kennen Sie den alten Ärztewitz? »Es gibt keine gesunden Menschen, nur falsch untersuchte.« So ist es oft mit dem Wald. Die deutschen Waldschadensberichte zeichnen ein düsteres Bild. Dabei fehlt bei der Ansprache geschädigter Bäume die Einbindung in Zusammenhänge. Kronen, die nicht vital sind, werden schon als Schaden kartiert, obwohl es zumeist vorübergehende natürliche Anpassungen sind, die sich mehrheitlich regenerieren. Standortfremde Fichtenplantagen brechen unter Sturm, Hitze oder

Borkenkäfern deshalb zusammen, weil sie gar nicht auf diese Standorte gehören, einst gegen die Natur gepflanzt wurden. Nur in den Bergen ist die Fichte natürlich und dort sind Zusammenbrüche, die für Laien und Holzwirtschaft dramatisch wirken, gute sich erneuernde Natur.

Nicht selten werden aber auch Schäden an Buchen und Eichen festgestellt und dem Klimawandel zugeschlagen, obwohl sie meist durch Forstarbeiten entstanden sind: Baumbestände werden unnatürlich freigestellt, der Boden wird durch Maschinen verdichtet, lückiges Bodenleben und Pilznetzwerke werden gestört, und erst in Folge dessen leiden Bäume. Manch verdorrte Anpflanzung wird beklagt, obwohl ihr Genpool gar nicht dorthin gehört. Eine Naturverjüngung derselben Baumarten mit standortangepasstem oder variantenreicherem Genpool zeigt dagegen oft keine Probleme.

Ich finde in Europa bei umfassender Recherche bisher keinen einzigen unter den – zugegeben leider wenigen – Naturwäldern, aber auch unter den schon zahlreicheren fast naturnahen Wäldern, der klimageschädigt ist. Allerdings können Dürren durchaus (natürlichen) Stress verursachen und für (vorübergehende) Bestandsschäden sorgen. Die große, berühmte Sommerdürre 1976 plus kleinere anschließende Trockenphasen war neben Stickstoffeinträgen und Schadstoffen der große Mitauslöser des sogenannten Waldsterbens der 1980er-Jahre in Mitteleuropa. Das erläutert der Waldökologe Hans Jürgen Böhmer in seinem prägnanten Buch »Beim nächsten Wald wird alles anders« (siehe Seite 203). Allerdings waren auch da fast nur naturfremde Nadelbestände betroffen, naturnahe Laubwälder kaum und die regenerierten sich alsbald mit neuen Anpassungen. Es stirbt nicht der Wald an sich, wie in Waldschadensberichten und Medienmeldungen verzerrt dargestellt wird, sondern er verändert sich und passt sich an. Das Ergebnis ist nicht schlechter, aber vielleicht anders als gewohnt. Allerdings wird dadurch auch ein geradezu vernichtendes Urteil über die bisherige Forstwirtschaft gefällt: Nur bewirtschaftete Wälder zeigen Probleme. Wildnis hingegen nicht – in ihr lösen sich Probleme.

Viele heimische Baumarten können auch unter mehr Hitze und weniger Wasser bestehen, wenn sie frei wachsen, sich durch veränderte Wurzel-Pilz-Netze und epigenetisch generationenweise anpassen. Im Schweizer Rhonetal wurde zwar gezeigt, wie infolge zunehmender Trockenheit das Pilz-Wurzel-Geflecht schrumpft, aber auch neue Baumarten ankommen und andere Netzwerke entstehen. So kann sich die Dominanz einer Baumart ändern und zeitweise können abgestorbene Individuen dazugehören, von denen viele Tiere profitieren. Als Ganzes ist das ein Zeichen von Lebendigkeit und Wandlungskraft. Mehr Eichen und Linden, die sich vielleicht in Mitteleuropa irgendwann mehr als Buchen einfinden könnten, wären auch gut, wobei eine Buchen-Sorte sogar im heißen Sizilien vital wächst. Die Buche ist ein großer Artenkomplex mit Sortenbildungen, der sich laufend anpassen kann, wenn man ihn nicht forstlich auf wenige Sorten und Standorte einengen würde.

Resiliente, klimatolerante und vielgestaltige Wald-Fels-Wildnis im Wildnisgelände »Nahe der Natur« in Staudernheim

Mein eigener Wildniswald (siehe Seite 149) fußt größtenteils auf flachgründigem Sandboden ohne großen Wasserspeicher. Man könnte sagen, dass mein Standort schlimme Klimaszenarien vorwegnimmt, zumal wir mit 400 Millimeter Jahresniederschlag in einer der trockensten Regionen Deutschlands leben. Die einst von selbst angekommenen Eichen, Haseln, Wildkirschen und Buchen haben die Hitzesommer 2019, 2020 und 2022 problemlos überstanden. Auch bei mir hatten sie in dieser Zeit lichtere Kronen, das Laub fiel früher, aber das sind alles ganz normale Anpassungen. Im jeweils nächsten Jahr waren sie wieder vital. Allerdings dulde ich auch mal absterbende Bäume als wichtiges Habitat. Unter und neben ihnen wächst aber frisch und fröhlich Baumjungwuchs derselben Art, der sich anpasst. Mein Wald ist hoch dynamisch und naturangepasst – und damit kerngesund.

Wälder werden uns nicht verlassen, wenn wir sie frei wachsen lassen. Sie verändern sich wertneutral. Es braucht keine Förster, damit sie gut gedeihen, das hat die Natur immer schon alleine geschafft. Allerdings sind Förster wie Naturschützer als »Manager« und Vermittler sinnvoll, um unterschiedliche Ansprüche möglichst klug zu versöhnen – aber bitte mit mehr Wildnis.

»Lasst die Natur ihre Arbeit machen!«, sagt auch Inger Andersen, Leiterin des UN-Umweltprogramms UNEP bei der Präsentation des IPCC-Klimaschutzberichtes 2022 in die Zukunft gerichtet: Intakte Natur kann Extremwetterereignisse abschwächen. Naturbelassene Feuchtgebiete, Flüsse und Wälder nehmen überschüssiges Wasser auf und könnten die Menschheit in einer Welt mit stärkeren Niederschlägen vor Hochwasser schützen. Während sich sonst die Temperaturen erhöhen, können sie in Wildnis künftig weniger stark steigen. Dies würde auch Infektionskrankheiten die Chance nehmen, sich in neuen Gebieten auszubreiten. Auch das »Aktionsprogramm Natürlicher Klimaschutz« der deutschen Bundesregierung (seit 2022) betont die Notwendigkeit von mehr Wildnis für Klimaschutz und zur Klimaanpassung.

Wildnis darf aber nicht als Ausbügeldienst oder Abfallspeicher dienen und irgendwann überfrachtet werden, nur damit wir maßlos auf anderen Flächen so zerstörerisch weiternutzen können wie bisher. Dabei tritt seit wenigen Jahren ein Problem auf, das größer wird: Manch neue angeblich klimaschützende Energietechnik verhindert oder zerstört ausgerechnet Wildnis. Das ordne ich nachfolgend ein, natürlich mit Lösungsangebot.

Klima in Natur einordnen – nicht umgekehrt

Blicke auf Wildnis regen an, Zusammenhänge im Ganzen zu sehen: Klima ist nur ein Teil der Natur, wenn auch ein wichtiger. Oft wird das verdreht: Klima wird zum Oberbegriff im Umweltbereich erhoben und oft viel zu eng auf Kohlendioxid fokussiert. Mit der Folge, dass Natur bei Fragen zur Energie und zum Klima falsch nachgeordnet wird, teils mit der seltsamen Begründung, Natur würde gerade durch klimaschützende (Energie-)Technik vor Klimawandel gerettet. Dabei hat Natur keine Probleme mit Klima (siehe Seite 50) und das Artensterben hat seine wichtigsten Ursachen in direkter Lebensraumzerstörung und Übernutzung. Neben den alten fossilen Energien tragen inzwischen auch regenerative Energietechniken dazu bei. Daher ist es absurd, den Ausbau regenerativer Energien wie im eigens dafür novellierten deutschen Bundesnaturschutzgesetz 2022 als alle anderen Belange »überragendes öffentliches Interesse« und überragend für die öffentliche Sicherheit zu definieren.

Flächenkonflikte zwischen Energietechnik und Wildnis

Unsere noch vorhandenen Lebensräume werden durch immer mehr neue Energieanlagen bebaut, zerschnitten, entwertet, oft auch ganz zerstört. So bei mir im Naheland, immerhin mit ausgewiesenem Naturpark, grandioser Lebensraumausstattung und schöner wie berühmter Landschaft (Soonwald-Nahe): Dort sind über 100 neue Großwindräder projektiert (Stand 2023), fast alle in wertvollen naturnahen Waldkomplexen. Das geforderte 2-Prozent-Flächenziel für Windenergie, das in dieser relativ windarmen

Region durch den derzeitigen Bestand an Windrädern schon übertroffen ist, würde auf mindestens 6 Prozent überdreht. Dazu kommen Pläne für Freiflächen-Solarparks auf mindestens 2 weiteren Prozent der Fläche dieser Region. Eine technische Energieindustrielandschaft würde den Raum dicht und massiv überprägen. Über Natur, Landschaft oder gar Wildnis jenseits von Mini-Resten bräuchte man bei Verwirklichung der Pläne nicht mehr ernsthaft zu reden, weshalb auch ich mich dagegen engagiere und für bessere Lösungen eintrete.

In anderen Regionen ist es ähnlich. Europaweit sind viele Grenzertragsstandorte, abgelegene Wälder und eher unwirtschaftliche Weiten in ländlichen Räumen betroffen – und ausgerechnet dort schlummert unser großes Potential für Wildnis. Dabei kann ein scheinbar geringer direkter Bodenverbrauch, wie bei einem Windrad, schon große negative Wirkung auf die umgebende Natur, Landschaft, Boden- und Wasserhaushalt, Lokalklima und Tierarten haben. Denn relevant ist nicht nur das Fundament des Bauwerkes, sondern ein größerer Wirkraum von mehreren Kilometern Umkreis. Vor allem Vögel und Fledermäuse verschwinden, empfindliche Schlüsselarten, die schon anderweitig unter Druck sind und für die es dann zu viel wird. Einige dicht mit Windrädern bebaute Räume sind inzwischen – gegenüber vorher – fast fledermausleer, so erschreckende Beobachtungen: und dies trotz Einhaltung gesetzlicher Abstände zu Quartieren, Antikollisionssystemen und Abschalten in sensiblen Flugzeiten.

Zu berücksichtigen ist zudem, dass für den großen Ausbau bei uns weltweit viele andere – auch klimarelevante – Lebensräume samt Wildnis vernichtet werden, um die Rohstoffe für die neuen Techniken auszubeuten: zum Beispiel Lithium, Mangan aus der empfindlichen Tiefsee, viel Kupfer und Seltene Erden im globalen Süden. Oft entstehen neue einseitige Abhängigkeiten, zum Beispiel mit China im Monopol für einige Seltene Erden. Unabhängiger macht das letztlich nicht. Kreislaufsysteme könnten zwar Ausbeutung und Flächenanspruch verkleinern, doch davon sind wir noch weit entfernt.

Wichtig: Wir brauchen regenerative Energien als Mosaikstein im Zukunftsgefüge. Aber sie dürfen nicht falsch überhöht werden. Es geht darum, Energie natur- und klimaschonend zu produzieren UND zugleich mehr Wildnis mit ihrem gigantischen Klimaschutzbeitrag zu ermöglichen. Entscheidend für Wildnis ist es, Flächenkonkurrenzen zu verkleinern. Das ginge zum Beispiel so:

Grundsätzlich kommt es bei allen Energieträgern und deren Ausbau auf Maßhalten an. Leitlinie muss eine kluge, großräumigere, landschaftsschonende Kombination und Bündelung von Energietechnik an geeigneten Orten sein. Alle noch unbebauten Landschaften gilt es, weiträumig (mehr als 20 Kilometer im Umkreis) freizuhalten oder wieder zu befreien. Großenergieanlagen dürfen nur an schon vorhandener Großinfrastruktur entstehen und müssen dort gebündelt werden – davon gibt es ausreichend, auch nahe der Städte.

Je nach Energieträger gibt es rücksichtsvolle Lösungen – einige Beispiele:

- Biomasse: Sie sollte nur aus ohnehin anfallenden Reststoffen und nicht in Monokulturen oder extra Anpflanzungen auf Kosten der Nahrungsmittelerzeugung oder Wildnis gewonnen werden.
- Wasser: Es gilt, die (Wild-)Flüsse von Wasserkraftwerken und Verbau freizuhalten. Strömungsturbinen könnten stattdessen an schon befestigten Stellen (Siedlungen) eingesetzt werden.
- Wind: Etwa 31 000 Windräder gibt es derzeit (2023) in Deutschland. Mit diesem Bestand kann man bereits gut arbeiten. Statt neue Flächen zu erschließen, gilt es, alte Anlagen in den von ihnen schon überprägten Bereichen leistungssteigernd durch neue Anlagen zu ersetzen (Repowering) und Windräder viel großräumiger an schon vorhandener Großinfrastruktur zu bündeln.
- Solar: Freiflächen-Solar-»Parks« drängen auf immer mehr Felder, Wiesen und Brachflächen. Dort beeinträchtigen sie Lebensräume. Vormalige Nutzungen dieser Flächen werden verlagert, auch in bisherige Freiräume, und dies führt zu neuer Konkurrenz. Höchstens Allerweltsarten können in üblichen Solar-»Parks« leben. Die Anlagen können Hitzeinseln sein und verschlechtern durch ihre Umzäunung Biotopverbund. Als bessere Alternative stehen massenhaft schon versiegelte Flächen, Großinfrastruktur, Millionen Dächer und Fassaden bereit. Nur dort ist Solartechnik sinnvoll und lässt sich umfangreich ausbauen.

Es ist generell eine komplexe wie kritische Diskussion, ob, wie, wo und durch welche Energien Klima- und Energieziele erreicht werden können. Wichtige Stellschrauben sind grundsätzlich: mehr Energieeffizienz (die moderne Chance!), mehr Speicher (das große Defizit!) und kluge Einsparung samt maßvolleren Lebens- und Wirtschaftsweisen (das Muss!) – bevor mit vermeidbaren Materialschlachten zu viele neue Flächen überprägt werden. Energieziele lassen sich nur dann mit Natur versöhnen, wenn wir Flächenkonkurrenzen minimieren. Und das wäre – wie skizziert – gar nicht so schwer.

Wildnis als ergebnisoffene Naturentwicklung setzt an den größten Triebkräften der Gefährdung von Natur und Klima an: Lebensraumzerstörungen und stoffliche Belastungen (Überdüngung, Gifte, Plastik, Verschmutzung von Boden und Luft). Sie werden durch viel zu intensive Nutzungen verursacht, oft getrieben von überzogenem Gewinnstreben bis hin zu »Gier«. Getrieben auch von gehetzten Gesellschaften und Wirtschaftsweisen: Ohne Zeit aber kein Leben, keine Lebensräume, die wahrlich »in Takt« sind oder Zeit haben, sich natürlich zu ändern. Mit Wildnis wenden wir genau diese zentralen Dinge zum Positiven: Wir entziehen Flächen der (Aus-)Nutzung. Gier wird dort unmöglich. Und wir geben den Flächen und uns wieder Zeit: wahres Lebenselixier!

Wildnis geht nahe: Strategien und Praxis

Strategischer Rahmen: Primärwildnis zuerst und Groß vor Klein

Bis hierher haben Sie Wissen zu Wildnis und gute Argumente für sie an die Hand bekommen. Auf dieser Grundlage können wir wirken. Dazu ist ein Strategierahmen wichtig, mit der Anfangsfrage: Wo stehen wir?

Nach verschiedenen Schätzungen sind derzeit (2023) noch 15 bis 30 Prozent der Landfläche der Erde kaum genutzt und im weitesten Sinne »Wildnis«. Legt man strengste Kriterien an, ob natürliche Lebensräume völlig intakt sind und dort große Beutegreifer leben, so gelten laut einer Studie des britischen »Bird Life International« (2021) nur noch 3 Prozent der Erdfläche als Wildnis.

Dramatisch ist vor allem die Dynamik des Verlustes: Um das Jahr 1900 wurden nur 15 Prozent der Erdoberfläche von Menschen überhaupt regelmäßig genutzt, so eine Studie um Professor James Watson (Australien, 2022). 2020 waren es schon mehr als 75 Prozent der Landfläche. Allein zwischen 1993 und 2009 ging für Siedlungen, Landwirtschaft, Bergbau und Infrastruktur eine Fläche von 3,3 Millionen Quadratkilometern Natur verloren (etwas mehr als die Fläche Indiens). Und 87 Prozent der Ozeane sind vom Menschen spürbar durch regelmäßige Fischerei genutzt.

Aber es gibt auch Hoffnung: Ausgerechnet die strengen Autoren, die nur noch 3 Prozent der Erdfläche als intakt bezeichnen, ermutigen: Durch Ausweisung von Flächen für Wildnis und schon einfache Renaturierung könnten 20 Prozent der Erde gut regenerieren.

In Deutschland sind nur etwa 0,6 Prozent der Landfläche als Wildnis-Schutzgebiete ausgewiesen, in Österreich etwa 2 Prozent, in der Schweiz weniger als 0,5 Prozent und bezogen auf ganz Europa nur etwa 1,5 Prozent. Dabei ist das Potential an halbwegs wilden, aber ungeschützten Flächen überall viel größer, in der Schweiz mit ihrem Alpenteil bis 17 Prozent.

Als wahrscheinlich gilt zudem, dass künftig in Europa in abgelegenen ländlichen Regionen mehrere Millionen Hektar aus der bisherigen Landnutzung fallen können,

Bild links: Eine der letzten großen intakten Wildflusslandschaften Europas: die Vjosa in Albanien

Neue Wildnis fördert Regenerationen, hier der Lichtenauer See, ein Tagebau-Folgesee in Brandenburg

weil diese trotz Subventionen unrentabel oder nicht mehr von ihren Nutzern gewollt ist: Gegenden, die wegen ihrer relativen Unfruchtbarkeit und geringer Siedlungsdichte für unsere Grundbedürfnisse der Nahrungsmittelerzeugung ungeeignet sind. Das ist eine große und zugleich realistische Chance für neue Wildnis – auch im größeren Stil und auch in einer vermeintlich vollen Welt.

Diese noch ungeschützten oder nutzungsarmen Räume stehen teils unter erheblichem Planungsdruck, gerade auch für neue Energien (siehe ab Seite 129). Einfach wird es nicht, aber Wildnis ist dort eine große Chance, und für sie muss eingetreten werden.

Es ist vordringlich, die noch bestehende primäre Wildnis samt halbwegs naturbelassenen Flächen zu erhalten, dabei zusammenhängende große Flächen zuerst. Denn dort konnte sich über lange Zeit die natürliche Artenvielfalt mit anspruchsvollen Spezialisten, auch innerartlich mit einem großen Genreservoir samt Fähigkeiten zur klimatischen Anpassung, entwickeln. Ohne solche »Urzustände« und »Ausbreitungszentren« können viele Arten nicht in neue Wildnis kommen oder ihre Anpassungsfähigkeit ist herabgesetzt. Was ganz weg ist, kann nicht wiederkommen.

Parallel dazu, so großflächig wie möglich, aber kleinflächig ergänzend, sollte neue Wildnis auf Kulturland ermöglicht werden. Das fördert Regenerationen, auch wenn die neue Wildnis anders als früher aussehen mag. Alte Wildnis und neue Wildnis ergänzen sich.

Handlungsebene 1: große Wildnisgebiete unterstützen

Unsere aller Chance

Was gehen mich Schutzgebiete an? Wir sind doch keine Großgrundbesitzer. Doch. Genau Sie, liebe Leserin, lieber Leser, sind die größten Flächenbesitzer und Flächenbesitzerinnen des Landes. Denn der Staat, das Land, der Kanton, Ihre Gemeinde, kurzum »die öffentliche Hand«, teils auch Ihre Kirche, besitzen den größten Teil der Flächen. Und als Bürgerin und Bürger sind Sie Mitbesitzerin und Mitbesitzer. Was mit dem Land geschieht, ist in stetiger demokratischer Aushandlung. Wildnis braucht Sie! Zwar ist es nicht einfach, verschiedene Interessen zu vereinen. Aber Sie haben ja jetzt Wissen und beste Argumente, sich für mehr Wildnis einzubringen. Ich ermutige dazu: friedlich, faktenreich und demokratisch.

Die Aufgabe der Behörden ist es, uns zu vertreten. Oft tun sie das gut. Schauen Sie aber hin, unterstützen oder verändern Sie. Viele Menschen haben ihre Möglichkeiten vergessen. Und mancher Behördenleiter vergisst, dass die Bürgerinnen und Bürger seine Chefinnen und Chefs sind. Wenn Sie privater Großgrundbesitzer sind – auch wunderbar: Denn es ist eine gute Tat, wenn Sie Teile Ihres Besitzes Wildnis werden lassen: als Privatbesitz, als Schenkung an den Staat, überführt in eine Stiftung.

Um sinnvoll handeln zu können, stelle ich im Folgenden Suchräume und Kriterien zusammen, damit Sie Schutzgebiete in ihrer Qualität begleiten oder neue aussuchen können. Das geht in bestehenden oder zu gründenden Initiativen, Naturschutzverbänden, in Kontaktaufnahme mit Behörden oder in örtlichen demokratischen Gremien.

Große Schutzgebiete und Nationalparks

Zuerst geht es um große Wildnisschutzgebiete. Es gibt sie in Flächen von Naturschutzverbänden und Stiftungen, als »Kernzonen« von staatlichen (also Ihren!) Biosphärengebieten und Nationalparks. Ich mag den Begriff »national« nicht, denn Natur hat keine nationalen Grenzen. Aber es ist eine eingeführte Marke für die jeweils höchstmögliche Schutzkategorie eines Landes. Nationalparks der Welt bilden ein internationales Wildnisschutznetz und sind somit wiederum weltoffen.

Es gibt (Stand 2023) in Deutschland 16 Nationalparks, in Österreich sechs, in der Schweiz den einen Nationalpark und in Südtirol ebenfalls einen (Stilfserjoch). Man muss zwar keinen Nationalpark einrichten, nur um Wildnis zu ermöglichen – das geht auch anders. Aber Nationalparks haben internationale Standards und eine hohe positive Wirkung für Tourismus und Regionalentwicklung.

Die Standards besagen, dass auf mindestens drei Viertel der Fläche keine wirtschaftliche Nutzung stattfinden darf, also in unserem Sinne Wildnis ist. Meist heißt das »Kernzone« oder »Naturzone«. Bis zu ein Viertel nimmt die »Pufferzone« (»Pflegezone«) ein, die die genutzte Umgebung zur Wildnis wechselseitig abpuffert. Das ist sinnvoll, um Konflikte, auch psychologisch, zwischen Nutzungen außerhalb und der Wildnis zu vermeiden. In der Pufferzone sind zudem eine sanfte Pflege, Land- und Holznutzung möglich, und Kulturlebensräume können dort verbessert werden, um Arten und Biotope zu schützen. Zudem können dort gegebenenfalls Massenvermehrungen unliebsamer Landnutzungs-»Schädlinge« bekämpft werden, die in Wildnis tolerabel sind, damit sie nicht auf die Nutzlandschaft übergreifen.

Für jede gute Wildnis und Nationalparks gibt es Kriterien zur Beurteilung der Qualität und zum Prüfen, wobei ich hier die wichtigsten nenne:

* Größe und rundliche Fläche: Eine Wildnisfläche sollte möglichst groß sein und ausreichende Tiefe haben, wo immer das naturräumlich geht. Rundliche Flächen minimieren negative Randeffekte. Fallweise sind Schutzflächen entsprechend zu ergänzen.
* Wildnis konsequent und von Anfang an: Ab der Entscheidung »pro Wildnis« sollte diese zugelassen werden. Wir wissen, dass gerade auch Übergangsphasen von naturfernen Zuständen mit teils überraschenden Sukzessionen kraftvoll sein können. Dem gegenüber wird von »Entwicklungsnationalparks« gesprochen, in denen eine bestimmte Zeit lang, zum Beispiel 30 Jahre, noch eingegriffen, gestaltet oder gar gepflanzt wird, um erwünschte Zielzustände zu forcieren. Das sehe ich kritisch. Bitte lassen wir Wildnis zieloffen von Anfang an zu. Dabei ermöglichen wir den Eigensinn der Natur. Anknüpfend an die Historie des Ortes entsteht etwas Eigenes, das alt und neu kombiniert. Es gibt keinen Vegetationstyp, den wir vorher exakt bestimmen können und sollten. Das Lenken in eine bestimmte Richtung verhindert womöglich (bessere) Natur. Quellfassungen oder künstliche Entwässerungsgräben können allerdings entfernt werden. Und wenn der überregional einzige Nistplatz einer Art gerade zusammenbricht, kann man diesen auch mal künstlich stützen.
* Umfeld: Eine Pufferzone ist sinnvoll. Wichtig ist aber auch das weitere Umfeld. Über Biotopverbund sollte eine Wildnisfläche landschaftsökologisch sinnvoll eingebettet werden. Das schließt auch ein, dass im nächsten Umfeld keine Großinfrastruktur neu aufgebaut wird. In stadtnahen Wildnisgebieten ist es allerdings unvermeidbar, dass solche bereits benachbart besteht. Aber angrenzend zu Wildnis neue Gewerbegebiete, Straßen, Windräder oder Ähnliches zu bauen, beeinträchtigt Wildnis, ihr Erleben und gefährdet Tiere auch innerhalb der Schutzfläche.
* Jagdfrei, auch kein »Wildtiermanagement« (siehe Seite 104).
* Bildung und Erlebnis: Es sollte Zugangsmöglichkeiten geben, die Vorurteile abbauen und Wildnis sanft erlebbar machen (siehe Seite 110 und ab Seite 175).

Buchenwälder – hier am Schweingartensee im Müritz-Nationalpark – gibt es nur in Europa. In Wildnis sollten sie und typische Standortvielfalt mehr repräsentiert werden.

Auf der Suche nach Wildnis ist aus öffentlichem Besitz auszuwählen. Wird Privatland eingebracht, ist das schön, kann aber nicht verlangt werden. Folgende Suchräume:

* Wald: In Europa haben wir weltweite Verantwortung für Buchenwälder, auch wenn es dafür schon Nationalparks gibt. Die vielen Wirtschaftswälder leiden unter einem Mangel alter Bäume und wildnisartiger Dynamik. Daher müssen geradezu weitere Buchenwaldgebiete und zusätzlich andere Waldtypen wild und frei werden. Übrigens ist es rechtlich legitim, einen Wald sich selbst zu überlassen. Ein Nutzungszwang – wie manchmal behauptet – besteht nicht. Je nach Landeswaldgesetz muss ein Wald lediglich Wald bleiben, auch wenn der dann anders aussehen kann. Am einfachsten ist Wildnis auf ohnehin eher unwirtschaftlichen Standorten wie Steilhängen, nassen Böden oder flachgründigen Lagen. Das macht Wildnis zudem vereinbarer mit wirtschaftlichem Denken und ausreichender Holznutzung. Allerdings sollten auch einige der fruchtbaren Standorte repräsentiert werden, weil sonst wichtige Waldtypen fehlen. Große zusammenhängende Gebiete mit unterschiedlichen Fruchtbarkeiten und Waldtypen wären wichtig wie möglich.
* Im Gebirge liegen große (halb-)wilde, nutzungsarme Gebiete. Almkulturen sind zwar artenreich und dort meist wichtiger als Wildnis, aber wo diese Kulturen nicht mehr möglich sind oder ergänzend zu ihnen, wären Wildniszonen eine Option (siehe Seite 93). Wichtig ist, dass auch Bergwaldteile Wildnis werden, nicht nur hochalpine Bereiche, sodass ein ökologischer Gradient von tieferen Lagen zu Hochlagen reicht.

- Noch stark unterrepräsentiert als Wildnisgebiete sind Auen und Wildflusslandschaften. Das schließt auch Renaturierungsprojekte ein.
- Unterrepräsentiert sind Seenlandschaften. Zwar decken Müritz-Nationalpark und der Neusiedler-See-Nationalpark bestimmte Seentypen ab (siehe Seite 180), und in den Alpennationalparks gibt es auch kleine Bergseen, doch gerade breite See-Land-Übergangszonen sind hoch dynamisch und von Siedlungsdruck bedroht.
- Moorlandschaften: Wo immer möglich, sollten Restmoore und moorige Potentiale erfasst und in Wildnisentwicklung verbessert und vergrößert werden. Ähnliches gilt für alle Feuchtgebiete. Dort liegt großes Potential für Wildnis und effektiven Klimaschutz. Entscheidend ist es, einen naturnahen Wasserhaushalt und hohen Grundwasserstand wiederherzustellen, indem vor allem Entwässerungsgräben verschlossen und Biber-Tätigkeiten zugelassen werden. Moore können so eine Zukunft haben, auch im Klimawandel Europas, für den zwar längere Trockenphasen, aber kaum geringere Niederschläge modelliert sind.
- Wildnis, die repräsentativ Landschaften durchzieht und Regionen verbindet, ist eine Idee von mir: Entlang von Standortgradienten, zum Beispiel von einer Hochlage zum Tiefland und über geologische Grenzen hinweg, könnten (breite) Streifen eine landschaftstypische Wildnis schaffen und Räume vernetzen. Das »Grüne Band«, die ehemalige innerdeutsche Grenze, ist solch ein inzwischen weitgehend geschützter Streifen und ein großartiges Projekt, allerdings nur in geringen Teilen Wildnis.
- »Verbund-Nationalparks« in einer Großregion, ebenfalls eine meiner Ideen: zwei bis drei große rundliche Kernflächen als neue Wildnis (große Flächen von mehr als 1000 Hektar, sie sind essentiell) und diese dann mit kleineren Wildnis-Trittsteinen und einer lebensraumreichen regionstypischen Kulturlandschaft vernetzen.
- Industriebrachen, auch stadtnah, Bergbaufolgelandschaften (siehe Seite 144) und Militärflächen (siehe Seite 183) sind weitere lohnenswerte Ansätze.
- Meer und Küste: Wichtig wären viel mehr und größere Meeresschutzgebiete samt Anbindung von Küsten und ihrer Dynamik – auch Meeresböden, Algenwälder und Seegraswiesen. Denn übliche Fischereifangquoten leiden am Shifting-Baseline-Syndrom (siehe Seite 121): Danach schwinden auch bei Einhalten der Quoten Bestände immer weiter. Eine Überfischung und vor allem auch das Umpflügen der Meeresböden bei einigen Fischereimethoden und bei Rohstoffausbeutung haben katastrophale Auswirkungen. Dort aber, wo die Meeres- und Küstennatur in Ruhe gelassen wird, können sich – so mehrere Studien – Meeresleben am Boden und im Wasser sowie Fischbestände erstaunlich schnell erholen. Davon ausgehend, können in angrenzenden Meeresteilen wieder größere und dann erst nachhaltig nutzbare Fischbestände vorkommen. Fischereiverbände müssten mit Wildnisfreunden im selben Boot sitzen. Ein »Weiter so« wäre mittelfristig sicher das Ende von beidem: lebendiger Meere und auskömmlich arbeitender Fischerei.

Plan Valletta und Val Cluozza

Wildnis-Positiv-Beispiel und Erlebnisort

Repräsentative Bergwildnis – Schweizerischer Nationalpark

Der älteste Nationalpark der Alpen wurde als wegweisende Leistung 1914 gegründet und umfasst etwa 17 000 Hektar. Rund um den Ofenpass bei Zernez im Engadin wurden Höhen und kleine Täler, alpine Matten und Bergwälder zusammenhängend aus der Nutzung genommen. Teils war die Gegend schon immer urtümlich, teils relativ intensiv genutzt. Obwohl dort keine weltbekannten Gipfel oder klassische touristische Highlights zu sehen sind, ist der Schweizerische Nationalpark gerade als repräsentative Bergwildnis eine stets einzigartige Sehenswürdigkeit. Über 100 Jahre Wildnis tun dort Natur und Besuchern gut, schenken Kraft, Inspiration und Freiheit.

- Mehr Information: www.nationalpark.ch

Weitere Alpen-Wildnis-Nationalparks nach diesem Vorbild – und doch immer eigen:

- Nationalpark Hohe Tauern (Salzburg, Osttirol, Kärnten) – größter Nationalpark Mitteleuropas, darin hochalpin das »Wildnisgebiet Sulzbachtäler« auf Salzburger Seite: www.hohetauern.at
- Nationalpark Kalkalpen (Oberösterreich): www.kalkalpen.at
- Nationalpark Gesäuse (Steiermark) entlang des Flusses Enns: www.nationalpark-gesaeuse.at
- Nationalpark Berchtesgaden (Bayern): www.nationalpark-berchtesgaden.bayern.de
- Wildniszonen innerhalb der Großschutzgebiete Südtirols: https://naturparks.provinz.bz.it

Große Wildflüsse und Auenverbünde

Ich liebe die Musik der Wildflüsse: das Rauschen der Stromschnellen, das Gurgeln der Wasserwirbel, das leise Fließen ruhiger Abschnitte. Und ich liebe gute Musik: In einem der für mich besten Rocksongs aller Zeiten für Naturschutz, seinem »Who's Gonna Stand Up?«, singt Neil Young eindrücklich: »Damn the dams, save the rivers« – Verdammt die Dämme, rettet die Flüsse. Er hat so recht und es ist so wichtig.

Fast alle Wildflüsse in Europa sind verbaut. Die letzten frei fließenden Flüsse auf dem Balkan, dem »blauen Herz« Europas, sind durch Staudammprojekte bedroht. Saubere Energie ist das nicht, es ist pure und maßlose Zerstörung von zentral wichtigen Lebensräumen auch für den Klimaschutz. Auch Hochwasserschutz funktioniert besser durch breite Flussauen in Wildnis, nicht durch deren Regulierung.

Während wir die noch frei fließende Wildflüsse unverbaut lassen sollten, gibt es ausgerechnet aus den USA, wo so viele Staudämme viel früher so viel kaputt gemacht haben, Hoffnungszeichen: Man hat manche Dämme wieder niedergerissen, nachdem man erkannt hat, dass die Schäden durch Aufstau den Nutzen für Energiegewinnung und Hochwasserausgleich weit übersteigen. Es ist fantastisch, was sich danach wieder tut: Lachse finden und besiedeln schon in den ersten Jahren die vormals gleichförmigen, fischarmen Obergewässer, bauen Populationen wieder auf. Säugetiere profitieren und Nahrungsnetze werden verstärkt, sogar die nächsten Wälder profitieren, verschwundene Arten kehren zurück. Die Kieslückensysteme verschlammen weniger, vielfältige Kleinlebensräume entstehen in der ganzen Aue. Der Fluss rettet sich selbst – ohne Damm.

Keiner wird verlangen, dass man jetzt die großen Talsperren der Republik sprengt. Aber wo immer möglich, sollten Dämme und Querbauwerke rückgebaut werden und dann – ohne weitere Gestaltung – sollte man die Natur machen lassen.

(Halb-)wilde Weiden und Rewilding

Pablo sieht mich mit seinen großen, dunklen Augen an. Ich ihn auch. Seine Muskeln spannen sich. Wo sind denn meine? Wir stehen uns in fünf Meter Entfernung gegenüber. Plötzlich schnaubt er und stampft auf. Seine Atemwolke erfüllt die Luft zwischen uns. Pablo hat mindestens so viel Temperament wie ich, wenn ich mich über dumme Naturzerstörung aufrege. Aber er hat beneidenswert mehr Kraft als ich. Pablo ist ein Taurus-Rind, ich höchstens ein Rindviech, wenn ich nur das Negative sehe. Trotzdem verbindet uns eines: Wir arbeiten beide für Naturschutz. Er fressend, ich oft angefressen. Und beide haben wir große Lebenslust. Nur ein Weidezaun trennt uns ungleiche Brüder.

Am Weidezaun wird klar: Wir sind nicht in Wildnis. Pablo und seine Herde sind Teil eines wilden Weideprojektes für den Naturschutz. Diese halboffene »Wildnis« imitiert die Wirkung wilder, heute weitgehend ausgestorbener Großweidegänger, die Landschaften früher in Europa zeit- und gebietsweise mitprägten. »Wilde Weiden« werden solche Projekte genannt, dabei sind sie meist halb so wild. Das Fleisch der Tiere kann – je nach Projekt – als Qualitätsprodukt vermarktet werden.

Im Gegensatz zu Wildnis besteht meist keine völlige Zieloffenheit, weil doch ein bestimmtes Landschaftsbild, wenn auch mit möglichst großer Toleranz, vorgegeben wird. Das kann problematisch sein, weil nicht immer nachvollziehbar gewertet wird, was als gut oder schlecht gilt, und eine größere Offenheit begrenzt ist. Andererseits sind (halb-)wilde Weiden ein naturdynamischer Ansatz und eine oft bessere Alternative zu aufwendiger und eingrenzender Offenlandpflege oder Mahd. Sie bedingen relativ schnell einen Reichtum an verloren gegangener Naturdynamik, Strukturen und Biotope.

Bild links: Nicht verbaute Auen (hier am Lech in Tirol) zeigen ein dynamisches Lebensraummosaik

Zieloffene Wildnis ohne aktives Einbringen von Tieren und Weideprojekte können sich gut ergänzen. Inzwischen gibt es verschiedene Rewilding-Projekte, Literatur und Erfahrungen. Für sinnvolle Naturdynamik fasse ich die wichtigsten Wilde-Weiden-Kriterien im Folgenden zusammen.

- Wichtig sind große, zusammenhängende Flächen mit wenigen Tieren. Richtwert sind je nach Wüchsigkeit des Standortes 0,2 bis 0,5 Großvieheinheiten pro Hektar (eine Großvieheinheit entspricht 500 kg Lebendmasse eines Weidetieres, die auf mehrere Tiere und Arten verteilt werden kann). Der Fraßdruck soll derart sein, dass stellenweise Stauden, Buschland, ja auch (lichter) Wald noch aufkommen.
- Wichtig ist es, mit unterschiedlichen Tierarten zu arbeiten, die sich ergänzen und in etwa den vielfältigen Beweidungstypen entsprechen, als es noch Wildnis gab. Das Gebiet bestimmt die Tierauswahl, denn sie müssen artgerecht leben. Generell gut geeignet sind Rinderartige (wie Taurus-Rinder), Pferdeartige (wie Koniks), Schalenwild (Rehe, Hirsche), Schweine, bei Feuchtgebieten auch Wasserbüffel. Nicht in jedem Gebiet müssen alle Typen vorkommen, das hängt auch von der Größe ab.
- Waldteile sollten mitbeweidet werden, weil dadurch wilde Habitate, ähnlich wie früher in Natur, entstehen. Das widerspricht allerdings dem Waldbild einiger Förster und oft einer Gesetzeslage, die allerdings fachlich überholt ist und geändert werden sollte. Bis dahin sind kreative legale Möglichkeiten zu nutzen.
- Man nimmt robuste Rassen, die an Klima und Gegebenheiten angepasst sind. Die Tiere sollen ganzjährig draußen sein. Es gibt aber tierärztliche Auflagen.
- Auf Antibiotikagabe ist möglichst zu verzichten. Denn der Kot der Tiere ist ein wertvoller Kleinlebensraum, auf den Tausende Insektenarten angewiesen sind, der aber durch Antibiotika steril wird. Das Wort »Betonfladen« bei heute üblicher Nutztierhaltung bezeichnet das Problem, das wir vermeiden müssen.

Kompakt zum Nachdenken – Chancen und Grenzen von Ansiedlungen

So wie große Weidegänger könnten andere Schlüsselarten, Top-Beutegreifer oder Pflanzen wieder ausgebracht werden. Einige Rewilding-Projekte tun das, womit Wildnisprozesse vermeintlich beschleunigt werden. Die Wiederansiedlung von Wölfen in Yellowstone mit positiven Wirkungskaskaden ist berühmtes Lehrbuch-Beispiel. Ansiedlungen sind dann überlegenswert, wenn wichtige heimische Arten auch langfristig keine Chance haben, von selbst zu kommen. Aber das ist komplex, teuer, kann Spenderpopulationen gefährden oder Züchtungen sind nicht naturangepasst. Daher ist es oft der bessere Weg, mit neuer »Nichts-tun-Wildnis« und Lebensraumvernetzung Raum anzubieten, damit von selbst mit der Zeit Passendes organisch wachsen und kommen kann. Ohne Ansiedlung fehlen zwar zunächst Schlüsselarten einer Vergangenheit, aber es entstehen zieloffen neue Lebensräume der Zukunft mit anderen Arten. Rewilding-Projekte und »Nichts-tun-Wildnisse« ergänzen sich auf unterschiedlichen Flächen.

Wildnis-Positiv-Beispiel und Erlebnisort

Nationalpark Nieuw Land in den Niederlanden – Wilde Weide und Naturentwicklung auf menschengemachtem Land

Ein in Europa einzigartiges Experiment mit einer eigenen Art (Halb-)Wildnis bieten die Niederlande im Nationalpark Nieuw Land (Neuland). Verteilt sind dort dem Meer abgerungene neue Flächen, Inseln und Polder, die unterschiedlich und experimentell ihrer jeweils eigenen Dynamik überlassen werden. Im berühmten Teilgebiet Oostvaardersplassen fand das erste und größte wilde Weideprojekt Westeuropas statt, das viele auch kleinere halbwilde Weideprojekte inspiriert. Großtiere und alte robuste Haustierrassen wurden eingebracht und seitdem weitgehend sich selbst überlassen. Es läuft eine eigene Art von Wildnis ab, die veränderliche Lebensräume samt Vogelparadies schafft. Nach zwischenzeitlichem Hungertod einer Überpopulation der Weidetiere wird innerhalb eines Toleranzrahmens auch gelenkt. Andere Teile des Nationalparks sind Wasserflächen, künstlich erschaffene Inseln, die nach Anfangsgestaltung der Naturentwicklung überlassen werden. Oft weiß man nicht, was künstlich und was natürlich ist. Konsequente Wildnis ist das zwar nicht immer, aber anregend dynamische Natur.

➤ www.nationaalparknieuwland.nl

➤ www.visitflevoland.nl/de/sehen/neue-natur/nationalpark-nieuw-land

Neue Inseln und Polderflächen entwickeln sich in Nieuw Land ohne Landnutzung zu ganz neuen Lebensräumen

Bergbaufolgelandschaften

Auch in (scheinbar) devastierten, vom Bergbau geprägten Landschaften ist Wildnis lohnend: Tiefgreifend wurde der Oberboden abgetragen. Auf nährstoffarmem Substrat, das plötzlich oben und offen liegt, kann eine – allein schon dadurch – für die Biodiversität wertvolle Entwicklung einsetzen: ohne die sonst heute in der Landschaft vorherrschende Eutrophierung (Anreicherung von Nährstoffen) und ohne von Straßen zerschnitten zu sein. Meist ist das Relief uneben und dynamisch: Es gibt Abraumkippen, Vertiefungen, Bodenwellen, Steilhänge – eine hohe »raum-zeitliche Heterogenität«, die wertbestimmend ist. Im Klartext: richtig schön unordentlich.

In Bergbaufolgelandschaften entstehen mit Wildnis großartige Naturparadiese. Das darf nicht die vorige Zerstörung rechtfertigen, zeigt aber, dass – wenn es schon passiert ist – eine Wildnis statt Rekultivierung folgen sollte. In den schütter bewachsenen dünenartigen Offenlandstadien gibt es ein »Highlife« für spezialisierte Insekten, zunächst Pionierarten, wie Sandlaufkäfer oder bestimmte Wildbienen, aber auch Arten raumkomplexer Ansprüche, die in unserer begradigten, aus- und aufgeräumten Landschaft nur noch wenige Nischen haben: In entstehenden Tümpeln trällern Wechselkröten.

Hoch dynamische neue Wildnis in Braunkohlefolgelandschaften, hier »Sielmanns Naturlandschaft Wanninchen« in Brandenburg: ehemalige Grubenbahnausfahrt Zinnitz (unten) und Südufer des Schlabendorfer Sees (oben)

Eine bunte Schar an Käfern und Schmetterlingen findet seltenen Lebensraum. Entstehende Wälder, teils neuartig und strukturreich, bieten Schutz.

Wo immer möglich, sollten Bergbauflächen und Industriebrachen, auch in Klein wie der Steinbruch, das Kieswerk oder die Sandgrube von nebenan, nach ihrem Ende sich selbst überlassen bleiben. Kein Bagger sollte Flächen einebnen, kein Forstwirt »aufforsten«. Ausgenommen sind nur absolut notwendige Bergsicherungsarbeiten. Doch auch dabei wäre weniger oft mehr und eine kluge Besucherlenkung mit abgesperrten Taburäumen eine Lösung. Wildnis sollte auch hier konsequent gedacht werden: Wenn sich seltene Arten einfinden, und das tun sie, sollte Wildnis dennoch weiterlaufen dürfen – also nicht diese seltenen Arten im Status quo festhalten wollen –, denn immer entsteht neues Seltenes und Aufregendes.

Gesetze, Planungen und Vereinbarungen, die leider traditionell auf Nutzung und Rekultivierung ausgerichtet sind, müssen mehr geöffnet werden, aber schon heute gibt es dafür Spielräume. Die bestmögliche und noch dazu kostengünstigste Renaturierung ist einfach das Nichtstun, das muss mehr verankert werden. Wir müssen uns einsetzen, dass auf eine erste Zerstörung, den Bergbau, nicht die zweite Zerstörung folgt: die Verhinderung von Wildnis auf Standorten, die Chancen sind.

Handlungsebene 2: Kleinwildnisse in der Kulturlandschaft

Ein System von Altholzinseln durchzieht heute schon Wirtschaftswälder: Ein guter Ansatz, aber diese Bereiche können größere, zusammenhängende Wildnis nicht ersetzen. Wichtig ist zudem, dass sie bis zu ihrem Ende, den Zerfallsphasen, bleiben dürfen und nicht als mächtiges Wertholz später doch genutzt werden. »Naturwaldreservate« des Forstes sind meist auch klein, aber dauerhaft angelegt und eine großartige Leistung. Sie könnten vergrößert und vermehrt werden.

In wirklich allen Landschaften gibt es Potentiale. Jede genutzte Fläche kann in Wildnis überführt werden, wenn man es will, sie einem gehört – oder man sie pachtet oder kauft. Die Sukzession macht etwas Eigenes daraus. Auch Sie, ja genau Sie, können Ihr Grundstück verwildern lassen.

Das kreative Projekt »Dynamik-Inseln in der Kulturlandschaft« im Raum Osnabrück sicherte kleine Wildnisflächen aller Art, verteilt in der nordwestdeutschen Nutzlandschaft: kleine Wäldchen, Brachen oder Biotopkomplexe, Vernässungen und Abgrabungsflächen. Manche waren nur »Wildnis auf Zeit«, andere ließen sich dauerhaft sichern. Die Flächengröße reicht von 1 Hektar bis 40 Hektar. Menschen können dort Dynamik hautnah erleben – ein wichtiger Naturerfahrungsraum auch für Kinder, wo dies gefahrlos ist. In Schleswig-Holstein vermittelt ein in Aufbau befindliches Netz an Wildnisgebieten zwischen kleiner und großer Wildnis (siehe Seite 204). Diese Beispiele machen Mut für mehr.

Blicken wir auf Bachauen: Dort kann man Abschnitte gut sich selbst überlassen, auch weil sie oft nicht gut nutzbar sind und im Zuge von Hochwasservorsorge freizuhalten wären. Letztlich wächst ein wertvoller Auwald(-Streifen), der das Gewässer kühlt. Gewässerdynamik ermöglicht auch lichte Stellen. Wilde Auen vereinen Hochwasserschutz, Klimaschutz und Lebensvielfalt.

Gewässerbauer neigen allerdings dazu, mit dem Bagger nachzuhelfen, Uferverbauungen aufzubrechen und sogar Mäander anzulegen. Doch nötig ist das meist nicht. Die Natur hat Zeit und meine Erfahrung besagt einmal mehr, dass auch die Übergangsphase sehr wichtig ist und die Natur oft doch etwas anderes und Besseres macht als der beste Planer. Querverbauungen wie Wehre sollten jedoch beseitigt werden, sie zerstören den immens wichtigen Geschiebetransport und Wanderungen der Wassertiere. Dass dabei die stilleren Abschnitte im künstlichen Schutz eines Wehres mit ihrer teils seltenen Fauna verschwinden, ist eine unbegründete Sorge: Freie Bäche bestehen von alleine aus »Riffles« (Schnellfließabschnitten) und »Pools« (Stillwasserabschnitten), die dynamisch raum-zeitlich wechseln. Daran sind die Tiere angepasst.

Für Menschen schlecht nutzbare Bereiche in Kulturlandschaft können gut Wildnis sein oder werden – hier im Nordpark Bonames in Frankfurt am Main, »Städte wagen Wildnis« (siehe auch Seite 22)

Für neue Bachauenwildnis können Abschnitte außerhalb von Siedlungen im öffentlichen oder leicht erwerbbaren Besitz gefunden werden. Lediglich vor der nächsten Siedlung sollten Puffermaßnahmen vorgenommen werden: zum Beispiel das Wasser mit Rinnen auf den Hauptfluss zurückführen und ein Sieb für Treibholz, damit dieses nicht Häuser im bebauten Gebiet beschädigt.

Doch auch dort, wo Auenabschnitte leider nicht ganz sich selbst überlassen bleiben können, gibt es an Bächen kleine wilde Strukturen – und die sollten mehr zugelassen werden: Der Wurzelteller eines gefallenen Baumes sollte nicht abgeräumt werden. Er bietet den fliegenden Edelsteinen des Gewässers, den Eisvögeln, Möglichkeit für ihre Brutröhren und für allerlei Getier ein Versteck. Totholz, das ins Gewässer fällt, ist eine wichtige Struktur und wertvolles Material für Kleintiere. Es erleichtert dann auch, dass ein Bach und seine Ufer dynamischer werden. In manchen Renaturierungsprojekten wird absichtlich viel Totholz in den Bach geworfen. Den Rest macht der Bach selbst. Er will aus sich selbst heraus wild werden, Riffles und Pools, Furkationen und Mäander bilden, das Passende je Standort.

Die Naturgartenbereiche der Randzone gehen in die erlebbare Wildnis (Kernzone, Naturzone) über (oben und Mitte links). Die Kernzone (= Naturzone auf 90 Prozent des Geländes) ist eine Wald-Fels-Wildnis, die auf Pfaden erlebt werden kann.

In der Randzone (Puffer, Pflegezone) sind Naturgartenbereiche ang zum Beispiel das »SchmetterlingsR (unten und Mitte r

Inmitten der Kulturlandschaft liegt als sanfter Hügel Museum und Naturoase »Nahe der Natur«

Wildnis-Positiv-Beispiel und Erlebnisort

Kleinwildnis in Kulturlandschaft – »Nahe der Natur« in Staudernheim

»Nahe der Natur« ist mein Projekt und weltoffener Treffpunkt zu Naturschutz und speziell Wildnis. Mitten in Rheinland-Pfalz, in der Idylle des Nahelandes, liegt das 8 Hektar große Gelände als Teil von »Nahe der Natur – Mitmach-Museum für Naturschutz«. Hier wird exemplarisch angeregt, dass auch Kleinwildnisse funktionieren, sogar wirtschaftlich tragfähig sind (Tourismus) und die Kulturlandschaft bereichern. Mittendrin befindet sich ein großer, alter Sandsteinbruch, der zwischen 1870 und 1968 industriell betrieben wurde. Gezeigt wird dort, wie aus Menschenwerk lebendige Wildnis wird.

Spannende Felsformationen mischen sich mit Technikresten an moos- und farnbewachsenen Waldhängen. Aber auch Bereiche mit lichtem Eichenwald, durchgewachsene ehemalige Niederwaldparzellen, alte Obstbestände und Kleinäcker sind zu einem vielfältigen, einzigartigen, modellhaften Wildnis-Kleinod verwachsen. Ein 4 Kilometer langes »Wandelpfad«-Netz (siehe ab Seite 177) führt durch das Gelände. Alle in diesem Buch dargelegten Prinzipien werden hier en miniature angewandt, reflektiert und weiterentwickelt. Randlich gepuffert wird die Wildnis durch attraktive Naturgartenbereiche wie Moosgarten und »SchmetterlingsReich«. Das Museum für Naturschutz sammelt, forscht, bietet Ausstellungen und ein Café: Wildnis gemütlich und mit Genuss.

Das ist ein Beispiel für Wildnis von unten, im Schnittfeld privat-kommerziell, zivilgesellschaftlich und Gemeinwohl. Das vormals gesperrte Privatgelände wurde 2009 für diesen Zweck gekauft und seit 2012 für die Öffentlichkeit zugänglich gemacht. Damit wurde es vor anderer Nutzung und Zerstörung bewahrt, Müll wurde beseitigt und Boden entsiegelt. Wie unterm Brennglas zeigen sich dort aber auch Angriffe, Abgründe und großartige Chancen zu Wildnis: Zur »Unordnung« der Natur kommen regional teils aufwühlende Beschwerden, während viel mehr Menschen gerade wegen der »unordentlichen« einzigartigen Wildnis auch überregional kommen und das positiv weitertragen. In der Umgebung wuchern in (noch) artenreicher schöner Landschaft immer mehr Straßen, Bau- und Gewerbegebiete, Pläne für maßlos viele Energieanlagen (siehe ab Seite 129), als hätte es ein Denken zu »Grenzen des Wachstums« nie gegeben. Landnutzer und Kommunen räumen mit immer effizienteren Maschinen Lebensräume weiter aus, verschlechtern Vernetzungen, während hier im Wildnisgelände erstaunlich viele Arten von dort Zuflucht finden und sich erfolgreich vermehren. Aus dem Museumsgelände heraus treten wir für die notwendige (Wieder-)Vernetzung ein.

So ist diese Wildnis mit Museum eine friedliche Widerstandsstelle gegen Naturzerstörung aller Art, vor allem aber positiver Kraftort, Chancenraum, Ort für Erlebnis, Dialog und Bildung, reich an Perspektiven über den Ort hinaus. Und nicht zuletzt wirksamer Natur- und Klimaschutz mit Freinatur für alle.

➤ Mehr Information: www.nahe-natur.com

Handlungsebene 3: Naturdynamik in Nutzlandschaften

Wildstreifen statt Blühstreifen als dynamisches Mosaik

Mehr Naturdynamik in Nutzlandschaften einzubinden, ist nicht Wildnis. Aber kleine, wilde Prozesse auf Zeit überwinden ein allzu statisches Denken und öffnen Chancen – auch dazu will ich anregen.

Blicken wir auf die beliebten Blühstreifen in Agrarräumen und auf Gemeindeflächen. Dafür werden gerne Samenmischungen ausgebracht. Gesetzlich darf nur zertifiziertes regionales Saatgut verwendet werden, das teuer ist. Das alles sieht schnell schön bunt aus. Doch häufig entsteht mehr Gefahr als Nutzen: Selbst regionales Saatgut ist oft nicht an die konkrete Lokalität angepasst. Es fördert nur einen von uns ausgesuchten Teil der Pflanzenwelt. Ein guter Teil der Tierwelt ist folglich zunächst ausgegrenzt. Zwar ist lokales Saatgut als örtliche Anpassung wichtig, andererseits würden Tiere aber auch von weither Samen eintragen, der Wind sowieso. Die Sorge, dass sich in ausgeräumten Landschaften nicht genügend Pflanzenarten von selbst einfinden, ist meiner Erfahrung nach meist unbegründet – allerdings braucht es dort mehr Zeit.

Eine Saatgutauswahl begrenzt dagegen oft zu sehr auf von uns ausgewählte Arten, wo die Natur doch mehr und anderes zu bieten hätte. Ein offenes Artenspektrum aus Lokalitäten und Ankömmlingen, das wir nicht vorausahnen können, ist wichtiger, und das kommt durch Zulassen von Sukzession.

Bunt ist es bei Samenmischungen und angelegten Blühstreifen oft nur im ersten und zweiten Jahr. Dann wird die Fläche oft wieder umgebrochen, vielleicht neu eingesät. Doch mit jedem Umbruch vernichtet man im Boden die Stadien vieler Tiere, die sich mehrjährig entwickeln. Blühstreifen sind dann Fallen für Tiere, die durch sie zwar angelockt wurden, aber dort vernichtet werden, während nur jene Arten profitieren, die sich schnell entwickeln. Blüheinsaaten können nie altes Grünland ersetzen.

Aber es gibt eine Lösung: Anstelle jeder Aussaat sollten Flächen und Streifen einfach frei wachsen dürfen. Die garantierte Selbstbegrünung und Entwicklung durch Sukzession ermöglichen einen lokal angepassten, aber zieloffenen Aufwuchs, zugleich mit Natureintrag von weiter her. Zufälle beeinflussen die Entwicklung, die mal bunt, mal optisch eintöniger verlaufen kann. Aber anstelle fragwürdiger »Blüten-Shows« durch Saatmischungen tritt das echte Leben auf: bestens standortangepasst, hoch wirksam für Naturschutz und günstiger als alles andere – eine überzeugende Kombination.

Es ist wichtig, solche »Lebensstreifen« oder »Wildstreifen«, so nenne ich sie, mehrere Jahre (mindestens drei bis fünf) ohne Bodenumbruch stehen zu lassen, manche gerne viel länger oder dauerhaft. Um ungewolltes Buschland zu vermeiden, werden die

Bild rechts: (Halb-)wilde Streifen in Kulturlandschaften ermöglichen eine wertvolle Naturdynamik, hier am »Monte Scherbelino« in Frankfurt am Main

Flächen gemäht oder beweidet. Aber nie alles auf einmal. So etabliert sich eine »junge Mini-Wildnis auf Zeit«. Der Wert lässt sich weiter erhöhen, wenn wir unterschiedliche Sukzessionsstadien auf verschiedenen Flächen zulassen und auch mal Gebüsche.

Wilde Rinnen, strukturreiche Wälle: Wegränder als Begleitwildnis

Wege zerteilen Landschaft. Je weniger, desto besser. Wo sie aber nötig sind, sollten sie mit einem möglichst breiten Randstreifen kombiniert werden. Randstreifen wurden leider oft (illegal) mit unter den Pflug genommen. Lassen wir sie wieder zu. Die Randstreifen können wie die genannten Wildstreifen gut zu Lebensstreifen werden. Und es gibt zusätzliche Möglichkeiten: Liegt der Wegrand tiefer, können »wilde Rinnen« statt betongefasster Abläufe entstehen, Verbau ist zu beseitigen. So haben sich an manchen Forstwegen Rinnsale in eigener Dynamik gebildet, die an breiteren Stellen Regenwassertümpel bilden. Das ist eine große Chance für Amphibien.

Liegt der Wegrand dagegen höher, kann ein wilder Trockensaum entstehen. Oder wir schütten örtliches Material zu einem unregelmäßigen Trockenwall auf, der sich frei entwickeln darf. Gegebenenfalls kann darin Totholz ausgelegt werden. Solche wilden Rinnen und naturdynamische Wälle sind wichtige Wanderwege für Igel und Niederwild und in wilden Gebüschen entstehen Habitate für Vögel, während wir auf den Wegen daneben selbst wandern können.

Wildnis-Positiv-Beispiel und Erlebnisort

Gelegenheit macht Wildnis – Anklamer Stadtbruch

Eine Sturmflut verwandelte 1995 altes Kulturland bei Anklam (Mecklenburg-Vorpommern), das durchzogen von Entwässerungsgräben lange Zeit landwirtschaftlich und forstlich genutzt wurde und in dem stellenweise auch Torf abgebaut wurde, plötzlich in nicht mehr bewirtschaftetes Land.

Man entschied, dass es unwirtschaftlich wäre, den alten Zustand wiederherzustellen, und überließ die Flächen der Natur, die sie sich selbst zurückgeholt hatte: Heute sind das 2000 Hektar neue Wildnis. Biber, Fischotter und die zeitweise höchste Dichte an Seeadlern Deutschlands sind dort zu beobachten. Nachdem letzte Entwässerungsgräben geschlossen wurden, entwickelt sich ein vielfältiges Feuchtgebiet, Moorteile regenerieren von alleine und Waldbestände verändern sich zu einer hoch dynamischen Wildnis. Der Anklamer Stadtbruch zeigt, dass Ereignisse und Zufälle, die man nicht planen kann, gut für mehr Wildnis genutzt werden können. Betreut wird das Gebiet von der NABU-Stiftung Nationales Naturerbe.

➤ www.naturerbe.nabu.de/naturparadiese/mecklenburg-vorpommern/anklamer-stadtbruch

Renaturierungen: Selbstbegrünung statt Ansaat oder Pflanzung

Wir wollen die Welt besser machen. Flächen begrünen? »Renaturierung« ist hier ein Zauberwort. Die Europäische Union hat mit ihrem »Green Deal« seit 2022 eine Wiederherstellung verlorener Natur als ein Hauptziel ausgegeben. Also ran an die Bagger, kaufen wir die Baumschulen leer, plündern die Gartenmärkte, schmeißen Blumensamen auf verdorrte Flächen? Nein, bitte nicht!

Denn Selbstbegrünung und Biotopentwicklung funktionieren als Naturprozesse überall von ganz allein. Eine Gestaltung ist unnötig, teuer, teilweise sogar schädlich (siehe auch Seite 150). Es sei denn, man will »künstlich« in eine bestimmte Richtung lenken. Nur dann können Initialmaßnahmen, Hilfspflanzungen und Ansaaten angemessen sein. Sie sollten allerdings mit genug Freifläche für Sukzession kombiniert werden. Gegen Natur oder besser als sie arbeiten zu wollen, ging noch nie gut aus.

Die Sukzession einzubinden, ist auch dann die Methode der Wahl, wenn man später eine Nutzfläche haben will. Zur flächigen Wiesenentwicklung beispielsweise nutzt man ohne Einsaat oder Pflanzung mit einer Sukzessionsphase die naturdynamischen Möglichkeiten, bevor angepasste Mahd oder Beweidung ansetzt. Das gilt auch, wenn man im Garten eine Wiese anlegen will. So habe ich aus einem abgeernteten Rübenacker eine lebendige Wiese entwickelt. Es wurde, egal was aufkam, ein- bis zweimal pro Jahr gemäht, wobei immer Teilflächen stehen blieben. Das Mahdgut wurde nach ein bis drei Tagen abtransportiert, um die Fläche sinnvoll abzumagern und zugleich ein Aussamen des Mahdguts zu ermöglichen. In einer natürlicherweise chaotisch anmutenden, aber wichtigen Übergangszeit von zwei bis vier Jahren bildeten sich ungestört Netzwerke im Boden – und zeitweise erschreckten uns auch Ackerkräuter und Ampfermassen. Solche Phasen sind aber wichtig. Mittlerweile habe ich eine insekten- wie blütenreiche schöne Wiese, die reichhaltiger und robuster als Ansaaten der Umgebung ist und sich natürlich weiterentwickelt. Auffallend viele Schmetterlinge feiern mit mir das Leben.

Ruderal total

In der Vegetationskunde gibt es den schönen Begriff »Ruderalgesellschaft«. Damit ist die bunte Sukzession auf stark menschenveränderten Standorten gemeint. Zum Beispiel Mohn, Kornblume, Wicke, Disteln auf einem liegen gelassenem Erdhaufen oder auf einem Zwickel zwischen Äckern und Häusern. Lange Zeit galt das auch für Ökologen als nicht interessant: »Ist ja nur ruderal.« Dabei zeigt die Natur dort im Kleinen, was sie kann: spannende Strukturen, Formen und Farbkombinationen. Räumen wir bitte gerade solche Ecken nicht ab, ziehen wir die Linien nicht gerade.

Bilder links: Dynamik im Anklamer Stadtbruch

Wildnis-Positiv-Beispiel und Erlebnisort

Wilde Waldregenerationen nach Stürmen

Immer wenn schwere größere Stürme über das Land fegen (zum Beispiel Orkan Kyrill 2007, Orkan Lothar 1999), können Waldbestände umgeworfen werden. Das gehört zu Wildnis und ist auch guter Teil von Nationalparks, während es jenseits dessen für die Forstwirtschaft ein »Schaden« ist, der abgeräumt wird. An manchen Orten aber haben Forstverwaltungen Mut bewiesen und wenigstens kleinflächig Windwurfflächen sich selbst überlassen. Dort sind natürliche Regenerationskraft, kleine Wildnis und natürliche Wiederbewaldung auf kurzen Pfaden erlebbar.

Zum Beispiel (unter folgenden Bezeichnungen einfach im Internet zu finden):

- Kyrillpfad Willingen-Ettelsberg (Nordrhein-Westfalen, Sauerland)
- Kyrillpfad Schmallenberg-Schanze (Nordrhein-Westfalen, Siegerland)
- Kyrillwald Sundern am Sorpesee (Nordrhein-Westfalen, erreichbar von Langscheid im Sauerland)
- Kyrillpfad bei Kastellaun (Rheinland-Pfalz, Hunsrück)
- Lotharpfad (Baden-Württemberg, seit 2014 im Nationalpark Schwarzwald integriert)

Bleiben »Schadflächen« eines früheren Forstes sich selbst überlassen, wächst von alleine neuer Wald in angepasster Vielfalt, hier Lotharpfad im Schwarzwald 2022 (23 Jahre nach Windwurf und mit Nichtstun)

Waldbegründung: Sukzession statt Aufforstung

Zwei große Ängste unserer Zeit stehen sich gegenüber: 1. Auf einem heißen, trockenen, flachgründigen Magerrasenhang steht ein Naturschützer. Magerrasen sind artenreich und wertvoll – die gilt es zu erhalten. Wenn der Naturschützer aber nicht pflegt, mäht, beweidet, wird in Sukzession Buschland und Wald darauf wachsen, ganz sicher und meist schneller, als ihm lieb ist. Er hat Angst vor Wald. 2. Auf einem anderen Standort mit viel besserem Boden steht ein Förster. Sein Forst ist im Sturm zusammengebrochen. Er hat Angst, dass nun kein Wald mehr aufkommt, wenn er nicht pflanzt und sich kümmert. Dabei bewalden sich selbst unfruchtbarere Trockenstandorte im Klimawandel. Naturschützer können ein Lied davon singen.

Ich möchte aus den Ängsten Hoffnung machen: Wald kann man aufwendig verhindern, wenn man das aus bestimmten Gründen will. Der Naturschützer kann es schaffen. Verschwindet er aber mit dem Förster für immer in die Therapiegruppe für unbegründete Ängste, so entsteht sowohl auf seiner als auch auf der verwaisten Försterfläche bester Wald von selbst. Der Förster müsste dafür nichts schaffen und andere nichts schaffen lassen:

Waldbegründung und Aufforstungen sind ein großes Thema. Ich sehe Schulklassen als »Klimaschutzaktion« den angeblichen »Wald der Zukunft« pflanzen. Menschen spenden für Aufforstungsprojekte. Ist das sinnvoll? Nein. Nutzen wir lieber die Kraft der Wildnis, die in Europa von alleine zu gutem Wald führt, auch ganz sicher im Klimawandel. Für Wälder gilt einfach: wachsen lassen statt pflanzen!

Bei Pflanzungen können zwar spätere Holzvorräte vermeintlich besser kalkuliert werden. Aber man sollte nicht so tun, als bräuchte es »Aufforstung«, um in Mitteleuropa gute Wälder zu bekommen. Auch Wälder aus Sukzession könnte man später nutzen, oft sogar viel besser, weil garantiert die angepassten Bäume aufkommen, auch Eichen und Buchen. Manche kalkulierte Anpflanzung kann eine Fehlkalkulation sein, weil die künstlich eingebrachten Bestände doch nicht die sinnvollsten Gene für diesen Standort enthalten, an Wetterereignissen scheitern oder weil sich Pilznetzwerke mit den »Fremden« nicht so leicht verbinden. Ein Geschwindigkeitsvorsprung durch Baumpflanzung kann sich ins Gegenteil wenden.

Naturvertrauen: einfach sein lassen statt aufräumen

»Oh je, diese Dürreschäden, dieses Waldsterben«, seufzt der Förster. Schreckliche Bilder dazu in den Medien. Mit Wildnisblick wissen wir aber: Dürreschäden gibt es kurzfristig durchaus, ökologisch langfristig aber nicht, es sind eher Dürrechancen: neue Anpassungsprozesse eines Waldes, der dort vielleicht nur zu naturfern war. Was aber macht der Forst zu oft, wenn Sturm und Käfer einen Wald flachgelegt haben? Er räumt abgestorbene Bestände ab, meist mit schweren Maschinen, verdichtet dabei unweigerlich den Boden. Mit Wegräumen des Totholzes vernichtet er aber auch wichtige Habitate, Kohlenstoff- und Wasserspeicher. So werden nach Studien der Technischen Universität Dresden bis zu 140 Tonnen Kohlendioxid pro Hektar freigesetzt, die sonst gebunden blieben. Mit Aufräumen des Geästes beseitigt man auch den natürlichen Verbiss-Schutz für neue Keimlinge. Mit Bodenverdichtung behindert man Pilznetzwerke und Bodenlebewelt, die auch auf heißen Flächen eine gute Ausgangsbasis wären für einen quicklebendigen neuen Wald, besser als ihn jede engagierte Umweltgruppe pflanzen kann. Der Schaden besteht nicht im Zusammenbruch von Baumbeständen, sondern im Abräumen samt Bodenverdichtung.

Nach Studien der Universität Würzburg überleben sogar 90 Prozent der bisherigen Arten auf einer nach Sturm oder Insektenbefall zusammengebrochenen Fläche, wenn wenigstens drei Viertel der Fläche belassen wird statt geräumt. Werden die toten Bäume entnommen, bleiben nur 25 Prozent der vorherigen Artenvielfalt, zumeist Allerweltsarten. Schnell kommen in den ersten Jahren Pionier- und Lichtbaumarten auf: Weiden, Espen, Vogelbeeren, auch schon Eichen. Diese Phase ist artenreich, wertvoll und sollte nicht durch Pflanzungen übersprungen werden. Unter ihrem Schirm regeneriert sich der Boden auf bestmögliche Art. Auf Sukzession ist Verlass.

Beeindruckend dazu die Belege nach Vergleichen im Nationalpark Bayerischer Wald: Im berühmten Altteil des Nationalparks wächst auf sich selbst überlassenen Sturm- und Borkenkäferflächen ein gesunder und vielfältiger neuer Wald heran, auch mit seltenen Tieren, die vom stehen gelassenen Totholz profitieren und die in gepflanzten Forsten weitgehend fehlen. Im Erweiterungsgebiet Falkenstein wurden hingegen vergleichbare Flächen aufgrund massiven Drucks der Bevölkerung und gegen das Wildnisprinzip eines Nationalparks mit schwerem Gerät »aufgeräumt«. Zu sehen ist dort heute eine »Graswüste« auf wenig fruchtbarem Boden, was für diesen Standort untypisch ist und als Schaden gilt. Eine natürliche Waldentwicklung fehlt bisher, und wenn sie irgendwann trotz allem kommt, erfolgt sie eintöniger und langsamer.

Ganz unsinnig ist es, wenn vorgeblich klimarobuste Sorten und Fremdbaumarten aus anderen Gegenden der Welt gepflanzt werden. Douglasie, Küstentanne, Rot- und Flaumeiche, Schwarznuss oder Libanonzeder sind die Mode einer naturfernen Forstwirtschaft. Die heimische lokale Lebewelt, einschließlich der Pilznetzwerke, kann damit zunächst nur wenig anfangen. Man weiß auch nicht, ob die neuen Bäume langfristig zurechtkommen, welche Tiere ihnen schaden. Dagegen sind jene Baumarten, die schon heimisch sind, gut an Klimawandel angepasst oder passen sich selbst epigenetisch an.

Kompromisse für den Wirtschaftswald aus Pflanzung und Natur sind aber möglich, wenn auch nicht nötig: In bestimmten Teilflächen könnte man heimische »Zielbaumarten« pflanzen und somit einen Holzvorrat kalkulieren, während man in der Umgebung Sukzession zulässt.

Kompakt zum Nachdenken – Schutzgebiete und Natura 2000 dynamisieren

Viele Schutzgebiete wollen Lebensraumtypen, Artvorkommen und Ausprägungen so festhalten, wie sie sich zu einem bestimmten Zeitpunkt befanden. Das ist rückwärtsgewandt, bedeutet Stillstand, ist letztlich gegen Natur und führt oft zum Scheitern. Nur in wenigen Fällen mag solche Fixierung zeitweise sinnvoll sein.

Doch könnten wir zum Beispiel für Natura-2000-Schutzgebiete (»FFH«) dynamische Spielräume nutzen – es kommt auf das Netzwerk an, statt sich in teils engstirnigen Gebietsplänen zu verlieren: Vorkommen dürfen sich in ihrer Größe und Verteilung ändern oder durch Sukzession in andere Lebensraumtypen übergehen, wenn weiterhin überlebensfähige Bestände in größerer Region vorkommen. »Kohärenz« (Gebiete ergänzen sich flexibel in ihrer Ausstattung) und »Verbund« (Austausch von Arten) sind wichtiger als »Käseglocken« über Einzelflächen. Viele kulturell geprägte Schutzgüter können in Wildnis oder wilden Weiden aufleben, auch wenn die Optik eine andere ist. Moore und die meisten Waldtypen profitieren von Wildnis. Zieloffenheit darf hinzutreten: Mehr Wildnis-Zonen unterstützen Biodiversität als Ganzes.

All das ist eigentlich innerhalb des FFH-Rechtsrahmens auch möglich. Im Zweifel ist es nötig, Recht an Natur anzupassen, nicht umgekehrt.

Vertiefung zum Thema – Fachartikel: Altmoos, M. und R. Burkhardt (2016):
Netzwerk Natura 2000 – Plädoyer für eine dynamische Sichtweise. Natur und Landschaft 91: 272-279

Dazu mein Vorschlag: Wie wäre es mit Sukzessions-Patenschaften statt fragwürdiger Baumpflanzungen? Ermöglichte Wildnisflächen begleiten das Leben der Menschen – und umgekehrt. Vielleicht mag es für eine Presse der Zukunft sogar attraktiver sein, wenn in entstehender Wildnis Schülerinnen und Schüler ihren knorrigen Lieblingsbaum umarmen und dort mehr Vögel brüten, als der beste Forstingenieur je hätte »machen« können.

Anders ist es in den Tropen oder trockenen Gebieten der Erde, wo der Oberboden aufgrund abgeholzter Wälder schon weggeschwemmt ist. Dort ist es sinnvoll, wenn heimische Baumarten als anfängliche Hilfe angepflanzt werden. Außerdem ist das Kohlendioxid-Speichervermögen der schnell wachsenden Tropenbäume viel höher, sodass dort mit Aufforstung im Gegensatz zu Europa, wo Sukzession vorteilhaft ist, mehr Gutes bewirkt werden kann. Doch auch dort sollte die Wildnis übernehmen, sobald ein Boden wieder tragfähig ist. So hat der brasilianische Fotograf Sebastiao Salgado in einem weltweit berührenden Projekt die erodierten Hänge seiner Farm aufgeforstet und mit seinem »Instituto Terra« ein Aufzuchtprogramm für brasilianische Baumvielfalt geschaffen. Ein mutiger Schritt zur Renaturierung der bedrohten »Mata Atlântica« – der die unbändige Kraft der Natur zeigt, wenn wir sie fördern und zulassen.

Handlungsebene 4: Naturdynamik für Gärten und öffentliches Grün

Wildnis gartentauglich

Wildnis ist für jeden Garten und Park möglich. Wildnis? Nun gut, nicht in Reinform, aber es geht darum, Naturdynamik auch im Kleinen mehr zu ermöglichen. Holen wir einen Hauch Wildnis nach Hause.

Übliche Naturgartenelemente, wie Steinhaufen, Bevorzugen heimischer Pflanzen oder Naturhaufen, bekommen mit Wildnisvorbildern einen noch tieferen Sinn. Zusätzlich rege ich im Folgenden mit weiteren Elementen und Variationen aus Wildnis zur halbwilden Gartengestaltung an.

Immer wieder neu: Sukzessions-Beet und dynamische Mosaike

Was ist das Einfachste für jeden Garten? Nichtstun und dafür eine Fläche bereitstellen! Gerne mit Liegestuhl zum Beobachten. Auch größere Parks können Sukzessionsbereiche bis hin zur Verbuschung ausweisen, manche dieser Bereiche nach Jahren auch wieder zurücknehmen und neue Dynamik starten lassen. Wenigstens eine (große) Sukzessionsfläche braucht jeder gute Garten. Selbst Permakulturen dürfen nicht dahingehend fehlinterpretiert werden, dass flächendeckend alles – verträglich – genutzt und verwendet wird. Ungenutzte »Mini-Wildnisse«, integriert in die vielfältigen Kulturen, machen eine Kultur erst wirklich gut und klug.

Es gibt in Gärten Kräuterbeete, Staudenbeete, Salatbeete – machen Sie doch einfach ein Sukzessionsbeet: (mageren) Rohboden sich selbst überlassen, für drei Jahre, gerne mehr. Es wird in jeder Hinsicht eigene Früchte tragen.

In Anlehnung an Mosaik-Zyklen der Natur kann man Muster und (unregelmäßige) Mosaike aus »Wildnisfenstern« auf unterschiedlichen Flächen im Garten zulassen. Auch sehr engmaschige Sukzessionsmosaike unterschiedlichen Alters innerhalb derselben Fläche können stark wirken. Wenn Sie Teile Ihres Rasens unterschiedlich häufig und gar nicht mähen, kann sich bereits das schön ergänzen – regelmäßig wie ein Schachbrett oder wild durcheinander. Sukzessionsflächen, die sich im Alter und Stil unterscheiden, machen den Garten lebendig.

Sukzessionstreifen zwischen den normalen Beeten sind ebenfalls eine einfache Möglichkeit. Diese Flächen können mit den Jahren wechseln, wie Natur selbst dynamisch rotieren, wobei man einige vieljährig belassen sollte, damit sie für Kleintiere nicht zur Falle werden (siehe Seite 150).

Vorbilder in Wildnis für naturnahe Gartenelemente

Originäre Naturdynamik	Imitation und Adaption für den Garten
Dynamik von Wildflüssen und Gewässern	naturnaher Tümpel, Verlandungsphasen zulassen, breite Uferzonen statt schmaler Zonen, unregelmäßiges Relief, (unregelmäßiger) Steinhaufen, die gleichen Maßnahmen wie unter »Natürliche Erosion«
natürliche Erosion	Bodenanrisse, Sandarium und Erdarium, Schottergärten und Steingärten: lebendig statt steril
Stoffkreislauf und Zerfallsphasen	schöne Ruinen der Natur zulassen und einbringen
Totholz	Holzhaufen, Totholzstücke, Wurzelreste
Pflanzen im Zerfall	Teilbestände von Pflanzen über den Winter stehen lassen, gemischte Haufen aus Ästen, Holzstücken und Steinen, Laub liegen lassen, Laubhaufen in Ecken
Besonderes im Schatten	naturnahe Moosbereiche im Schattengarten
Wildnisprinzipien »Selbstregulation und Eigendynamik«	nicht düngen, keine Pflanzenschutzmittel, keine sonstigen Fremdstoffe, kein Plastik, die gleichen Maßnahmen wie unter »Natürliche Erosion«, andere Bereiche nicht umgraben
Sukzession generell	Sukzessionsbeet, wilde Kleingebüsche statt akkurater Hecken, Übergänge (Ökotone) zwischen den Bereichen breit und auch mal unregelmäßig entwickeln und zulassen, Bäume alt werden und von selbst absterben lassen, Jungwuchs zulassen, Wiesen wachsen lassen statt einsäen (Selbstbegrünung), mehr heimische Pflanzen einbringen und zulassen
»Patch Dynamics« und Mosaik-Zyklen	Jungwuchs und Altwuchs sowie Störstellen (offener Boden) kleinräumig nebeneinander vermischen, in Nutzbeeten zeitweise Spontanaufwuchs zulassen und integrieren – nicht alles jäten, dynamisches Mosaikprinzip: sich ändernde Vegetation (offener Boden, Pioniere, Kräuter- und Staudenbereiche) rund um ein paar Kontinuitäten, Unregelmäßigkeiten und »Chaos« aller Art (auf Teilflächen) zulassen
Wildnisprinzip »Nährstoffarmut, Magerstandorte« (dort größte Vielfalt auch seltenerer Kräuter)	nährstoffarme Böden fördern, Garten ausmagern, nicht düngen
Wildnisprinzip »Kleine nährstoffreiche Teilflächen« (wo sich Wildtiere regelmäßig sammeln oder wo sich in Auen Nährstoffe und Biomasse anhäufen)	Brennnesselecke und Brombeer-»Wucherecke«: wichtig für viele Tiere, aber möglichst auf kleinerer Fläche als die nährstoffarmen Bereiche
Naturrhythmen und Entwicklungen aller Art brauchen mehr Zeit als unsere üblichen Arbeitsrhythmen	Zeit lassen – und genießen!

Wildnis ausHecken – dynamische Möglichkeiten

Ein Vorbild in Wildnis sind unregelmäßige Buschlandschaften und ihre Sukzessionsphasen oder natürliche Störungen im Naturwald. »Auf und nieder, Büsche immer wieder«, so könnte der Karnevalsschlager unter Tieren lauten. Sie müssen nicht mitschunkeln, sollten aber weniger schneiden. Denn aus Hecken können zumindest abschnittsweise (halb-)wilde Gebüsche mit eigener kleiner Naturdynamik werden. Lass mal wachsen!

Soll ein Gebüsch im Kulturland neu angelegt werden, funktioniert das Tu-nichts-Prinzip: die Fläche einfach in Ruhe lassen. Wer es aber beschleunigen will oder muss, nutze das naturdynamische Benjes-Prinzip: Gehölzschnitt aus der Region auslegen. Samen, die Vögel und Kleintiere dort zügiger als ohne diese »Attraktion« eingebringen, keimen schneller und entwickeln sich im Schutz des Gehölzschnitts zu Sträuchern. Das Geäst verrottet derweil und sorgt für anfänglichen Wachstumsschub durch Nährstoffe.

Gut ist es, wenigstens einen Teil der Hecke ausfransen zu lassen. Gerade an den äußersten Zweigen können mehr Blüten entstehen, mehr Singwarten für Vögel, und das Innere wird noch besser geschützt. Je breiter eine Hecke ist, je mehr einheimische Gehölze sie enthält, desto besser. Im Idealfall begleitet ein jüngerer Sukzessionsstreifen oder ein wenig gemähter Rand den Heckensaum. In Parkanlagen ist das gleiche Prinzip größer möglich: Wilde Gebüsch-»Landschaften« sind ein oft unterschätztes, aber reizvolles Element – vor allem, wenn man auf anregenden Wegen wandeln kann. Und natürlich wird in wilden Gebüschen und im Boden, der in Ruhe gelassen wird, viel Kohlendioxid gebunden.

Damit ein Gebüsch ein Gebüsch bleibt und kein Wald wird – in Kulturland meist das Ziel –, muss es abschnittsweise je nach Wüchsigkeit alle zehn bis zwanzig Jahre auf den Stock gesetzt werden. Das klingt radikal, imitiert aber in gewisser Weise Naturdynamik wie Tierfraß. Wichtig ist, dass es nicht in zu großen Abschnitten gleichzeitig erfolgt, sodass insgesamt eine naturgemäße Vielfalt entsteht: aus immer wieder jungen (Dornen-)Sträuchern und alten Gebüschen mit Bäumen, die langfristig in Ruhe von alleine zusammenfallen dürfen.

Teich-Dynamik: verlanden kann jeder

Das Feuchtbiotop ist ein Klassiker der Gartenkultur: Tümpel und Teich, alle gleich? Nein: Auch hier gibt es wilde Variationsmöglichkeiten. Denn in Wildnis verlanden Kleingewässer ganz natürlich, während woanders neue entstehen. Der Verlandungsprozess wird von vielen als Gefahr gesehen. In der Tat sorgt er für eines: Tümpel weg! Doch in den Verlandungsphasen entstehen wichtige Kleinbiotope wie Schlammfluren, Moosbulte und Schilfrohr. Jede Phase bietet angepassten Tierarten Lebensraum.

Während der Verlandung empfehle ich aber, einen zweiten wasserführenden Tümpel in der Nähe anzulegen, damit Amphibien und Libellen ausweichen können. Profis mit mehr Fläche lassen mehrere Tümpel in unterschiedlichen Sukzessionsphasen und imitieren damit ursprüngliche Auenlandschaften en miniature.

Die Verlandung funktioniert übrigens auch in mit Folien abgedichteten Teichen. Dort ist es dann umso leichter, den Prozess später wird zurückzunehmen. Naturnäher ist es ohne Kunstmaterialien mit verdichteter Erde, Lehm oder Ton. Bauanleitungen gibt es zuhauf. Von Plastikwannen sollte man absehen, die sind wirklich naturfern.

Flotter Schotter: dynamische Wild-Stein-Gärten

»Was ist das Gegenteil eines naturnahen Gartens?« »Schottergärten!«, so schallt es aus vielen Mündern. »Die müssen verboten werden«, wird oft gefordert. Aber sind alle Schottergärten unsinnig? Wildnisblicke überwinden auch hier manches Vorurteil.

Wahre Natur: Was sehen wir in großartiger Wildnis entlang von Flüssen? Richtig: ganz viel Schotter, Kiese, Sande – fast frei von Vegetation. Und was gibt es an Felshängen, auch in Mittelgebirgen? Geröll, auch teils fast vegetationslos. Das sind wertvolle Lebensräume in Wildnis. Als natürliche Hitzeinseln bieten sie Spezialisten, die sonst fehlen, Lebensraum: Fast 80 Prozent der europäischen Wildbienenarten nisten in vegetationsfreien Bodenstellen, zumeist in Sanden und Feinsubstrat, das sich oft zwischen Steinen findet. Dort gibt es auch Nischen für Wolfsspinnen und manche Käfer, die Flächen, die sich aufheizen, vertragen. Besondere Flechten und Moose wachsen auf Stein. Wichtig auch, dass solche Standorte nährstoffarm sind, was in überdüngter Landschaft selten geworden ist. Auf diesen keimen spezialisierte Magerkeitspflanzen.

Schottergärten nehmen solche Aspekte in Klein auf und sind nur dann völlig naturfremd, wenn sie mit Folie abgedichtet sind oder Pestizide verwendet werden. Ohne Folien ist Regenwasserversickerung möglich. Die ihnen nachgesagte Klimaproblematik als Hitzeinseln im Siedlungsraum halte ich für überschätzt: Dafür sind sie selbst in ihrer Gesamtheit zu winzig gegenüber den echten Problemen der riesigen Versiegelung öffentlichen Raums durch Firmen und Kommunen. Ein Vorteil von Schottergärten ist auch, dass man sie im Gegensatz zu dicht bepflanzten Gärten oder Zierrasen nicht bewässert. Sie können daher ressourcen-, wasser- und klimafreundlicher sein als ihr Ruf – erst recht, wenn ihr Material ohne weite Transportwege aus der Region stammt.

Nicht der Schottergarten als Gartentyp an sich ist ein Problem, sondern seine sterile Ausführung. Verbote für einen Gartentyp oder Geschmack halte ich für falsch und problematisch im Sinne der Freiheit, wo ich doch zur Freiheit in der Natur anrege. So möchte ich lieber Chancen aufzeigen, wie ein jeder aus einem Schottergarten eine steinreiche Lebendigkeit entwickeln kann – mit Mini-Anklängen an die Wildnis der vegetationsarmen Dynamik, siehe die folgenden Tipps auf Seite 162.

Flotter Schotter – der Weg zum lebendigen Steinreich

Tipps für Gärten

Jeder Kies-, Sand- oder Schottergarten kann zum kleinen Wildnisanklang werden. Dafür biete ich hier zehn Möglichkeiten und Kriterien. Mindestens die ersten beiden müssen erfüllt sein. Es ist so einfach:

- Kein Gift: Pestizide aller Art stoppen.
- Kein Plastik: Folien raus – Plastik hat in Natur nichts zu suchen, Steine und die Erde darunter brauchen Verbindung.

Ohne Pestizide und Folie wird jeder Schotter- und Steingarten automatisch lebendig. Selbst wenn der ordnungsliebende Gärtner jedes Kräutlein ausreißt, irgendetwas lebt trotzdem immer zwischen den Steinen. Für weitere Naturnähe die folgenden Punkte:

- Heim-Stein: nur heimischer und standortsgerechter Schotter und Kies, Gesteine aus dem gleichen Naturraum: Das spart Ressourcen, Transportkosten und passt zur Landschaft.
- Struktur-Reich: Steine unterschiedlicher Art und Größe und vor allem auch kleinkörnige Substrate wie Sande ergänzen. Verwitterungsabrieb zulassen. Das schafft verschiedene Mikronischen und verhindert unnatürliche Uniformität. Die meisten Wildbienen nisten in feinkörnigen Substraten zwischen Steinen oder auf sandigen Flächen. Daher:
- Sandarien können gut in Schottergärten integriert werden (siehe Seite 165).
- Natürlichen schütteren Aufwuchs zulassen. Es kommt von alleine, was passt, auch Flechten und Moose – diese nicht abkratzen. Man kann auf magerer Erde heimische Kräuter als Inseln in die Steinflächen pflanzen, damit Wildbienen, die im offenen Boden nisten, guten Nektar nahebei finden. Gute Wildnisgärtner entwickeln ein dynamisches Mosaik aus Stein- und Sandflächen, spontanen schütteren Abschnitten und dichteren Kräuterinseln.
- Pflege? Wie ein Wildfluss! Nur von Zeit zu Zeit auf einem Teil der Fläche à la Hochwasser oder Erdrutsch »genussvoll wüten«: Umgraben, Steine umschichten, so richtig wild rumschaufeln, Übermaß an Pflanzenwuchs zurücknehmen, während andere Stellen in Ruhe gelassen werden.
- Wasser: Wasserschalen oder besser eine kleine Kuhle, in der Regenwasser verbleiben kann, unterstützt Kleintiere. Das entspricht Mikrostrukturen und Spritzstellen der Wildflüsse.
- Anreicherung: Totholzstücke harmonieren gut mit Steingärten, sind wie Treibholz ein Element des Wilden und bieten holzbewohnenden Tieren Nistmöglichkeiten, besser als ein Insektenhotel. Ein (kleiner) Haufen aus Pflanzenmaterial (alte Stängel, kleine Aststücke) entspricht angeschwemmtem Material in Auen, das wertvoller Kleinlebensraum und Versteck ist. »Ruinen der Natur« wie leere Schneckenhäuser können zwischen den Steinen verteilt werden.
- Eigenart und Vielfalts-Reich: Gestalten Sie innerhalb der Steinfläche aus den genannten Elementen betont vielfältig: Ihre Fläche sollte eine natürliche individuelle Eigenart entwickeln, die keine Kopie der anderen ist: mit verschiedenem Aufwuchs, verschiedenen Steinen, räumlich und zeitlich wechselnd. Damit imitieren Sie wilde Natur, die auch nie überall ganz gleich ist.

Verschiedene Strukturanreicherungen im Schottergarten mit Totholz, lückiger Sukzession, Steinen unterschiedlicher Größe und als Haufen

Idealerweise entsteht ein wildnisartiges Mosaik aus vegetationsfreien Bereichen und unterschiedlich altem Spontanaufwuch (Mitte und unten), der nur abschnittsweise mal zurückgesetzt wird

Sandarium, angewildert

Eine Variation von Steingärten sind Sandgärten, als Kleinformation »Sandarium« genannt. Auch dort leben Spezialisten. Viele Wildbienen brauchen offene Sandflächen, auch offenen Ton-, Lehm- oder Schluffboden, wobei benachbart auch (heimische) Blüten zur Nektarnahrung sein sollten. Kleine Sandarien sind sogar für Balkone geeignet. In Wildnis gibt es offene Sandflächen in Dünengebieten und an Wildflüssen. Kluge Profis kombinieren Steine, Schotter, Sandflächen und (schütteren) Wildblumenrasen.

Erdarium

Eine Alternative zu Steingärten und Sandarien ist es, auf einer kleinen Teilfläche, zum Beispiel in einer Gartenwiese (auch ein Quadratmeter ist schon gut), die oberste Wuchsschicht mit dem Spaten abzustechen. Das freigelegte Kahle bleibt offen. Wildbienen freut es. Das imitiert einen natürlichen Erosionsprozess. Ich biete den Begriff »Erdarium« an. Sie haben damit automatisch den Oberboden, der standortgerecht ist. Wenn Sie wollen, können Sie eine Mosaikstruktur aus wieder zuwachsenden und neuen offenen Erdarien entwickeln.

Sandarium mit Mikro-Wildnis *Tipps für Gärten und Balkone*

- Der richtige Platz: sonnige Lage im Garten oder auf dem Balkon.
- Der richtige Sand: ungewaschen, grob und unterschiedliche Körnung, aber nicht scharfkantig, sonst verletzten sich Bienen an den Flügeln. Sand bekommen Sie im Baustoffhandel. Eignungsprobe: Sand feucht machen, in Gefäß füllen, trocknen lassen. Wenn der Sand dann nicht bröselt, sondern halbwegs zusammenhält, passt es für viele Wildbienen. Spielplatzsand und gewaschene Sande sind eher ungeeignet. Gut kann auch schluffiger Sand oder toniges Material sein. Den Sand durch Stampfen oder Klopfen gut verdichten, sodass er nicht locker einstürzt. Auch Materialmischungen und Materialmosaike sind möglich, sodass jeweils unterschiedliche Pflanzen und Tiere mit ihren Ansprüchen profitieren.
- Anlage: Im Garten das sandige Material in einer Mulde, auf dem Balkon in einem großen Topf bereitstellen. Mulde oder Topf sollten 30, besser 40 Zentimeter tief sein, sodass auch tiefer grabende Insekten Chancen haben.
- Formen: Den Sand aufwölben oder zu einem kleinen Hügel formen, alternativ schräge Flächen formen, sodass Starkregen besser ablaufen kann. Als Schutz vor Wegschwemmen sollte man mit Steinen und Holz umranden, was zugleich eine gute Habitatanreicherung ist. Bei großer Sandfläche kann eine Drainage am Rand errichtet werden, indem ein kleiner Versickerungsgraben rund um den Sand mit Steinen und organischem Material verfüllt wird.
- Die Größe bestimmen Sie: Schon eine Minifläche kann helfen, mindestens 30 Zentimeter Durchmesser wird empfohlen, mehr geht immer, auch innerhalb eines normalen Nutzbeetes.
- Anreicherung – jetzt wird's wild: Auf dem Sand oder nahebei können Totholz oder Wurzelteile, »Ruinen der Natur« verteilt werden. Das hilft auch einigen Wildbienenarten, die Material abnagen oder abschaben, mit dem sie ihre Brutröhren verschließen, aber auch als Hilfsnahrung.
- Damit es kein Katzenklo wird, alte Brombeerranken und dünne Ästchen verteilen, wobei genügend Sand besonnt bleiben sollte. Das erhöht die Strukturvielfalt weiter.
- Umkreis: Nahebei sollten Kräuter als Nektarpflanzen wachsen, weil manche Bienenarten in ihrer Nistzeit nicht weit fliegen und ein enges Mosaik brauchen. Mit Wildnisblick lassen Sie am besten einen Streifen rund ums Sandarium als Mini-Sukzessionsfläche zu.
- Schütter ist Trumpf: Das Sandarium nicht bepflanzen, aber Spontanaufwuchs darauf zulassen. Faustwert: maximal ein Drittel der Fläche bedecken lassen, dann wieder zurücknehmen.
- Sandarien-Sukzessions-Festival: Lassen Sie ein Sandarium auch mal zuwachsen, erfreuen sich an dem kleinen Naturprozess, von dem verschiedene Tiere profitieren – und legen daneben ein neues an, vielleicht auch zwei oder drei? Das schafft insgesamt ein Mosaik aus verschiedenen Stadien, fast wie in Fluss- oder Dünenwildnis.

Bilder links: Mehr Naturdynamik für Gärten
Oben: Um Gehölze herum Mahd aussparen (links), ein Sandarium anlegen (rechts)
Unten: Mosaikartig offene Bodenstellen schaffen durch Substratauftrag (links) oder durch Rasenabtrag in Form eines Erdariums (rechts)

Wiesen-Heterogenität klein und groß

Ein einfacher, aber wirkungsvoller Trick für den normalen Rasen ist es, beim Mähen an kleinen Stellen den Boden offen anzureißen (Mäher kurz tief halten), während man den Rest weitermäht. Die offenen »Stellchen« im Rasen, besonders wirkungsvoll an Böschungen, werden von Insekten gut angenommen, als kleinstmögliche Reminiszenz an Erosionsstellen in Wildnis. Im Sinne der Naturdynamik schaffen Sie bei jedem Mähen (bitte nicht so oft) sowohl an derselben Stelle (manche Bienchen sind Gewohnheitstiere) als auch neu woanders (manche Bienchen sind Entdecker) Bodenanrisse. Das muss das Rasenbild kaum beeinträchtigen, weil es »Stellchen« statt Stellen sind.

Wollen Sie mehr Wildnis wagen, können Sie das Rasenbild absichtlich »beeinträchtigen«, besser gesagt naturdynamisch aufwerten: bei jedem (seltenen!) Mähen unterschiedliche Bereiche aussparen, einige höher wachsen lassen, andere mit Bodenanrissen beglücken. Gerne alles kleinflächig eng verwoben, kaum ein Quadratmeter ist dann so wie der andere. Diese betonte Heterogenität von Wiesen wird Insektenreichtum fördern und greift Eigenschaften natürlicher (wilder) Grünländer auf.

Ruinen der Natur: entdecken, sammeln, gestalten

Wildnis betont – neben aufregendem Wachstum – auch das Vergängliche. Zerfallsprozesse und absterbendes Naturmaterial sind wichtig, damit das Leben weitergehen kann. Sie sind oft die artenreichsten Phasen in Lebensräumen und werden in Nutzlandschaften zu wenig zugelassen.

Vielen natürlichen Zerfallsphasen wohnt eine besondere Schönheit inne, wenn man sie entdecken lernt. So ist ein besonderes Sammelgebiet in meinem Museum für Naturschutz das der »Ruinen der Natur«. Mit dem romantischen Ansatz und Wort »Ruine« möchte ich verfallene, schöne, skurrile Objekte als Momente aus dem Naturkreislauf in Szene setzen. Grundsätzlich sammelt mein Museum Dinge, Naturstücke und Dokumente, die Ökologie und Naturschutz repräsentieren. Als Ruinen der Natur verstehe ich Teile, die einst gelebt haben und als Ruinen eigenartig oder schön sind. Zum Beispiel zerbrochene Schneckengehäuse, alte Blütenstände. Aber auch Fotoserien natürlich sterbender Bäume. Oder Tot- und Treibholzstücke, gezeichnet vom Zahn der Zeit. Wenn Sie so etwas finden und es schön ist, denken Sie an mich – oder sammeln Sie selbst. Wir können Ruinen der Natur im Garten auch bewusst einsetzen: Leere Schneckenhäuser nutzen Kleintieren. In Zerfallsstadien des alten Obstbaumes und im »Modder« tobt das neue Leben. Und Totholz kann man nie zu viel haben.

Zumindest einen Teil der Pflanzen und auch Blütenstände sollten Sie über den Winter stehen und sogar verrotten lassen. In Stängeln und im verrottenden Material am Boden leben und überwintern viele Insekten. Alte Stängel haben eine eigene

Ästhetik. Aber Achtung: Auf Teilflächen sollte von Zeit zu Zeit, bitte aber erst im Spätfrühling, auch Pflanzenmaterial abgeräumt werden, um Nährstoffanreicherung zu vermeiden: Magerer Boden bedeutet mehr Artenreichtum. Wie immer: egal was, nie alles auf einmal, und fördern Sie Unterschiedlichkeiten und Mosaike.

Holzstücke können (unregelmäßig) gestapelt werden und zumindest einen (Teil-) Haufen kann man vieljährig verrotten lassen. Nebenan kann man einen neuen Stapel aufschichten. In den Lücken und Totholzprozessen spielt das wilde Leben.

Alte Schneckenhäuser sollten in Beeten liegen bleiben oder sogar ausgelegt werden. Manche Mauerbienenarten nisten nur in leeren Schneckenhäusern.

Alte Bäume in der Landschaft sollten natürlich sterben dürfen und nicht zuvor weggeräumt werden. Aus Verkehrssicherungsgründen ohne Sitzbank direkt darunter, aber gerne mit Bank in gebührender Entfernung mit Blick zu Ehren des Baumes.

Auch Ruinen aus Menschenwerk gehen wertvoll in Wildnis über: Alte Mauern sind lückig, ein idealer Platz für Eidechsen oder im Schatten schön mit Moosen. Das kann romantisch aussehen, ist auf jeden Fall ein gutes Habitat.

Wildnisgruß im Alltag

Von Ruinen komme ich zurück zu noch intakten Menschenwerken. Selbst am Wegrand in der Siedlung, ja an der kleinsten Mauer, kann Naturdynamik für einige Zeit zugelassen werden. Das Moos am Pflasterrand, die Streifenfarne an der Mauer, die Wildkräuter am Mauerfuß sind von selbst kommende Mini-Wildnis-Grüße. Ihre vermeintliche Unordnung ist unsere »alternative Ordnung«. Manche sehen das als Dreck – und: Wir können es als kleine Schönheit sehen. Schauen Sie gerne genau hin. Jede Mini-Naturdynamik hilft ein paar Insekten, somit Vögeln, somit ordentlich viel dem Leben, das in sauberer Ordnung sonst nicht existiert. Werden solche Ansätze dann doch mal wieder »sauber gemacht« – warum eigentlich? –, bitte nie alles auf einmal.

Wildnis-Spielgebüsche *Tipp für Erlebnisse*

Ermutigen Sie Ihre Kinder, im Garten oder Park in wilden Gebüschen wilde Gänge und kleine Plätze oder Höhlen zu gestalten. Wenn dabei die Äste abgeknickt werden, ist das verkraftbar. Brutvögel können ausweichen. Das einzigartige und oft geborgene Gefühl, in etwas Wildem zu sein, sich darin zu bewegen, zu entdecken, zu träumen, zu spielen, dafür geheimnisvolle Gänge zu bauen, ist ein hoher Wert für Wildnisfreunde von morgen. Und der heutige Gärtner oder die Parkgestalterin sollte breitere Gebüsche wilder zulassen statt akkurater Hecken. Achtung aber auf die Augen, damit Zweige sie nicht verletzen. Dass die Eltern nicht mit der Motorsäge nachhelfen, ist bitte Ehrensache. Höhlen und Gänge sind dann gut verträglich, wenn Kinder sie mit ihren eigenen Händen ohne Technik gestalten.

Wildnis zur Versöhnung: Natur in Kultur

Die Kunst des Sowohl-als-auch

Mehr Wildnis wagen! Das birgt Konflikte. Doch wir wollen das Positive und Versöhnung. Nur wie? Flächen sind knapp, Ansprüche an Nutzung und Gestaltung hoch. In der Tat brauchen wir Landnutzung, die uns Holz, Feldfrüchte und Fleisch bringt, natürlich möglichst verträglich.

Selbst innerhalb des Naturschutzes gibt es Verständnisprobleme. Soll man auf den (zu) wenigen Naturschutzflächen bestimmte Ziele pflegen oder darf Sukzession walten? Hier ringen »Pflegelaten« und »Sukzessionisten« schon zu lange um Deutungshoheit. Die einen betonen Harmonie und Gleichgewicht, bestimmte Zustände, die es zu erhalten gilt. Statiker! Die anderen betonen die großartige Veränderlichkeit der Natur. Dynamiker! Wobei ich als Dynamiker beim Hausbau dann doch auch einen guten Statiker brauche.

Wollen wir Segregation oder Integration von Naturschutz in die Landnutzung? Flächen der Natur überlassen, sie von Landnutzung segregieren? Oder integrieren wir »Naturschutz durch Nutzung«, so heißt ein oft bemühtes Motto: Landnutzer sollten ihre Flächen derart bewirtschaften, dass eine angemessene Artenvielfalt erhalten wird. Doch ich kann dieses Motto kaum mehr ertragen, denn der Niedergang der Landschaft durch Landnutzung ist dramatisch, gute Beispiele zu selten.

Immerzu ein Entweder-oder? Doch es gibt (m)ein Lösungsangebot: Sowohl-als-auch! Denn wir brauchen alles zusammen, Nutzflächen und Pflege mit ihren eigenen Stärken – und Wildnis. Nutzwälder und Naturwälder, wilde Gartenecken und gepflegte Beete, Weideprojekte und Wildnis ohne gezielten Tierbesatz ergänzen sich, können sich aber nicht ersetzen. Die Gesamtlösung liegt in einer Strategievielfalt mit einem Netzwerk an unterschiedlichen Flächen innerhalb einer größeren Region. Das klingt einfach, ist es letztlich auch, aber wir müssen dazu die Konflikte und Entscheidungen ordnen, und das ist gar nicht trivial, ja anspruchsvoll. Hier der grundsätzliche Weg:

Flächen, die zur Entscheidung anstehen, müssen in einen größeren Zusammenhang eingeordnet werden. Der Blick über Einzelflächen hinaus ist wesentlich, um Zielkonflikte zu lösen. Was ist wo vordringlich? Wovon gibt es zu wenig? Dafür biete ich auf Seite 172 Entscheidungskriterien an.

Bild links: Starke Wildnis und Kulturen ergänzen sich – hier Krimmler Wasserfälle in Österreich

Wildnis-Positiv-Beispiel und Erlebnisort

Beliebte Waldwildnis im Ballungsraum – Wildnispark Zürich Sihlwald

Südlich vor den Toren von Zürich wurde auf etwa 1100 Hektar der Sihlwald zur Wildnis. Er repräsentiert natürliche Buchenwälder des Schweizer Mittellandes, aber auch kleine Waldbachtäler. Als »Naturerlebnispark – Park von nationaler Bedeutung« ist er sehr beliebt bei den Menschen und bietet Wildnis-Erlebnisse ganz einfach und nahe dem Ballungsraum. Freie Naturprozesse lassen eine waldtypische Artenvielfalt mit viel Totholz entstehen, die in Forschung und Monitoring dokumentiert wird.

In einem Zweizonenkonzept werden Menschen in die Wildnis eingebunden. In einer Naturerlebniszone gibt es viele Angebote, jeder kann sich dort auch querfeldein bewegen. In einer gleich großen Kernzone kommt man Wildnis still und mit Wegegebot ganz nahe.

➤ Mehr Information: www.wildnispark.ch

➤ Nach ähnlichem Konzept gibt es den Parc naturel du Jorat bei Lausanne (Schweiz): www.jorat.org
➤ Im Saarland gibt es das 1015 Hektar große Wildnisgebiet »Saarkohlenwald – Urwald vor den Toren der Stadt« (Saarbrücken): www.saar-urwald.de
➤ Kleinflächiger gibt es weitere stadtnahe Waldwildnis, bequem besuchbare Beispiele:
Reißinsel Mannheim – Auen-Urwaldzelle, integriert im stadtnahen Waldpark am Rhein,
oder Leipziger Auwald mit kleinen Prozessschutzzonen.

An Wildnis besteht ein großer Mangel. Zwar haben sich die Weltgemeinschaft in Montreal 2022 wie auch die EU dazu bekannt, bis 2030 30 Prozent des Landes und des Meeres unter gewissen Schutz zu stellen. Aber Wildnis ist das meist nicht. Für sie werden in Deutschland 2 Prozent angestrebt, wobei wir mit derzeit (2023) 0,6 Prozent weit davon entfernt sind. Umgekehrt braucht keiner Angst zu haben, dass unsere Länder »verwildern«. Der überwältigende Teil der Flächen wird weiter genutzt sein.

Woher aber sollen Flächen kommen? Dieses Buch lesen Sie in einer Zeit großen Flächenverbrauchs für mehr Menschen und Ressourcen. Doch nach Berechnungen könnten auf der Erde – sogar innerhalb bestehender Nutzflächen – 10 Milliarden Menschen versorgt werden, wenn folgende Strategien zugleich verfolgt werden:

(1) Wir können und müssen die große Verschwendung von Nahrungsmitteln und Ressourcen minimieren. Dabei müssen wir effizientere und gerechtere Verteilwege gehen. (2) Wir wählen regenerative, regionalisierte und giftfreie Anbaumethoden, die Bodenfruchtbarkeit erhalten und ausreichend Nahrung produzieren. Die gibt es! (3) Es gilt, bei allem maßvoller und klüger zu wirtschaften und zu verbrauchen. (4) Unnötige Flächenkonkurrenzen verkleinern: Schon etwas weniger Fleischverbrauch bedeutet weniger Tierfutter, bedeutet Erzeugung von mehr pflanzlichen Lebensmitteln für uns alle auf derselben Fläche. Landwirtschaftliche Flächen sollten der Nahrungserzeugung dienen, nicht Energiepflanzen zum Verbrennen. Neue Energieanlagen sollten wir an vorhandene Infrastruktur koppeln, nicht auf Freiflächen bauen! Statt neuer Baugebiete weit draußen sind Flächenrecycling auch von Altlasten und sorgsamer Verbund mit vorhandener Bebauung sinnvoller. Und noch mehr Flächen auch für Wildnis würden frei, wenn Subventionen für fragwürdige und unrentable Nutzungen in unbesiedelten Gebieten geändert würden (Ausnahme: einzigartige Kultur-Lebensräume).

Es geht auch um Wälder und Forstwirtschaft. Der öffentliche Wald (Gemeindewald, Staatswald) gehört uns allen und sollte mehr dem Gemeinwohl dienen – und Wildnis erfüllt dies eindrucksvoll und vielfältig besser als Wirtschaftswälder. Andererseits wollen wir weiterhin gutes heimisches Holz nutzen. Deshalb (m)ein Versöhnungsvorschlag:

Im öffentlichen Wald sehr viel mehr aus der Nutzung nehmen als die 10 Prozent der deutschen Biodiversitätsstrategie. Auf den verbleibenden Wirtschaftsflächen eine schonendere und naturdynamische Forstwirtschaft: zum Beispiel ohne Fremdbaumarten, ohne Anpflanzungen, ohne bodenverdichtende Maschinen, ohne traditionelle Jagden. Dafür auch mal auf Teilflächen wilde Waldweiden und eine Bewirtschaftung, angelehnt an Mosaik-Zyklen und natürliche Störungen, wozu je nach Standort sogar auch kleine Kahlschläge gehören können. Holzernte konsequent in Wertschöpfungskaskaden und in Maßen statt in Massen – und Holzverwendung in sinnvollen Qualitätsprodukten vor Verbrennung. Auch in einer »Energiekrise« ist eine größere Verbrennung von Holz keine gute Lösung, was Natur und Nachhaltigkeit als Ganzes angeht. Nur aus Reststoffen und in kleinen Mengen kann das sinnvoll sein.

Flächen aus der Nutzung zu nehmen, bedeutet nicht, sie nutzlos werden zu lassen. Wildnis ist so gesehen auch eine »Nutzung« mit Versorgungsleistung, die genauso existentiell ist wie die mit Nahrung, Holz und Energie. Wildnis ist kein Luxus, sondern (Über-)Lebensaufgabe – und dafür sind mehr Flächen gut möglich wie nötig.

Entscheidungskriterien für Wildnis

Multifunktionen in bestehenden gepflegten Schutzflächen: In vielen Fällen deckt Wildnis Artenschutzziele mit ab (siehe ab Seite 87). Diese Habitate sehen zwar anders aus als gepflegte Kulturhabitate, sind oft kleinflächiger und liegen im Zufallsgeschehen, können aber viele angeblich pflegeabhängige Arten gut in die Zukunft tragen. Oder es lassen sich Zonen für neue Wildnis und Zonen für Pflegenutzung kombinieren.

Harte Entscheidungen, gute Chancen:

* Gegenüber Landnutzungen: Werden auf einer Fläche Güter produziert, die wirklich nur dort besonders gut entstehen? Dann scheidet hier Wildnis aus. Als nutzungsfreie Parzelle kann Kleinwildnis diese Nutzfläche allerdings ergänzen. Doch manche Nutzflächen sind eher unwirtschaftlich. Auf diesen wäre dann Wildnis eine gute Option.
* Innerhalb von Naturschutzflächen: Voraussetzung ist eine Detailanalyse der Fläche und ihre weitere Einordnung. Erst im (über-)regionalen Abgleich erkennt man Besonderheiten. Deshalb sind großräumige Dauerbeobachtungen und Artenkartierungen wichtig: Wir müssen über den Tellerrand einer Einzelfläche blicken und sollten uns nicht im Klein-Klein verhaken. Spezielle Magerrasen oder artenreiche Mähwiesen, in den Alpen strukturreiche Almweiden sowie spezielle kulturabhängige Habitate gehören zu unseren Hotspots der Artenvielfalt. Kein ernsthafter Naturschützer möchte diese verschwinden lassen, eher vermehren, gerne mit naturdynamischen halbwilden Weidekonzepten. Allerdings gibt es viele weniger bedeutende Offenländer, die mit hohem Aufwand gepflegt werden und besser Wildnis werden könnten. Der Naturschutz hat seit Langem einen »Pflegenotstand« und muss Kräfte konzentrieren. Nur wenn es auf einer Fläche bedeutende pflegeabhängige Schutzgüter gibt (Kriterien: Menge, Seltenheit, Gefährdung, Verbundlage, Repräsentativität), scheiden diese Flächen für Wildnis aus.

Im Zweifel Vorfahrt für Wildnis: Angesichts des extremen Mangels sollte Wildnis bei knappen Entscheidungen Vorrang haben.

Integrative Lösungen mit Wildnis

Gelegenheiten nutzen

»Unverhofft kommt oft.« Ein Sprichwort, das auch für Wildnis gilt. Haben wir erst einmal den Wildnisblick, erkennen wir neue Gelegenheiten. »Diese Brache sehe ich ja erst jetzt!« Oder ein verantwortungsvoller Waldbesitzer möchte seinen unwirtschaftlichen Waldteil lieber für Wildnis anbieten. Aber wer will nur reagieren? Für Wildnis sind aktive Strategien für gezielte Flächensuche und für ein Wildnis-Netz möglich.

Repräsentanz

Gibt es Wildnis bereits auf allen grundsätzlich verschiedenen Landschaftsformen und Bodenstandorten einer Region? Repräsentanz-Lücken sollten geschlossen werden, denn auf den verschiedenen Standorten können jeweils andere Entwicklungen auftreten, und erst das bildet die Naturvielfalt eines Landes ab. Im Kleinen kann man das auch im Garten und im Park machen: Wildnisecken im Schatten, in der Sonne, aus einem Gewässer heraus.

»Ich will aber auch Wildnis nahe bei mir haben«, so wünsche ich mir ein sehnsuchtsvolles Gequengel künftiger Kinder. Daher finde ich es wichtig, dass wenigstens kleine Wildnisflächen im Alltag der Menschen erreichbar sind. So können Kleinwildnisse auch nach dem Kriterium ergänzt werden, ob schon alle fünf, zehn, zwanzig Kilometer eine Wildnis da ist.

Biotopverbund mit Wildnis

Ein Lebensraumverbund (Biotopverbund) ist seit Langem eine wichtige Strategie im Naturschutz. Das heißt:

1. Typische Lebensräume einer Region sollen in hoher Dichte die Landschaft durchdringen.

2. Ähnliche Lebensräume sollen derart zueinander liegen, dass sich Arten, die auf sie angewiesen sind, austauschen können. Dazu sind Lebensräume zu vergrößern, fallweise auch durch Korridore oder Trittsteine ähnlicher Strukturen zu ergänzen, zum Beispiel Wildnisstreifen zwischen großen Waldgebieten, ergänzend auch Hecken, oder halbwilde Weiden zwischen Grasland-Ökosystemen.

3. Mobile Arten sollen die Landschaft relativ gefahrlos durchwandern können. Ein Verbund braucht Wildnis als Knotenpunkte an möglichst vielen Stellen für fast alle Arten.

Wildnis als Inseln?

Sind Wildnisse zu isoliert und zu klein, besteht die Gefahr von Inzucht darin lebender Arten mangels Genaustausches. Umgekehrt kann eine »Insel-Lage« aber auch ein Schutz sein, zum Beispiel bei um sich greifender Pilzkrankheit, die derzeit Feuersalamander befällt. Welches Argument überwiegt, ist vom Einzelfall abhängig und muss im Zusammenhang entschieden werden. Insgesamt gilt es, ein Netzwerk aus möglichst großen (unersetzbar!) und kleinen Wildnissen zu sichern, wobei betont große Flächen in besonderen Situationen eine Zeit lang räumlich auch mal relativ isoliert sein können.

Wildnis aus Erfahrung: Wege zum Erfolg

Praxis für gutes Wildniserlebnis

Gute Begehbarkeiten – Balance zwischen Freiheit und Regeln

In Wildnis sind wir Menschen Beobachter, nicht Gestalter. Das heißt: Wir sollten(!) hinein und erleben dürfen. Erleben, wie Baumreste mit neuem Leben überzogen werden. Wie sie von Moosen bewachsen, von teils farbenfrohen Pilzen zersetzt werden. Wie in überraschend lichten Orten kleine Käfer und bunte Schmetterlinge tanzen. Tanzen wir mit: Wildnis ist unser Tanz des Lebens.

Wie aber tanzen wir, ohne zu (zer-)stören? Es hängt davon ab, ob wir Wildnis nah an Besiedlung oder in dünn besiedelten Gebieten haben. Eines ist mir jedoch überall ein Grundanliegen: bitte so wenig Regeln wie möglich und nur so viele wie gerade unbedingt nötig. Es geht nicht darum, für jede seltene Eventualität eine eigene Regel aufzustellen, sondern den Kern des Anliegens zu treffen: mit Spaß in die Natur und die wichtigsten Gefahren für sie selbst und die Besucher zu minimieren.

Wichtig ist mir, einzuladen: Lieber Mensch, willkommen in Deiner Natur! Und nicht die Unterstellung: Du böser Mensch, willst hier alles nur kaputt machen! Ist das naiv? Ich meine nein. Nach über zehn Jahren Wildnisangebot (siehe Seite 149), das zwischen 2012 und 2022 über 60 000 Menschen besucht haben, gab es bei mir nur ganz vereinzelt negative Vorfälle. Nächtlicher Vandalismus Betrunkener, Ignorieren von Gefahrenstellen und Zertreten einer Vogelbrut. Diese Menschen hätten auch Verbote ignoriert, und eine Totalüberwachung wegen weniger als einem Prozent würde über 99 Prozent der Menschen falsch verdächtigen. Wo Menschen vertrauensvoll auf Sensibilitäten im Gebiet hingewiesen werden und Gründe für wenige Regeln erklärt bekommen, verhalten sie sich achtsamer und verantwortungsbewusster. In diesem Sinne wenige Hinweise aus Erfahrung:

Auf örtliche Wildnis-Gefahren sollte am Eingang klar und höflich hingewiesen werden, samt Haftungsausschluss, weil viele Menschen echte Natur nicht mehr gewohnt sind: zum Beispiel Hinweis auf unebene Wege, herabfallende Äste, Warnung vor Abbruchkanten. Nichts sammeln, jagen, pflücken, mitnehmen, kein Feuer machen. Wo besondere Taburäume zu respektieren sind, sollte das erklärt werden.

Bild links: Ein »Wandelpfad« im Übergang zwischen Naturgartenbereich und Wildnis – eine Einladung in »Nahe der Natur« in Staudernheim

In Ballungsräumen mit großem Besucherdruck kann eine Maximalzahl an gleichzeitig im Gebiet befindlichen Besuchern durch Lichtschranke und Anzeige geregelt werden.

Wichtig ist, dass attraktive Wege, Sitzmöglichkeiten und – wenige – Aufbauten für Naturbeobachtung (zum Beispiel Unterstand, Beobachtungskanzel, Sitzgruppenbereich) angeboten werden. Damit kann man Besucher sowohl sanft lenken als auch ihnen etwas bieten. Mehr und größere neue Bauwerke sollten in Wildnis unterbleiben. Wo immer möglich, sind Menschen als Ansprechpartner besser als die besten Schilder.

Kreislaufstörung: Entnahme von Früchten in Wildnis?

Samen, Beeren, Früchte und Pilze sind wichtig im Naturhaushalt (siehe Seite ab 72 und ab Seite 77). Daher empfehle ich, in Wildnis auf das Ernten von Beeren, Früchten und Pilzen zu verzichten. Nur in ohnehin genutzter Kulturlandschaft sollte man sie sammeln.

Zwar wäre eine kleine Handernte auch in Wildnis unerheblich, solange man nicht mehr nimmt, als vielleicht ein anderes Wildtier abbeißen würde. Wenn Ihnen in Wildnis also mal eine Beere in den Mund wächst, guten Genuss! Aber nennenswerte Sammlungen stehen dem Wildnisansatz entgegen. Wildnis bedeutet Reserve und kann Ausbreitungszentrum für Früchte sein, auch wieder in das Kulturland hinein – wenn wir sie in Wildnis in Ruhe lassen.

Baum braucht Sukzessionsrand

Tipps für Gärten und Parks

Sie haben bestimmt einen Baum im Garten, im Park. Traditionell wird nah um diesen herum ordentlich gemäht. Ändern Sie das einfach. Mindestens einen Meter in kleinen Gärten, in größeren gerne viel mehr, sollten Sie um den Stamm herum viel weniger mähen oder auch mehrjährig nichts tun. Und wenn Sie mal wieder mähen, dann jeweils Teile stehen lassen, die beim nächsten Mal drankommen. Insekten vom Baum haben dann besten Bodenschutz. Viele von ihnen graben sich nahe am Baum im Boden ein und können damit geschützt überleben. Andere Tiere von der Wiese finden rund um den Baum wilde Kleinnischen und Verstecke, die sonst fehlen.

Profi-Ebene Landschaftspflege: Bei Entbuschung nicht zu viel wegnehmen. Gerade um Bäume herum sollten Büsche verbleiben, aber auch sonst wenigstens ein paar Buschinseln verbleiben. Die enge Kombination aus Strauchgehölz, Baum und offenen Stellen ist wildnistypisch, aber auch in Kulturlandschaften ein guter Lebensraumkomplex.

Ein Wandelpfade-Konzept für Wildnis

Wildnis sollte nur ohne Technik, am besten zu Fuß (teils mit Rollstuhl, Bollerwagen) oder mit Reittier zugänglich sein. Räder, Fahrzeuge und Fluggeräte aller Art sollten auf die Nutzlandschaft gelenkt werden – dort gibt es für sie genug Räume. Für Fahrräder könnten extra Wege dienen.

Breite, gerade Wege oder Forststraßen sind langweilig und wildnisfern. Daher ist mein Ansatz, schmale gewundene Pfade anzubieten, die man nur hintereinander, maximal zu zweit nebeneinander begeht. Das fördert Achtsamkeit.

So habe ich den alten Begriff des (Lust-)Wandelns aufgegriffen und nenne mein besonderes Wildnis-Pfadkonzept »Wandelpfade«: Schmale Pfade winden sich und passen sich an das Gelände an, nicht umgekehrt. Sie bleiben naturnah und zumeist ungeglättet, samt Wurzeln, Steinen und Schrägen. Die Besucher werden darauf hingewiesen, merken aber selbst, dass man vorsichtig sein muss. Trotz unzähliger natürlicher Stolpermöglichkeiten geschahen auf meinen Wandelpfaden bisher keine Unfälle. Die passieren häufiger auf bereinigten Wegen, wo man viel weniger aufpasst.

Die Pfade halten sich durch die Besucher selbst ausreichend begehbar. Sonst oder an unübersichtlichen Stellen markiere ich die Pfadgrenzen mit Ästen, sodass die Menschen gut sichtbar, aber unaufdringlich geleitet werden. An mehreren Stellen weitet sich der Weg zu Beobachtungs- und Rastplätzen, deren Grenzen ebenso sanft, aber sichtbar markiert sind.

Die Pfade sind so schmal, dass man auch mal von Blättern gestreift, wahrlich von Natur berührt wird. Lediglich dornige Gehölze schneide ich am Pfad zurück. Die Pfade werden sorgsam kontrolliert, sodass sie gängig bleiben (siehe auch Seite 181, Verkehrssicherung), aber ich belasse Stellen, wo man sich ohne Gefahr auch mal bücken oder über einen sicher liegenden Baumstamm steigen muss. Die Pfade gehen nicht geradeaus, sondern machen Kurven, gehen auch mal durch Baumtore oder hängende Zweige und Lianen (»Vorhänge«) hindurch. Gleichwohl kommt man spürbar voran. Menschen mögen das sanft Gewundene, dabei aber auch keine übertriebenen Schleifen.

Den Namen »Wandelpfade« verwende ich als Konzept mehrdeutig: Sie führen uns schmal und gewunden – lustwandelnd – durch attraktive Bereiche. Auf ihnen wandelt man achtsam. Gleichwohl verwandeln sie sich selbst, während man auf ihnen gut den Wandel der Natur erlebt.

Wandelpfade eignen sich auch für den Garten: Führen Sie kleine gewundene Pfade dramaturgisch geschickt durch die verschiedenen Bereiche. Das lässt außerdem den Garten größer erscheinen, wenn sie geschickt gelegt sind.

Pfad-Konzepte für Wildnis

Festgelegte Rundpfade haben den Vorteil, dass mit ihnen eine Dramaturgie verbunden ist. Pfadnetze bieten Auswahlmöglichkeiten. Man kann eine Hierarchie aus Hauptpfaden und Nebenpfaden anbieten oder wie in meinem »Nahe-der-Natur«-Gelände ein hierarchieloses Netz mit vielen Möglichkeiten. Damit betone ich die Freiheit der eigenen Entscheidung. Kurze und lange Runden sind möglich. Wegweiser, die klein sind, um Natur nicht zu verstellen, aber doch sichtbar, vermeiden das Verlaufen und zeigen den schnellsten Weg zurück. Das Pfadnetz spart einen großen Tabu-Raum aus. Dort haben störempfindliche Tiere Ruhe, während die Besucher dank attraktiver Pfade zu schönen Stellen geführt werden. Gerne lasse ich von bestimmten Orten den Tabu-Raum beobachten. Das ist spannend und fördert zugleich das Verständnis, dass man nicht überall selbst hineingehen muss, um ein gutes Erlebnis zu haben.

Ein Diskussionsthema ist Querfeldeinlaufen. Forschungsarbeiten von Wildbiologen (zum Beispiel von Rudi Suchant im Schwarzwald) zeigen, dass Querfeldeinlaufen ein Störfaktor für Wild ist. Rehe und Hirsche werden weniger gestresst, wenn Besucher auf festgelegten Routen bleiben, an die sich das Wild gewöhnt. Dennoch bin ich ein Freund des Querfeldeinlaufens, weil es Wildnis noch intensiver vermittelt. So suche ich nach klugen Kombinationen und biete einerseits das Wandelpfadnetz an, an dessen Routen sich die Tiere gewöhnen und das um einen großen Tabu-Raum herum führt. Aber auch einen Querfeldeinbereich in einem gefahrenarmen Teil ohne störsensible Arten gibt es. Dessen Außengrenzen sind mit Stäben markiert. Innerhalb darf Mensch alles, was nicht wehtut oder Natur zerstört, auch »Land Art« gestalten und spielen. Das entspricht einem Wildnis-Spielgelände (Naturerfahrungsraum), dessen Sinnhaftigkeit für Kinder belegt ist. Meine Erfahrung ist aber auch, dass sich die meisten Menschen doch lieber auf Pfaden bewegen: weniger Zecken, bequemeres und dennoch spannendes Angebot. Eine Angst, dass ohne Wegegebot die Wildnis zertrampelt wird, kann ich nicht teilen. Vertrauen wir den Menschen wie unserer Natur.

Es ist zentral für tiefe Akzeptanz von Wildnis, dass wir uns mit altem oder neu entstehendem Wildnis-Land auch persönlich verbinden. Die Ökologin Robin Wall Kimmerer drückt es so aus: »Land zu erneuern, ohne unsere Beziehung zu ihm zu erneuern, ist sinnlos« (Buchtipp »Geflochtenes Süßgras«, siehe Seite 202). Wir sorgen dafür, dass Wildnis sein darf – und Wildnis sorgt dafür, dass wir sein dürfen. Deshalb sind sinnliche Zugänge so wichtig wie das Wissen um den Sinn von Wildnis selbst.

Es ist eine wunderbare Wildnistradition, still und allein in Wildnis zu sein. Das empfehle ich Ihnen sehr. Aber es ist auch wichtig, Eindrücke zu teilen, um Beziehungen und Wildnis zu mehren. Nicht in Massenaufläufen, aber gern persönlich, mit den Liebsten, Freunden, kleinen Gruppen. Daraus erwächst dann Größeres: Engagement für Natur und eine nachhaltigere Welt für alle – überall.

Bild rechts: Karte des Geländes »Nahe der Natur« in Staudernheim als Beispiel für ein verträgliches Wildnis-Erlebnis-Pfadnetz (siehe auch Seite 149)

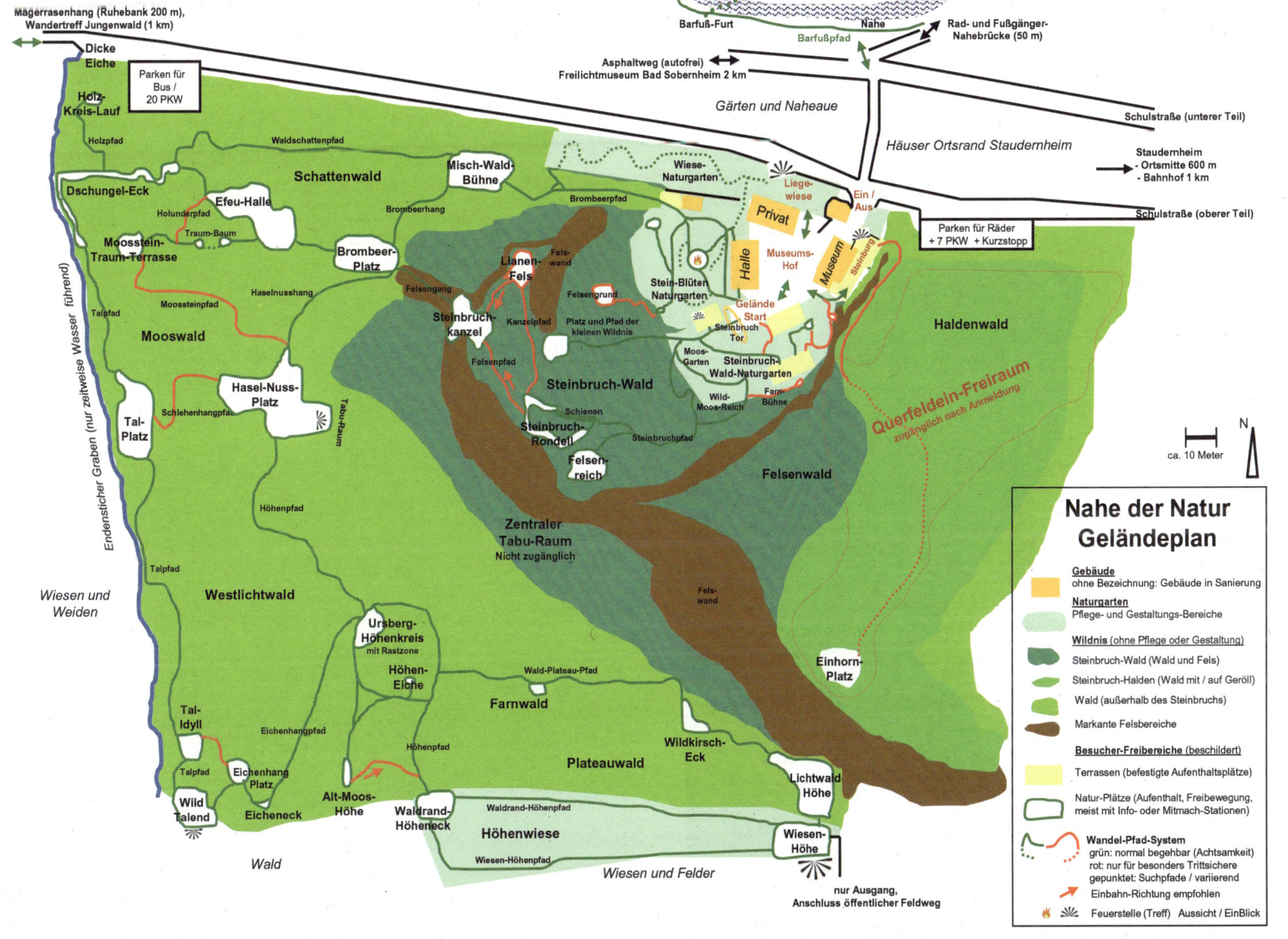

Nahe der Natur
Geländeplan
Gebäude
ohne Bezeichnung: Gebäude in Sanierung
Naturgarten
Pflege- und Gestaltungs-Bereiche
Wildnis (ohne Pflege oder Gestaltung)
Steinbruch-Wald (Wald und Fels)
Steinbruch-Halden (Wald mit / auf Geröll)
Wald (außerhalb des Steinbruchs)
Markante Felsbereiche
Besucher-Freibereiche (beschildert)
Terrassen (befestigte Aufenthaltsplätze)
Natur-Plätze (Aufenthalt, Freibewegung, meist mit Info- oder Mitmach-Stationen)
Wandel-Pfad-System
grün: normal begehbar (Achtsamkeit)
rot: nur für besonders Trittsichere
gepunktet: Suchpfade / variierend
Einbahn-Richtung empfohlen
Feuerstelle (Treff) Aussicht / EinBlick
ca. 10 Meter
N
Magerrasenhang (Ruhebank 200 m),
Wandertreff Jungenwald (1 km)
Dicke Eiche
Parken für Bus / 20 PKW
Barfuß-Furt
Nahe
Barfußpfad
Rad- und Fußgänger-Nahebrücke (50 m)
Asphaltweg (autofrei)
Freilichtmuseum Bad Sobernheim 2 km
Gärten und Naheaue
Schulstraße (unterer Teil)
Häuser Ortsrand Staudernheim
Staudernheim
- Ortsmitte 600 m
- Bahnhof 1 km
Schulstraße (oberer Teil)
Parken für Räder
+ 7 PKW + Kurzstopp
Ein / Aus
Liege-wiese
Privat
Museum
Steinburg
Museums-Hof
Halle
Wiese-Naturgarten
Brombeerpfad
Stein-Blüten Naturgarten
Gelände Start
Steinbruch Tor
Moos-Garten
Steinbruch-Wald-Naturgarten
Wild-Moos-Reich
Farn-Bühne
Haldenwald
Querfeldein-Freiraum
zugänglich nach Anmeldung
Felsenwald
Einhorn-Platz
Holz-Kreis-Lauf
Holzpfad
Waldschattenpfad
Schattenwald
Misch-Wald-Bühne
Dschungel-Eck
Efeu-Halle
Holunderpfad
Traum-Baum
Brombeerhang
Brombeer-Platz
Moosstein-Traum-Terrasse
Lianen-Fels
Fels-wand
Felsengrund
Felsengang
Haselnusshang
Steinbruch-kanzel
Kanzelpfad
Platz und Pfad der kleinen Wildnis
Talpfad
Moossteinpfad
Mooswald
Felsenpfad
Steinbruch-Wald
Hasel-Nuss-Platz
Tabu-Raum
Schienen
Tal-Platz
Schlehenhangpfad
Steinbruch-Rondell
Steinbruchpfad
Felsen-reich
Höhenpfad
Zentraler Tabu-Raum
Nicht zugänglich
Endensticher Graben (nur zeitweise Wasser führend)
Talpfad
Wiesen und Weiden
Westlichtwald
Fels-wand
Ursberg-Höhenkreis
mit Rastzone
Höhen-Eiche
Wald-Plateau-Pfad
Farnwald
Tal-Idyll
Eichenhangpfad
Wildkirsch-Eck
Höhenpfad
Plateauwald
Talpfad
Eichenhang Platz
Alt-Moos-Höhe
Lichtwald Höhe
Wild Talend
Eicheneck
Waldrand-Höheneck
Waldrand-Höhenpfad
Höhenwiese
Wiesen-Höhe
Wiesen-Höhenpfad
Wald
Wiesen und Felder
nur Ausgang,
Anschluss öffentlicher Feldweg

Ostufer der Müritz im Winter

Wildnis-Positiv-Beispiel und Erlebnisort

Seen wir uns? Stille Wasser im Müritz-Nationalpark und Neusiedler See

Stillgewässer können gute Wildnis sein, mal verlandend, mal verzahnt mit Wäldern oder Wiesen, immerzu dynamisch mit sich verändernden freien Wassern.

Einen Teil der mecklenburgischen Seenplatte mit dem nordöstlichen Müritzufer und vielen kleinen Seen (108 größer als 1 Hektar) umfasst der Müritz-Nationalpark mit insgesamt etwa 32 000 Hektar. Viele Wälder darin sind noch naturferne kieferndominierte Forste, die sich nach und nach zu buchendominierten Naturwäldern entwickeln dürfen. Einige hochwertige Naturwaldbereiche gibt es schon, zum Beispiel im Gebietsteil Serrahn. Die Mischung aus Flachlandwäldern, Feuchtgebieten, kleinen Mooren und Seen macht den Müritz-Nationalpark zu einer wald- und weitläufigen Wildnishoffnung, die für alle Besucher schön ansteckend ist:

Ganz anders, aber auch mit See, ist der österreichische Nationalpark Neusiedler See (Burgenland), grenzübergreifend mit Ungarn. Er umfasst Teile des gleichnamigen »Steppensees« und seiner Ufer. Wildnis ist darin allerdings auf bestimmte Bereiche begrenzt, enthält vor allem vogelreiche Schilfbestände. Die Wildnisteile sind verzahnt mit einer weiten Kulturlandschaft – beides gehört zusammen. Das Gebiet ist besonders stark durch touristische Ufererschließung bedroht. (Neue) Kanäle sollen wegen starken Boots- und Badetourismus den Wasserstand künstlich regulieren, obwohl dieser natürlicherweise bis hin zu Austrocknungen schon immer wildnisreich schwankte. Hat Wildnis dort noch Chancen?

- ➤ www.mueritz-nationalpark.de
- ➤ www.nationalparkneusiedlersee.at

Gefahren und Verkehrssicherung: Zwänge, Chancen, Lösungen

»Streuselkuchen!«, meine Frau sagt das, und es ist Musik in meinen Ohren. Ich hoffe auf eine liebevolle Kuchenüberraschung. Aber sie sieht mir ernst ins Gesicht: »Du sieht aus wie ein Streuselkuchen.« Ich gehe zum Spiegel. Kein schöner Anblick: Ich bin mit Pickeln übersät. Zuvor hatte ich Gespinste des Eichenprozessionsspinners entdeckt. Die Gespinste am Besucherpfad habe ich weggeschabt, zudem den Pfad aus diesem Bereich verlegt. Dabei war ich unvorsichtig und die Brennhaare berührten mich. Mein Beispiel zeigt: Wildnis ist nicht nur Idylle. Zwar werden manche Gefahren übertrieben. Mein Hautausschlag verschwand bald von alleine (Allergiker hätten mehr Probleme). Dass aber alte Brennhaare über Jahre hinweg im Wald problematisch wären, stimmt nicht. Doch Menschen lieben Schauermärchen. Schauen wir auf echte und eventuelle Gefahren in Wildnis:

Eichenprozessionsspinner werden falsch als Ausgeburt des Klimawandels verteufelt, obwohl sie zur heimischen Natur gehören und schon früher Hochphasen hatten. Ausgebreitet haben sie sich allerdings doch, aber das tun auch ihre Gegenspieler wie Kohlmeisen. Wir erinnern uns: Alles in Natur verändert sich, auch Gefahrenlagen in die eine oder andere Richtung. Einfach von Prozessionsspinnern Abstand halten!

Fuchsbandwürmer fängt man sich nicht ein, wenn man nicht gerade schlürfend auf dem Boden um Fuchsbaue kriecht. Zecken und fiese Insektenstiche sind »The-best-of«-Horrorgeschichten, mit denen man Berührungsängste zur Natur schürt. Ein Dreiklang aus zeckenabweisender Kleidung, aus sorgfältigem Absuchen nach Naturaufenthalt und aus schnellem Entfernen der Zecke, wenn eine durchkam, minimiert das Risiko. Sollte dennoch ein Biss lange unentdeckt bleiben und sich die Wanderröte auf der Haut zeigen, hilft der Arzt. Nur verschleppte, unbehandelte Bisse sind gefährlich. Mit Mücken muss man leben: mit langer Kleidung. Gegen Krankheiten wie FSME (Zecken), Malaria und ähnliche Gefahren in der Zielregion impft man sich. Letztlich ist Naturaufenthalt gesünder, als zu Hause zu bleiben. Im Haus verunglücken statistisch gesehen im Schnitt die meisten Menschen.

Jederzeit, auch bei Windstille, können Äste oder Bäume fallen und zum Tod führen. In felsreichen Gebieten kann jederzeit Steinschlag erfolgen. Allerdings passen die Menschen in Wildnis oft mehr auf als in vermeintlich sicheren Nutzlandschaften, erst recht, wenn sie sensibel eingestimmt werden. Dennoch müssen vermeidbare Gefahren minimiert werden: die Verkehrssicherungspflicht.

Wegen Angst, in die Haftung zu kommen, werden Habitate entlang von Straßen und sogar an Wanderwegen oft übermäßig beschnitten. Vielerorts werden somit unnötig Brutplätze von Vögeln oder Populationen von Schmetterlingen zerstört. Oft verbinden sich unheilvoll ein Vorhandensein großer Maschinen und eine Unwissenheit mit Ordnungs- und Sauberkeitsdenken. Dabei geht es eigentlich nur darum, gezielt die wenigen echten Gefahren zu beseitigen. Rechtsprechung und Vernunft verlangen keinen Hochsicherheitstrakt. Entscheidend ist, vorhersehbare, erhebliche, untypische Gefahren zu beseitigen. Hinzunehmen sind Gefahren, die typisch sind für Wald und Wildnis.

Das heißt, der morsche Ast des alten Baumes direkt über der Sitzbank oder der zum Verweilen einladenden Stelle muss weggenommen werden, oder die Bank oder der Weg wird verlegt. Es muss aber nicht der ganze Baum oder das ganze Gehölz umgelegt werden. Auch morsche Äste, wenn sie nur abseits von Wegen fallen können, müssen nicht entfernt werden. Beobachtung und Augenmaß sind wichtig.

Rund um markantes Wetter wie Sturm, Gewitter, Schneebruchgefahr wird der Zugang vorübergehend ausgesetzt. Vor Steilhängen und Abbruchkanten gilt es, Weggrenzen klar zu markieren, fallweise mit besonderem Gefahrenhinweis.

Soll man Wildnisflächen einzäunen? Bitte nicht oder nur abschnittsweise, wo dies zur Sicherheit, zum Beispiel bei Steilhang, mal nötig ist. Denn es ist wichtig, dass Wildtiere zaunlos ein- und ausgehen. Ein (dorniges) Gebüsch statt Zaun lenkt die Menschen und ist zugleich für viele Tiere durchlässig.

Wichtig ist eine Strategie im Umgang mit Feuer: Wildnisflächen entzünden sich selbst bei großer Hitze nicht von selbst. Blitzschläge und ihre Verkettungen sind seltenste Ausnahmen. Gras- und Waldbrände sind fast immer direkt menschengemacht. Umso wichtiger sind wenige, aber klare Verbote: bei Trockenheit nicht rauchen, keine Feuer. Bricht doch mal ein Feuer aus, ist das innerhalb der Wildniszone zu tolerieren. Auch die abgebrannten Flächen bleiben sich selbst überlassen, auf denen schon bald interessante Naturentwicklungen ablaufen. Allerdings muss die Umgebung strikt geschützt werden. Dafür ist eine ausreichend breite Pufferzone um die Wildnis nötig (siehe auch Seite 136), vorsorglich brandschutzgerecht ausgestattet: zum Beispiel mit Löschteichen, die auch Biotope sein können, und breiten Feuerschutzschneisen. Nach leidvollen Erfahrungen gibt es in größeren Wildnisgebieten, wie in Brandenburg, sogar zwischen den Gebietsteilen Feuerschutzschneisen: Zonen dürfen abbrennen, benachbarte Teile werden aber geschützt, sodass nicht gleich das ganze Gebiet betroffen ist. So sind klug konzipierte Wildnisgebiete sogar viel weniger gefahrvoll für das Umland als so manche genutzte Landschaft.

Das viele liegende Totholz von Wildnisflächen wird oft falsch als Brandbeschleuniger gebrandmarkt. Doch es gehört zentral zum Lebensraum, sorgt für dessen Resilienz und hält Feuchtigkeit am Boden, wirkt also Brandquellen eher entgegen. Ist dennoch ein Feuer aus anderen Gründen ausgebrochen, ließen sich Bodenfeuer an Totholz oft kontrollierter bekämpfen als Kronenbrand. Eine Forderung, wegen Brandschutzes Totholz zu räumen, ist ökologisch ahnungslos und auch im Sinne des Brandschutzes eher schädlich, wildnisfeindlich sowieso. Eine generell höhere Entzündungsgefahr totholzreicher Naturwälder gegenüber Forst ist nicht belegt.

Bild rechts: Birken-Sukzessions-Wald auf ehemaligen Militärflächen: eine schöne wie vorübergehende Erscheinung, hier Oranienbaumer Heide in Sachsen-Anhalt

Wildnis-Positiv-Beispiel und Erlebnisort

Wildnis auf ehemaligen Militärflächen – Königsbrücker Heide

Nach 1990 wurden große Militärübungsplätze in Ostdeutschland in Wildnisgebiete überführt. Eines davon ist die Königsbrücker Heide nördlich von Dresden (Sachsen), die von Anfang an auf 75 Prozent ihrer etwa 7000 Hektar konsequent sich selbst überlassen und jagdfrei gehalten wurde. Ein Mosaik aus unterschiedlichen Trocken- und Feuchtlebensräumen, Wald und offenen Bereichen macht Dynamik und Vielgestaltigkeit von Wildnis mit Urkraft erlebbar.

➤ Mehr Information: www.nsgkoenigsbrueckerheide-gohrischheide.eu

Beispiele weiterer Wildnisgebiete auf alten Truppenübungsplätzen:

➤ Lieberose mit Teiloffenhaltung der Heide (Brandenburg): www.stiftung-nlb.de/de/wildnisgebiete/wildnisgebiet-lieberose
➤ Jüterbog (Brandenburg): www.stiftung-nlb.de/de/wildnisgebiete/wildnisgebiet-jueterbog
➤ Döberitzer Heide – mit wilder Weide (Wisente, Pferde) (Brandenburg): www.sielmann-stiftung.de/natur-erleben/erholungsorte/doeberitzer-heide
➤ Die Senne in Ostwestfalen (keine Wildnis, aber naturdynamische Teile und Wildnispotentiale): www.kreis-lippe.de/ngp
➤ Kleinflächiger (190 Hektar): Naturerbefläche Büecke bei Soest (Nordrhein-Westfalen)

Wildnis-Bildung

Wildnis ist gut für Bildung (siehe ab Seite 108). Was können wir in Wildnis Besonderes erleben, was es in genutzter Landschaft nicht auch gibt? Die Wildnis! Erst in ihr gelingt die erhellende Reflexion eines tief eingebundenen Seins samt Abhängigkeiten von uns Menschen mit der originären statt der gestalteten Natur. Unersetzbare Beiträge zu einer Bildung für nachhaltige Entwicklung folgen daraus.

Eine Wildnisbildung betont Naturprozesse, Veränderungen und eine besondere Ästhetik, die sonst weniger erlebt werden kann. Dafür können wir aus dem großen Pool der Erlebnispädagogik und der Naturspiele schöpfen: zum Beispiel friedliche Kooperationsspiele, intensive Naturwahrnehmungen, Erlebnisse und Experimente zur Naturdynamik. Konzepte und Praxis wären Material für ein eigenes Buch, aber hier im Buch verteilt nenne ich einige meiner erprobten Lieblingstipps.

Leider werden wir in unserer heutigen Welt mit Erwartungen überfrachtet. Nicht selten höre ich anfangs bei meinen Wildnisführungen: »Da passiert ja nichts!« Wir sind von immer besseren Naturfilmen gewohnt, dass alle paar Sekunden ein Wolf ein Reh reißt, kurz darauf der bunte Schmetterling schneller schlüpft, als die Natur erlaubt, während Fledermäuse Loopings fliegen. In digitalen Welten führen Klicks schnell zur nächsten Sensation. Moderne Filme sind so schnell geschnitten, dass Älteren schwindelig wird, während die Jungen bei älteren Filmen einschlafen. Und dann kommen sie in echte Natur – und es passiert scheinbar nichts.

Wildnis aber ist sozusagen der beste alte Film, den es gibt, zugegeben auch mit länglichen Szenen, aber doch mit unglaublichen Geschehnissen und Wundern, wie sie keine Virtual-Reality-Inszenierung erschaffen könnte – wenn wir darauf hinführen.

Totholzzerfall im Garten

Tipps für Gärten

Legen Sie ein Stück Naturholz in oder an das Beet, gerne auch mehrere, und lassen Sie es für immer in Ruhe. Es zerfällt über viele Jahre, bietet dabei Kleinstlebensraum für unsere Kleinsten. Meist geht die Veränderung langsam – je nach Ort und Zufällen kann es aber auch schnelle Zwischenphasen geben. Zugleich können Sie erleben, wie faszinierend natürlicher Zerfall sein kann, wie sich Holz in Mulm, dann beste Erde verwandelt. In den Phasen können sich Pilze, Moose, Flechten und Kleinsttiere einfinden und wechseln, die Sie sonst nie hätten – vielleicht sogar Seltenheiten.

Analog gilt das auch für Baumstubben, die noch im Boden sind. Diese nicht ausgraben oder rausreißen. Gerade sie sind wertvolles Mikrohabitat, das langsam, aber sicher verrottet und im langen Übergang viel Leben spendet. Die schönen Hirschkäfer und Balkenschröter nutzen im Siedlungsraum oft solche Baumstümpfe und ihren Mulm.

Naturnahe Sitzmöglichkeiten laden zu Beobachtungen ein, beeinträchtigen aber nicht das Gebiet, hier »Nahe der Natur« in Staudernheim

Im zweiten Teil meiner Wildnisführungen, nachdem ich die meisten Teilnehmer auf Naturzeit einstimmen und aus der Alltagswelt abholen konnte, geht das schon: Hinter jedem kleinen Naturphänomen verbergen sich Dinge und Dynamik, die Sensationsfilme eigentlich übertreffen. Die gilt es zu vermitteln, mit Kopf, Herz und Hand: Anfassen! Sinne schulen! Beobachten üben, dann Hintergründe recherchieren, vertiefen, Zeit nehmen, Zeit spüren – das sind Aufgaben und Eigenschaften einer guten Wildnisbildung: lebensnah in jeder Hinsicht.

Es gibt andere Wildnis-Survival- oder -Selbsterfahrungs-Kurse. Wie überlebt man in der Natur? Welche Kräuter kann ich essen? Was braucht es zum Regenwurmsalat als Dressing? Kein Dschungelcamp ist zu abartig. Dabei steht man aber doch oft nur als Mensch im Mittelpunkt. Mein komplementärer Ansatz dazu ist, dass der Star mal nicht ich bin – mit Natur als Kulisse. Sondern die Natur selbst – mit Mensch als ruhigem Beobachter und achtsamem Forscher. Kein Selbsterfahrungstrip oder »Was-ich-alles-kann-und-aushalte«-Event, sondern sanfte Einbindung in Naturgeschehnisse.

In Wildnis sollten Felsen mal nicht beklettert, nicht bezwungen werden, wobei man eigentlich nur sich selbst befriedigt. Dafür gibt es genug andere Orte. Sich stattdessen einfach an Bäumen, Blumen, Wildwassern erfreuen, ohne gleich etwas aktiv auf und mit ihnen zu machen. So knüpfe ich an das Wesen »heiliger Orte« an, wobei ich Wildnis weltanschaulich neutral »Achtsamkeits-Orte« nenne: Das ist nicht langweilig. Denn wer durch Wildnis streift, tut viel für seinen Körper und Geist. Man wird in jeder Hinsicht erfüllt sein.

Weststrand der Halbinsel Fischland-Darß-Zingst

Wildnis-Positiv-Beispiel und Erlebnisort

Wilde Ostseeküste – Nationalpark Vorpommersche Boddenlandschaft

Die ganz eigene Küstendynamik der Ostsee mit Buchenwäldern auf Sanden, Küstenumlagerungen, Meeresarmen (Bodden), Steilküsten und natürlichen (Salz-)Wiesen repräsentiert der Nationalpark Vorpommersche Boddenlandschaft. Dort kann man auf vielgestaltigen etwa 79 000 Hektar unterschiedliche Wildnis erleben: Naturwälder und waldfeindliche Naturdynamik ergänzen sich berührend.

➤ Mehr Information: www.nationalpark-vorpommersche-boddenlandschaft.de

Zudem:

➤ Nationalpark Jasmund (Rügen), etwa 3000 Hektar überwiegend Buchenwaldwildnis mit imposanter Kreideküste und ihrer Dynamik: www.nationalpark-jasmund.de

➤ Insel Vilm vor Rügen: Wildnisinsel (etwa 94 Hektar) des deutschen Bundesamts für Naturschutz, beeindruckend und auf Führungen zugänglich: www.bfn.de/insel-vilm

Leitfaden und Prüfpunkte für mehr Wildnis

»Wie herrlich ist es, nichts zu tun und dann vom Nichtstun auszuruhen.« Dieser Spruch von Heinrich Zille hat sich mir im Kopf eingebrannt. Er passt zur Wildnis, stößt aber wie Wildnis auf Widerstände in unserer Macher- und Leistungsgesellschaft. So viele Worte und Gedanken habe ich in diesem Buch dargelegt, nur um den einfachen Kernsatz mit Argumenten und Leben zu füllen: »Bitte tut auch mal nichts.« Wildnis ist so positiv, so einfach. So einfach, dass es auch einfach viele Widerstände gibt. Dabei lässt sich vieles positiv auflösen. Aus Erfahrungen und in Zusammenschau des Dargelegten biete ich einen kleinen Leitfaden an. Damit wir es schaffen können.

Widerstände erkennen und ihnen begegnen – mit Sinn und Verstand

Mit diesem Buch haben Sie Fakten und strategisches Handwerkszeug für Wildnis an die Hand bekommen. Nutzen Sie es. Die mir am häufigsten begegneten Widerstände habe ich als FAQs zusammengestellt (siehe ab Seite 195). Damit können Sie Vorurteilen gut begegnen.

Mutmacher: In fast jedem Nationalpark hat es vor seiner Einrichtung große Widerstände und überwiegende Ablehnung der örtlichen Bevölkerung gegeben. Diese Stimmung ist aber in den Jahren nach der Einrichtung in überwiegende Zustimmung übergegangen. Wildnis wirkt positiv, wenn wir sie gut begleiten.

Erleben, Lernen und Verbreiten aus guten Beispielen – mit Herz und gutem Gefühl

Es gibt bereits erfolgreiche und wunderbare Wildnis-Zauber-Orte, alte und neue, große und kleine, einige bestimmt nahe bei Ihnen. Ich möchte Sie einladen, sie auch als »Ihre« Wildnisorte zu betrachten, zu besuchen und deren Kraft weiterzutragen. So sind 15 Gebietsbeispiele im Buch verteilt, die ganz verschiedene Ansätze und Landschaften repräsentieren, immer mit Wildnis.

Flächensicherung

Wer große Flächen sichert, kommt an offiziellen Schutzgebietsausweisungen nicht vorbei: ein langer Weg. Holen Sie sich Mitwirkende, schließen Sie sich Verbänden an, sprechen Sie mit Behörden. Entscheidend ist aber oft weniger das offizielle Etikett, sondern die tatsächliche Flächensicherung für Wildnis. Nationalparks sind zwar der Goldstandard, aber auch andere Werkzeuge kann man einsetzen.

Wildnisflächen, die keine Zeitbegrenzung haben, müssen im dauerhaften Besitz derjenigen sein, die Wildnis wollen: der Staat, ein Verband, Verein oder eine Stiftung. Bei Privatinitiativen kann ein entsprechender Grundbucheintrag sinnvoll sein. Fallweise braucht es ein Regelwerk für die Fläche – weniger ist hier mehr und es muss örtlich gut angepasst sein. Rechtliche Ausgestaltungen sind variantenreich und können hier nicht behandelt werden, außer der Satz: »Für alles gibt es eine gute Lösung – mit Wildnis.«

Gärtner haben es einfach, weil sie es einfach machen. Nur zu!

(K)ein Ende: Kreislauf und Hoffnung

»Wie viel Natur können wir uns leisten?«, diese Frage höre ich oft. In meiner Antwort drehe ich das um: »Wie viel Naturentfremdung können wir uns noch leisten?«

Mit sektoralen Ansprüchen und Planungen haben wir das große Ganze zersplittert. Der Mensch als Teil der Natur maßt sich an, zu entscheiden, welche, wie viele und wo Tiere reduziert oder gefördert werden, welchen Grenzwert an Gift man erlaubt, welche Vegetationseinheit aus einem grenzenlosen Fluss der Vielfalt wie genau behandelt gehört. Wir maßen uns an, mit Gestaltung und Technik Natur reparieren oder gar ersetzen zu wollen, Biotope zu gestalten, statt sie sich natürlich entwickeln zu lassen. Den Schaden von Autobahnen versuchen wir, mit gut gemeinten, aber oft lächerlichen Grünbrücken zu kaschieren. Wälder meinen wir, umbauen oder anpflanzen zu müssen, obwohl sie von selbst am besten wachsen. Wir faseln von digitaler Präzisionslandwirtschaft der Zukunft, vergessen aber, dass es ohne mehr Naturflächen gar nicht geht. Unseren Energiehunger kaschieren wir mit dem Wort »regenerativ«, verursachen damit aber neue große Zerstörungen, wenn wir keine großen unbebauten Naturräume mehr belassen. Unsere Einseitigkeiten und Ideologien erheben wir zu oft über Natur. Welch eine Hybris!

Wir brauchen dagegen viel mehr freie, dynamische Natur als beste und ideologiefreie Problemlöserin für so vieles. Nicht, um moderne Technik zu ignorieren, das wäre dumm, sondern um sie klug in die größeren Zusammenhänge der Natur einzubinden: Die kostenlose und hoch effiziente Wirkung von Wildnis für Klimaschutz und für Renaturierungen ist allen technischen Lösungen überlegen. Die Evolution ist der synthetischen Biologie immer voraus. Gegenüber Natur ist die aktuellste »künstliche Intelligenz« geradezu dumm.

Gute Lösungen schafft die Natur selbst, erprobt seit Millionen von Jahren. Wir werden nie genug wissen, um jemals besser als die Natur zu sein. Aber wir können uns mit ihr verbünden. Verbauen wir sie nicht weiter. Lassen wir sie mehr selbst ihre Flächen entwickeln. Wildnis ist das Einzige, was ganz ist und von selbst wieder ganz werden kann, wenn wir uns mal zurücknehmen. Diese Natur müssen wir uns viel mehr leisten. Weil es ums Ganze geht.

Natur wird leben, Evolution wird weitergehen. Der Ruf der Nachtigall wird nicht verstummen, wenn wir wilde Ufer und Gebüsche zulassen. Das leuchtende Orange der Perlmutterfalter wird funkeln, wenn wir wilde Weiden ermöglichen. Die Wälder werden sich erholen, es werden sich neue gründen, wenn wir sie einfach wachsen lassen. Spechte werden für das Leben trommeln, wenn die Bäume alt werden dürfen. Trilliarden Kleinstlebewesen und Pilze werden freie Flächen zu dem machen, was Zukunft ausmacht: Fruchtbarkeit und neues Leben.

Wir können mit Wildnis Hoffnung haben, weil vieles noch nicht verloren ist, auch wenn die Menschheit schwerste Fehler und Verbrechen begeht. Es ist fantastische und tröstliche Magie, wenn selbst aus Asphalt neue Blumen brechen. In kleiner und großer Wildnis wohnt die Freiheit der Vögel, die auch uns Flügel verleiht. Sie werden Samen für passende Sträucher und Bäume mitbringen. Der Traum liegt in jedem Samenkorn, eine wilde und freie Stelle zu einem besseren Ort zu machen.

Natur macht aus jedem Quadratmeter etwas Einzigartiges. Garantiert mit frischer Luft zum Atmen und gereinigtem Wasser zum Genießen – trotz der Verschmutzungen, die wir parallel stoppen müssen. Mit einem guten Klima zum Leben.

Geschundene Regionen können mit natürlicher Sukzession aufblühen, eine neue Naturidentität entwickeln, während wir ihre Geschichte nicht vergessen. Mit mehr Wildnis können wir eine sanfte, positive und dringend nötige Zeitenwende gegen manch üblen Zeitgeist schaffen: auf zu einem neuen »Zeitalter der Natur«!

Wir leben in einer Medienwelt, die fast jede Wiese und jeden Wald als bedroht etikettiert. Das mahnt uns zur Sensibilität und Umkehr. Inzwischen ist aber auch das frustrierend und nur die halbe Wahrheit. Mit Wildnis, wenn wir sie zulassen, sehen wir statt nur Bedrohungen und Zerstörungen auch die positiven Chancen einer neuen Natur, die kraftvoll ist, die heilen und regenerieren kann: sich und uns.

Eigentlich ist es so schön und so einfach: Natur braucht Raum, Ruhe und Zeit, unseren Frieden und ihre Freiheit. Aus ihr erhalten wir dafür das Gleiche und noch so viel mehr. Schützen und ermöglichen wir mehr davon, freudvoll durch kluges Nichtstun.

»Mehr Wildnis wagen« ist somit zutiefst menschenfreundlich. Wir profitieren unersetzbar und stark davon, dass wir auf ausgewählten Flächen ganz die Natur statt uns machen lassen. So tragen wir Wildnis als größten Schatz auf Erden in die Zukunft, letztlich wertvoller als alles Geld der Welt. Und das können wir auch noch schön erleben: Wildnis geht nahe.

Wildnis endet nie. Sie kann wie dieses Buch immer wieder von vorne gelesen und neu verstanden werden: dynamische Kreisläufe der Natur. Am Anfang und Ende des Buches steht mein positiver Satz mit Wildnis – statt Provokation jetzt Wirklichkeit: Ich habe Hoffnung.

Nachschlagen: das Wilde kompakt

ABC der Begriffe rund um Wildnis und Naturdynamik

Anwilderung	Wortschöpfung, mit der betont wird, dass eine Kulturfläche in neue Wildnis übergeht – im Gegensatz zu alter Wildnis. Bezogen meist auf Frühstadien der Wildnisentwicklung, oft überlappend zu ➔*Verwilderung* gebraucht, aber in Teilabgrenzung zu dieser meist positiv wertend.
autogen	Wörtlich »von selbst entstehend«, oft synonym zu ➔*spontan:* Entwicklungen, die nicht gelenkt sind. Grundeigenschaft von Wildnis.
Bannwald	Waldstück, aus dem Forstnutzung »verbannt« ist. Oft synonym zu ➔*Naturwaldreservat.*
Bergbau-folgelandschaft	Durch den Bergbau überprägte Fläche: Sandgrube, Kiesabbau, Steinbruch. Am häufigsten verwendet für großräumige (Braun-)Kohle-Folgelandschaften. Dort besteht ein gutes Potential für Wildnis, wenn keine ➔*Rekultivierung* oder Gestaltung erfolgt.
Brache	Zeitweise nicht genutzte Fläche. Siehe auch ➔*Wildnis auf Zeit.* Dauerhafte Brachen wären Wildnis. Wort vor allem im ländlichen Raum gebräuchlich, aber auch als »Industriebrache«.
Eh-schon-da-Fläche, Einfach-so-da-Fläche	Wortschöpfung für zumeist kleine und ungeplant ungenutzte oder vergessene Flächen, die (halb-)wild sind. Besonders gebräuchlich in Siedlungsgebieten, ersetzt dort oft den Begriff ➔*Brache.*
Forst	Bewirtschafteter Wald, synonym ➔*Nutzwald.* Oft in Abgrenzung zu ➔*Naturwald* verwendet. Mit dem Wort »Forst« will man oft zum Ausdruck bringen, dass die Nutzung oder der Baumbestand nicht ganz so naturnah ist. Meist ist ein Forst gepflanzt, ein Wald hingegen wächst einfach und verjüngt sich selbst.
freie Entwicklung	Wenn sich eine Fläche wenigstens eine Zeit lang ungelenkt entwickeln darf: ➔*Sukzession.* Nicht zwangsläufig ist damit eine dauerhafte Wildnis verbunden, oft wird freie Entwicklung als zeitweiser Weg zu einem bestimmten Ziel eingebunden.
Friedwald, Friedforst	Früher: »Friedlicher Wald«, eine Bezeichnung für einen wenig genutzten Wald, manchmal auch für einen jagdfreien »befriedeten« Wald. Heute meist verwendet für Waldbegräbnisstätten, also naturnaher Friedhof im Wald. Ein solcher muss mindestens 99 Jahre nach der letzten Bestattung aber Verkehrssicherungspflichten erfüllen. Nur wenige Ausnahmen lassen Friedwälder als echte Wildnis zu.
Gstetten	Im bayerischen und österreichischen Sprachgebrauch für ➔*Brache* oder im städtischen Raum für ➔*Eh-schon-da-Fläche.*

halbwild	Beschreibt, dass eine Fläche nicht mehr kulturell und von Nutzung überformt wird, aber nicht Wildnis ist. Unscharfer Oberbegriff, der (bewusst) Raum für Interpretationen Richtung Wildnis lässt. Oft gebraucht in Zusammenhang mit ➔*halbwilder Weidehaltung.*
halbwilde Weidehaltung, naturnahe Weide, wilde Weide	Naturschutzkonzept, das an frühere Wildnisphasen anknüpft, als natürliche Großweidegänger noch nicht ausgestorben oder zurückgedrängt waren oder als Weidehaltung auch in Kulturwäldern verbreitet war (Jahrhunderte lang gebietsweise der Normalfall): Mit robusten Haustierrassen werden Flächen, auch Wälder, beweidet, um eine Art Wildnis von früher wieder entstehen zu lassen oder neu zu ermöglichen. In Abgrenzung zum Wildnis-Begriff ist der Ansatz leitbildorientiert, oft gemanagt, daher ➔*halbwild.* Echte Wildnis dagegen ist zieloffen und frei, sie knüpft auch mal an heutige weidetierarme Bedingungen an – was aber nicht so bleiben muss, wenn von alleine(!) viele Wildtiere kommen.
Heiliger Hain, Heiliger Ort, Heiliger Wald	Absichtlich ungenutzte Fläche (Wildnis), vor allem aus kulturellen Bewertungen heraus in Achtsamkeit gegenüber der Natur. Früher meist aus religiösen oder spirituellen Gründen. In der Menschheitsgeschichte in fast allen Kulturen vorkommend.
Hemerobie	Maß für die ➔*Natürlichkeit* einer Fläche, festgemacht meist an Vegetation und Strukturen. Es gibt mehrere wissenschaftliche Hemerobie-Konzepte für Landflächen und Gewässer.
Lucus	Römische Kultur: dort der ➔*Heilige Hain.*
Mosaik-Zyklus	Prägendes Prinzip in ➔*Sukzessionen.* Natürliche ➔*Störungen* setzen vermeintliche Endstadien von Wäldern in Teilflächen immer wieder zurück: so Lichtungen nach Windwurf, Feuer oder Weidetiere, Wildverbiss. Der Lebensraum wirkt dann von oben betrachtet wie ein dynamisches Mosaik unterschiedlicher Stadien, wobei im Gegensatz zu Mosaiken im strengen Sinne die Flächen unregelmäßig verteilt und unterschiedlich groß sind (auch mal kaum merklich klein, nur eine Baumlänge nach Baumtod). Der Begriff wurde im deutschsprachigen Raum seit den 1989er-Jahren von Hermann Remmert, in den 1990er-Jahren von Wolfgang Scherzinger verbreitet. Er beschreibt, was als ein Grundprinzip in Natur gilt. Vergleiche ➔*Patch Dynamics.*
Natur	Eigentliche Wortbedeutung: Alles, was aus sich selbst entstanden ist oder entsteht. Gemeinhin oft als (künstlicher) Gegensatz zur Kultur verwendet. Vielfältiges Begriffsverständnis je nach Kulturkreis und Begriffsanwendung.
Naturdynamik	Betont die Veränderlichkeit mit allen Vorgängen (Prozessen) und Bewegungen der Natur selbst – ohne menschlichen Einfluss. Ist eine Grundeigenschaft von Natur und damit streng genommen Dopplung des Naturbegriffes.
Naturwald	Manchmal synonym zu ➔*Urwald* gebraucht. Im Naturschutz als Oberbegriff oder in Feinabgrenzung zu Urwäldern, die es in Europa kaum mehr gibt. Naturwald ist ein Wald, der vielleicht mal bewirtschaftet war, aber inzwischen mehr oder weniger lange nicht bewirtschaftet ist (Wildnis) oder nur geringe Nutzungsspuren aufweist. Soll er dauerhaft unbewirtschaftet bleiben, wird er ➔*Urwald von morgen* genannt. In der Forstwirtschaft meint »Naturwald« einen aus Naturverjüngung entstandenen Wald, der (sanft) bewirtschaftet wird.

Natur Natur sein lassen	Motto für Wildnis, Quelle: Hans Bibelriether (Nationalpark Bayerischer Wald, 1990er-Jahre).
Natur auf Zeit, Wildnis auf Zeit	Wenn sich eine Fläche (nur) für begrenzte Zeit frei entwickeln darf, bevor sie wahrscheinlich und geplant wieder überprägt wird. Typische Beispiele: ➔*Brache* oder ➔*Sukzessionsfläche* in eine Industrielandschaft, die irgendwann wieder umgestaltet wird. Aus »Wildnis auf Zeit« kann aber auch dauerhafte Wildnis werden.
naturnah	Beschreibt unscharf, dass etwas weitgehend natürlich oder wenig beeinträchtigt, aber meist noch keine Wildnis ist.
Natürlichkeit (englisch: Naturalness), natürlich	Umgangssprachlich: alles, was nicht menschengeprägt ist. Gemeinhin unscharfer Begriff. In der Vegetationskunde mehrere Begriffskonzepte mit »Natürlichkeits-stufen« ➔*Hemerobie.* Wildnis kann, wenn man sie neu auf Nutzflächen zulässt, noch einige Zeit wenig natürlich wirken und ist daher nicht immer synonym zu »natürlich«. Langfristig aber erreicht jede Fläche durch Wildnis per se die höchste Natürlichkeitsstufe, auch wenn sich etwas anderes entwickelt, als früher dort natürlich war.
Naturprozess	Jeder Vorgang, der von alleine ohne menschliches Zutun abläuft: zum Beispiel ➔*Sukzession,* Erosion, Wasserdynamik, Artenverschiebungen. Ähnlich ➔*Naturdynamik*
Naturwaldreservat, Naturwaldzelle	Waldstück, in dem die Forstwirtschaft eingestellt ist oder ruht. Schutzbegriff der Forstwirtschaft. Oft synonym: ➔*Bannwald*
Nutzwald	Gegenstück zu ➔*Naturwald*: Wald, der (merklich) genutzt wird, vor allem durch Holzwirtschaft.
Patch Dynamics (Lückendynamik)	Begriff für das Kernprinzip von Natur und ➔*Sukzession:* Natürliche Störungen durchbrechen Sukzessionswege immer wieder, schaffen Lücken, sodass in einem Lebensraum unterschiedliche Entwicklungsstadien nebeneinander vorkommen und eine generelle Heterogenität naturprägend ist. Oft synonym zu ➔*Mosaik-Zyklus,* fallweise auch als Oberbegriff dazu: Das vermeidet die Fehlannahme, im Mosaik-Zyklus sei alles regelmäßig wie ein Mosaik aus dem (Kunst-)Handwerk. In vielen Forschungen aber auch kleinräumiger und oft außerhalb von Wäldern verwendet (»Mikro-Mosaike«), wenn zum Beispiel in Grasland Maulwürfe oder Kaninchen wühlen und kleinste Rohbodenstellen oder Löcher schaffen: Auf diesen Lücken erneuert sich die Wiese und wird durch solche »patches« natürlich geprägt.
Primärwildnis	Siehe ➔*Urwald* oder entsprechende waldfreie Gebiete, die (jederzeit) außerhalb von direkten menschlichen Einflüssen lagen.
Prozessschutz	Begriff im Naturschutz, seit den 1990er-Jahren durch verschiedene Autoren (auch von mir) eingeführt. Er beschreibt, dass auf einer Fläche absichtlich alle ➔*autogen* ablaufenden Prozesse (➔*Naturdynamik)* zugelassen werden. Das kann als Weg zu einem Erhaltungsziel angesehen werden oder Weg und Ziel zugleich sein. Erst im letzteren Fall ist es dann synonym zu Wildnis. Variation: Im Forstbereich nach Sturm Knut (1991, seitdem vielfach variiert) Bewirt-schaftungsformen, die, integriert in den ➔*Nutzwald,* zeitweise freie Entwicklung zulassen, im naturnahen Waldbau aber eingeordnet und ihm untergeordnet sind.

Integrativer Prozessschutz	Angesichts vieler Missverständnisse hat vor allem Eckhard Jedicke seit den 1990er-Jahren ➔*Prozessschutz* in »integrativ« und »segregativ« präzisiert: »Integrativer Prozessschutz« meint, dass Naturprozesse einem Ziel im Naturschutz oder in Landnutzung dienen (integriert sind) und nur auf Teilflächen einer größeren (Nutz-)Fläche stattfinden.
Segregativer Prozessschutz	Naturprozesse sind Weg und Ziel zugleich und finden auf ganzer ausgewählter Fläche statt, die von Landnutzung »segregiert« (getrennt) ist. Letztlich synonym für »Wildnis«.
Rekultivierung	Absichtliche Gestaltung einer zuvor meist ungenutzten, (scheinbar) devastierten (zerstörten) Fläche mit dem Ziel einer Landnutzung. In der Regel Wildnis entgegenstehend.
Renaturierung	Absichtliche Rückführung oder Gestaltung einer zuvor genutzten oder geschädigten Fläche mit dem Ziel der Wiederherstellung oder Ermöglichung einer naturschonenden Nutzung, bestimmter Schutzgüter oder ganz freier Natur. Oft mit bestimmten historischen Leitbildern oder Erhaltungszielen verbunden. Wildnis hingegen ist eine eigene effiziente Art von Renaturierung, die in diesem Buch vorrangig empfohlen wird.
Rewilding	Im englischen Sprachraum inzwischen verbreiteter Fachbegriff für neue Wildnisentwicklungen, bei denen aber im Gegensatz zu enger definierter Wildnis meist durch Initialmaßnahmen wie Auswilderung von Schlüsseltieren (Beweider) oder Wiederansiedlung verschwundener Arten nachgeholfen wird. Oft auch ähnlich einer halbwilden Weidehaltung. Die deutsche Übersetzung »Rückverwilderung« trifft dies nur unzureichend.
Ruderalvegetation, ruderal	Begriff aus der Vegetationskunde, der die spontane Pflanzenwelt auf zuvor durch menschlichen Einfluss stark gestörten und zumeist nährstoffreichen Standorten beschreibt. Dort findet sich oft eine besonders bunte Mischung.
Sekundärwildnis (»Wildnis aus zweiter Hand«)	Wildnis, die im Unterschied zur ➔*Primärwildnis* auf einst genutztem Land aufbaut. Das ist die übliche Wildnisform für die meisten einst genutzten Flächen Europas. Oft wird mit dem Begriff besonders betont, dass Wildnis auf extrem menschengeprägten Standorten wie Industrie- und Bergbaufolgelandschaften ansetzt.
Selbstbegrünung	Anderes Wort für ➔*Sukzession*. Es meint vor allem junge Eigenentwicklung, zum Beispiel vom Rohboden zur Wiese, die dann eventuell in erwünschte Nutzung überführt wird (Mahd, Beweidung). Oft bestmögliche Alternative zur Ansaat oder Anpflanzung.
spontane Vegetation, spontane Entwicklung	Alles, was von selbst und plötzlich abläuft, synonym zu ➔*autogen*. Oft als verstärkender Begriff für ➔*Sukzession* verwendet. Wildnis umfasst per se alle spontanen Entwicklungen.
Sukzession	Die natürliche und spontane Abfolge von Vegetation in freier Naturentwicklung. Später erweitert auch auf Tiervorkommen. Sie verläuft als Grundkraft der Natur scheinbar nach bestimmten Gesetzmäßigkeiten: von Pionierstadien bis zu vermeintlichen Endgesellschaften (Klimax). ➔*Stochastizität* und ➔*Störungen* durchbrechen diese klassische Vorstellung und führen zu fortwährender Dynamik, Zyklen und vielfältigen Durchmischungen – mit oft unvorhersehbaren Sukzessionswegen.

Sukzessionsfläche	Fläche, auf der Sukzession ablaufen darf. Das ist ➔*Wildnis auf Zeit.*
Stochastizität	Zufälligkeit! Laut moderner Ökologie die Natur mitprägend, zum Beispiel, indem unvorhergesehene Ereignisse Sukzessionswege durchbrechen. Das prägt Wildnis. Typische stochastische Ereignisse sind Bodenaufwühlungen durch Tiere, Hangrutschungen, wo man es nie erwartet, plötzliche Massenvermehrung und Zusammenbrüche von Insektenpopulationen: allgemein Ereignisse, die man für eine bestimmte Situation oder auf einer bestimmten Fläche nicht erwartet hat. Natur ist immer stochastisch. Wird oft als Oberbegriff für ➔*Störungen* verwendet, manchmal auch synonym.
Störungen, Störungsökologie	Ereignisse, die eine vermeintlich vorgegebene Entwicklung »stören«, zum Beispiel Windwurf im Wald. In Abgrenzungen zu ➔*Stochastizität* kann unter Störungsökologie meist die Art der Störung vorhergesagt werden (so sind Windwurf oder Blitzschlag mit darauf folgenden Lichtungen im Wald typisch für Naturwälder), aber nicht wann und wo genau sie stattfinden wird. Störungen gelten als natürlicher Teil von Lebensräumen, und alle Lebensräume sind mit lebensraumspezifischen Arten von Störungen verbunden. Zu trennen von menschengemachten Zerstörungen: Die Grenze zu ziehen, ist oft nicht einfach.
Urwald	Waldgebiet, für das keinerlei direkte menschliche Eingriffe nachgewiesen wurden. Synonym ➔*Primärwildnis*, Primärwald. Diese Definition ist in die Vergangenheit gerichtet, vergleiche dagegen ➔*Urwald von morgen.* Im Englischen oft umschrieben mit »origin«, »virgin«, »intact«, »primary«, »primeval«, »undisturbed«, »untouched«, »mature« ... forest / wood. In Mitteleuropa im strengen Sinne kaum mehr existent. Beispiele für Ausnahmen: Dürrenstein, Teile der Karpaten, wenige weitere unzugängliche Gebiete wie Steilhänge und Schluchten. Hingegen werden schon lange nicht mehr genutzte oder kaum genutzte Wälder besser ➔*Naturwald* genannt. Die Begriffe werden umgangssprachlich leider oft vermischt und synonym gebraucht.
Urwald von morgen	Kann es gemäß Urwalddefinition nicht geben. Mit »Urwald von morgen« wird aber ausgedrückt, dass sich ein Wald frei entwickelt, auch wenn er sich von historischen Urwäldern unterscheiden wird. Ein Urwald von morgen ist Wildnis.
Verwilderung	Verbreiteter Begriff, wenn eine Kulturfläche in (neue) Wildnis übergeht, siehe auch ➔*Anwilderung.* In Teilabgrenzung zu dieser aber oft negativ bewertet und häufig auf kleine Flächen wie Gärten bezogen.
wild	Umgangssprachlich für alles, was frei und wildnisartig ist.
wilderness	Heute übliches englisches Wort für Wildnis. In den USA meint »wilderness« auch ein besonderes Konzept: große Gebiete (mehr als 5000 Acres / 2023 Hektar), die nicht von menschlicher Arbeit geprägt sind, die keine Fahrwege haben und in denen sich Natur von Menschen ungehindert entwickelt. Fußgänger sind als Besucher geduldet, sie dürfen nichts zurücklassen. Das Land dient Inspiration, Erholung und Lebensraumdynamik.
wildness	Früheres, heute gegenüber »wilderness« weniger übliches Wort für Wildnis. Oft auf kleinere Flächen bezogen. In etwas künstlicher Abgrenzung zum Konzept von »wilderness« meint »wildness« die grundlegende Fähigkeit allen Lebens, sich selbst zu erneuern. Das sind sich selbst organisierende Lebensgemeinschaften (nach John Hausdoerffer und »Wilderness Society«, eigene Anpassung)

wild area, wildes Gebiet	Umgangssprachlich allgemein und oft mit »Wildnis« unscharf gleich gesetzt. Eigentlich eher kleinere Wildnisgebiete, oft auf alten Nutzflächen aufbauend.
Wildnis, Wildnisgebiet	Meine Kerndefinition: Wildnis heißt, dass eine Fläche nicht aktiv beeinflusst wird, dass sie sich frei und zieloffen entwickelt – stets unter heutigen Ausgangsbedingungen. Traditionell bezeichnet »Wildnis« eher große Gebiete, wird aber auch von mir auf alle Größen ausgeweitet.
Wildnisfenster, Wildniszelle, Wildnis-Trittstein, Wilder Fleck (wild places)	Kleine Wildnisflächen, die aber keine kompletten Naturvorgänge enthalten und trotz konsequenter Verfolgung des Wildnisprinzips nur Ein- und Ausblicke (»Fenster«) in das große Ganze gewähren können. Eine zweite Bedeutung wird besonders in Bergbaufolgelandschaften und Renaturierungen verwendet, wenn zwischen gestalteten (Nutz-)Flächen kleine Wildnisflächen regelmäßig wie Fenster eines Hauses integriert werden.

FAQs – häufig gestellte Fragen zu Wildnis

In jahrelanger Beschäftigung mit Wildnis und aus vielen Dialogen habe ich wiederkehrende Fragen und Sichtweisen zu Wildnis gesammelt. Ausführlich werden die Aspekte im Buch erläutert. Hier folgt eine Zusammenfassung, anknüpfend an typische Originalfragen.

Aus dem Leben gegriffen: kritische Fragen zu Wildnis (O-Töne in Anführungszeichen)	Für das Leben: Fakten, Erfahrungen und Argumente für Wildnis zusammengefasst
Flächenkonkurrenz	
»Können wir uns nutzungsfreie Flächen, Nationalparks (im dicht besiedelten Europa) leisten?«	Die übergroße Mehrheit der Landschaft bleibt in Nutzung. Allerdings sind maßlose Nutzungen, zum Beispiel von Holz, oder überbordende Energieanlagen auf Freiflächen nicht nachhaltig. Mehr Qualität statt Quantität im Verbrauch, klügere Planungen, dann ist genug Fläche sowohl für Nutzung als auch für Wildnis möglich.
»Wenn wir hier bei uns ›Wildnis‹ zulassen, verlagern wir unsere Nutzungszwänge dann nicht in andere Gegenden?«	Das ist in der Tat eine Gefahr. Ein Wildnis-Anteil ist wegen seiner vielen Wohlfahrtswirkungen aber unverzichtbar. Wir müssen wilde Natur auch bei uns schützen, nicht nur in fernen Ländern. Einer Verlagerung kann vielfältig begegnet werden. Parallel achtet man darauf, dass anderenorts nicht noch mehr Natur vernichtet wird, vor allem auch durch eigenes Verhalten und eigene Konsumentscheidungen.
Wildnis-Emotion	
• *»Wildnis ist unordentlich.«* • *»Ich mag keine umgefallenen oder absterbenden Bäume.«*	Wildnis ist unersetzlich, um die Lebensvielfalt komplett zu erhalten. Ästhetisch ist das manchmal ungewohnt, aber auf eigene Art schön, faszinierend, anregend.
»Es ist (wirtschaftlich) unvernünftig, etwas nicht zu nutzen. Zuvor wurde Arbeit in die Fläche investiert.«	Wildnis ist auch wirtschaftlich sinnvoll. Je nach Region übersteigt der wirtschaftliche Nutzwert eines Wildnisschutzgebietes den bisherigen Nutzwert des Holzes auf gleicher Fläche (durch touristische Wertschöpfung, Forschung, Naturleistung, Bildung).

»Wir wollen kultivieren, nichts soll verwildern.«	Respekt vor der Nutzungsleistung der Menschen! Aber es ist eine ebenso wichtige Kulturaufgabe, Wildnis zu ermöglichen.
Holznutzung	
»Ist mein (Brenn-)Holz durch Wildnis gefährdet?«	Nach Ausweisung eines Wildnisgebietes wird (Brenn-)Holz normalerweise ausreichend in der Umgebung oder in der »Pufferzone« weiter bereitgestellt. Dazu gibt es je nach Gegend unterschiedliche Konzepte.
»Stehen ungenutzte Räume nicht im Widerspruch zu ›nachhaltiger Nutzung‹, zu Nahrungsflächen, auch zu regenerativer Energie?«	• »Nachhaltigkeit« heißt nicht, alles flächendeckend zu nutzen. • Eine Wertschöpfungskette im Wald (Kaskadennutzung) muss mit Fokus auf Qualität statt Quantität umgesetzt werden: Holz zu verbrennen, steht am Ende – es zu früh oder zu viel zu verbrennen, ist umweltfeindlich. Der Holzverbrauch muss ohnehin weniger werden. • Der Wert von Wildnis oder eines Nationalparks ist meist größer als der der Holznutzung.
»Holz den Menschen, nicht den Käfern und Würmern!«	• Wildnisbereiche sind unersetzlich, um unsere kompletten Lebensgrundlagen zu erhalten. Dazu gehören auch »Würmer und Käfer«. Das nutzt letztlich auch und gerade uns Menschen. • Totholz, das im Wald verbleibt, ist ganz wichtig. Richtig viel davon kann nur in ungenutzten Räumen vorkommen. Darauf sind viele Tierarten angewiesen: »Totholz lebt«.
Naturnaher Waldbau …	
• *»… ist so gut, dass keine Wildnis nötig ist.«* • *»Wir brauchen (deshalb) keine ungenutzten Räume.«*	Naturnaher Waldbau ist in der Tat gut und wichtig, schafft Nutzholz, harmonische Waldbilder und gewisse Artenvielfalt. Aber es gibt Aspekte, die er nicht ersetzen kann. Die unscheinbareren Arten (Pilze, Kleintiere) gibt es mehr in Wildnis. Ohne Wildnis fehlt Entscheidendes.
Der Wert an sich und Besonderheiten	
»Hier ist doch nicht Yellowstone (oder sonst eine Weltberühmtheit), sondern am Ende nur Gestrüpp oder unser langweiliger (Buchen-)Wald!?«	Buchenwälder sind weltweit auf Europa beschränkt, das ist unsere Besonderheit, wenn wir Wildnis zulassen. Überall kann etwas Eigenes und Besonderes entstehen, das für uns »normal« wirken mag und doch wertvoll ist.
»Wildnis, was soll da Besonderes entstehen?«	Gerade in Übergangsphasen können auch andere wichtige Lebensraumphasen entstehen. In jedem Fall wächst ein gesunder Wald von alleine. Natürliche Wälder sind klimarobust!
»Wir sind doch zu dicht besiedelt.«	Wir fordern (zu Recht) den Schutz ungenutzter Natur woanders, auch daher sollten wir wenigstens ein paar unserer Flächen wild sein und werden zu lassen.
»Alles langweilig. Da kommt doch keiner bei Wildnis hier bei uns.«	Jede Landschaft hat etwas eigenes Besonderes, gerade wenn man sie »wild und natürlich« werden lässt, auch im Kleinen.
»Wälder muss man pflanzen und pflegen. Erst recht im Klimawandel müssen wir die richtigen Bäume einbringen.«	Ein gesunder Wald wächst von alleine und passt sich an neue Klimata von selbst an.

• *»Da dunkelt doch nur alles langweilig aus, wir brauchen mehr extensiv genutztes Offenland für die Artenvielfalt.«* • *»Wald braucht Licht und Luft und keine Wildnis.«*	• Auch in (großer) Wildnis gibt es immer wieder lichte Phasen. Auch kommt ein Gutteil der heute heimischen »Wiesen«-Arten aus lichter Wildnis. Wildnis ergänzt die Kulturlandschaft und muss sie nicht ersetzen. • Wildnis findet nicht auf dem letzten anderweitig wertvollen Magerrasen statt, sondern wählt geeignete andere Flächen aus.
»Überlässt man den Wald sich selbst, liegt Totholz am Boden, das von Moos bewachsen wird. Es wird dunkel und feucht. Dort ist kein Leben.«	Totholz ist das »Gold der Biodiversität«. Auch in dunklen, feuchten Ecken ist Leben, sind eigene Habitate: Tausende von Kleinorganismen bilden dort das Rückgrat des Lebens.
Klimaschutz	
»Vor allem in (gepflanzten) jüngeren Bäumen und in der Wachstumsphase wird viel CO_2 gebunden.«	• Gerade Wildnisbereiche sind langfristig viel größere Kohlenstoffsenken. Bäume, die sehr alt werden dürfen, speichern CO_2 länger. Dazu kommt ein natürlicherer Boden- und Wasserhaushalt, der enorm klimaschützend ist. • Auch in Wildnis gibt es natürliche Verjüngungsphasen, in denen analog zu Anpflanzungen besonders viel CO_2 gebunden wird. Auch wilde Gebüsche sind effiziente Kohlenstoffsenken. • In Wildnisbereichen gibt es natürlicherweise mehr Feuchtbereiche als im meliorierten (»bodenverbesserten«) Nutzwald, die ihrerseits CO_2 stark binden können.
• *»In (langlebigen) Holzprodukten wie Möbeln bleibt CO_2 langfristig gebunden, anders beim Holz, das im Wald verrottet und dabei CO_2 freisetzt.«* • *»Eine Kaskadennutzung ist gut für den Klimaschutz, ungenutzte Räume sind es nicht.«*	• Zwar setzen die vielen Verrottungsprozesse in Wildnis CO_2 tatsächlich vermehrt frei. In der Gesamtbilanz ist das aber mehr als aufgewogen. Mehr Wildnis ist ein entscheidender Beitrag zur Lösung von Klimaproblemen. • Wildnis kann durch keine noch so klugen Kaskadennutzungen ersetzt werden, aber alles ergänzt sich auf unterschiedlichen Flächen.
Schädlinge und negative Wirkung auf das Umland	
»Gibt es durch Wildnis mehr Schädlinge?«	In Wildnis gibt es eher weniger »Schädlinge« als mehr (Selbstregulation). Anfällige Monokulturen verschwinden.
»Dringen Schadtiere aus der Wildnis in die Umgebung ein?«	Wenn einmal »Schädlinge« auftreten, so können diese durch eine »Pufferzone« gut aufgefangen werden.
»Gibt es eine unkontrollierte Wildvermehrung und vermehrt (Wild-)Schäden?«	Jagdfreiheit in Wildnis ist wichtig. Massenvermehrungen sind im Gegensatz zur genutzten Kulturlandschaft mit besserem Futterangebot in Wildnis nicht zu erwarten. Wild sammelt sich kaum in Wildnis, weil die Kulturlandschaft meist nahrungsreicher für die Tiere ist.
Tourismus	
»Wer kommt schon, um Unordnung und umgefallene Bäume anzusehen?«	»Wildnis erleben« ist keine Mode, sondern schon länger ein bestehendes Grundbedürfnis vieler Menschen.

»Menschen lassen sich von Wildnis abschrecken, die mögen lieber harmonische Kulturlandschaft.«	Wildnis ist nach vielen Umfragen populär und etwas Besonderes.
»Wird die Wirkung von Nationalparks nicht überschätzt? So viele kommen doch gar nicht?«	• Die tatsächliche Höhe des Nutzens für Tourismus durch Wildnis hängt von der genauen Ausgestaltung ab. Rund um alle europäischen Nationalparks wurde jedoch ein ursächlich nur auf den Nationalpark (Wildnis) rückführbarer Besucheranstieg erzielt. • Besonders profitieren Betriebe, die sich mit der Wildnisentwicklung verbinden (wie zertifizierte Gastgeber, Naturerlebnis-Anbieter). • Nationalparks verlängern die Besuchersaison, weil viele Naturinteressierte gerade auch in der Nebensaison kommen.
»Brauchen wir das? Es gibt doch schon so viele Wildnisgebiete und Nationalparks!«	Eine Region wird durch Wildnisgebiete »veredelt« und stärkt ihre Naturidentität, weil auf den Flächen das regional Typische an Natur frei entstehen darf. Die Wertschöpfung durch Wildnis ist vielschichtig und meist größer als klassische (Holz-)Nutzungen.
Wir haben doch schon ...	
»Wir haben doch Schutzgebiete wie Naturparks, Naturschutzgebiete, Natura 2000 und so weiter. Ein Wildnisschutzgebiet ist da unnötig und eine Konkurrenz.«	Nationalparks sind auf relativ großräumige Wildnis ausgerichtet, das ist ihre Besonderheit. Andere Schutzgebietsarten haben das nicht. Die unterschiedlichen Schutzansätze konkurrieren nicht, sondern ergänzen sich wechselseitig. Allerdings muss der Dschungel an Schutzkategorien durchaus besser erklärt und eventuell konzeptionell neu ausgerichtet werden. Wildnis als Inhalt müsste deutlicher herausgestellt werden.
Gewohnheiten und Betretungsrechte, Freiheit	
• *»Sperrt ein Wildnisgebiet die Menschen aus?«* • *»Begrenzt die Wildnis meine (Bewegungs-)Freiheit?«*	Menschen (Einheimische wie Besucher) sind in Wildnis willkommen: beobachtend, nicht jedoch landgestaltend. Oft kann man auf attraktiven Naturpfaden besser hinein als jemals zuvor.
»Es werden Wege gesperrt, auf denen ich gerne laufe.«	Die Entscheidung, welche Wege bleiben, sollte normalerweise unter Einbeziehung der örtlichen Bevölkerung getroffen werden.
»Welche Beschränkungen wird es geben, zum Beispiel für Reiter und Radfahrer?«	Ob und welche sinnvollen Beschränkungen es gibt, wird gebietseigen entschieden. In Wildnis gilt: So wenig Regeln wie möglich, so viele wie nötig. Gegenüber oft stark reglementierter Nutzlandschaft wächst Freiheit eher, als dass sie schwindet.
»Da fühle mich in meiner Freiheit eingeschränkt – ich will mich nicht einschränken lassen!«	Generell werden Besucher durch Wege – egal, ob in Wildnis oder nicht – sanft gelenkt. Das ist keine Freiheitsbeschränkung, im Gegenteil: Gerade so erlebt man die Freiheit der Natur – und sich selbst darin.
• *»Ist Beeren-und-Pilze-Sammeln verboten?«* • *»Da darf ja kein Kind mehr eine Brombeere essen!«*	Ob das Sammeln von Pilzen und Beeren verboten wird, ist je nach Wildnisgebiet unterschiedlich. Ist es aber untersagt, so hätte das den Effekt, dass sich der Bestand erholt und dies positiv auf die Umgebung ausstrahlt – zur Freude von nachhaltig Sammelnden.
»Ein Wildnisschutzgebiet ist ein Wald der Verbote.«	Es gibt in Schutzgebieten zwar Verbote. Die beruhen aber auf einer Achtsamkeit, die dort besonderen Platz hat. Letztlich mehr Regeln gibt es in unserer Zivilisationslandschaft.

Arbeitsplätze	
»Es gehen doch Arbeitsplätze (vor Ort) verloren, wenn Flächen nicht mehr genutzt werden!?«	• Durch ein Wildnisgebiet werden eher Arbeitsplätze geschaffen. Forstleute werden weiterhin auch im Umfeld eines Wildnisgebietes zum Beispiel als Vermittler benötigt, Holzindustrie wird weiterhin mit Holz aus naher Umgebung versorgt. • In der Regel können sogar neue Arbeitsplätze geschaffen werden (Naturschutz, Bildung, Forschung, Tourismus).
Macht und Mitbestimmung	
»Kommen Fremde und bestimmen über unsere Heimat?«	Meist wird ein Wildnisgebiet oder Nationalpark durch die bestehende Verwaltung vor Ort geleitet oder koordiniert. Erprobte Strukturen vor Ort werden nicht abrupt verändert.
»Haben wir noch Mitsprachemöglichkeiten?«	In fast jedem öffentlichen Schutzgebiet gibt es Gremien, die eine demokratische Beteiligung der Anlieger-Gemeinden und der Bevölkerung sicherstellen.
• *»Die nehmen uns unsere Heimat weg!?«* • *»Fremdbestimmung«!?*	Schutzgebiete gehören allen! Das steht in wohltuendem Gegensatz zu vielen Flächen in Nutzlandschaften, wo Privatbesitzer oder enge Zirkel (wie Staatsforst, Gemeinde, Firma) fast alleine maßgeblich entscheiden.
Besonders für Gärten und Wildnis in der Stadt	
»Muss ich mich vor Ungeziefer fürchten?«	In kleinen wilden Ecken gibt es besseren Lebensraum für Igel, Ohrwürmer und Spinnen, die traditionelle »Schädlinge« in Schach halten. Außerdem sollte man sich von Begriffen wie »Schädling«, »Unkraut«, »Ungeziefer« trennen: Was darunter fällt, kann nützlich werden. Wilde Ecken erhöhen Vielfalt und minieren Risiken einseitiger Entwicklungen.
»Lockt Wildwuchs Ratten, Mäuse und Tauben samt ihrer Krankheitserreger an?«	Ratten, Mäuse und Tauben leben dort, wo die Temperaturen wenig schwanken und sie reichlich Nahrung finden. Sie treten nahe beim Menschen mehr in Erscheinung, wenn Speisereste nicht sachgerecht entsorgt werden, unabhängig davon, ob die Ecke naturwild oder aufgeräumt ist. In wilden Ecken verstecken sich eher ihre Gegenspieler. Wilde Gärten schützen wegen ihrer Vielfalt eher gegen Krankheiten.
»Ist Wildnis teuer?«	• Nichtstun als »Natur Natur sein lassen« ist die kostensparendste und oft effizienteste Art von Naturschutz sowie Klimaschutz. Allerdings können je nach Ort Ausgaben für Sicherung, Forschung, Bildung und Besucherlenkung anfallen, die aber günstiger als entsprechende Ausgaben in genutzten Räumen gestaltet werden können. • Einem geldwerten Nutzungsausfall von Produkten auf der Fläche stehen immense geldwerte Ökosystemleistungen gegenüber, auch durch Bildung und Tourismus.
»Sieht Wildnis nicht verwahrlost aus?«	Manchmal ja, das ist in der Tat eine große Provokation. Unser Auge hat sich an ordentliche Flächen und geschnittene Gehölze gewöhnt. Wenn wir dem Wildwuchs aber Chancen geben und ihn auch als Erlebnisraum für Kinder anerkennen, fällt die Akzeptanz leichter und wir erkennen seine Faszination. Wildnis hat jenseits tradierter Ordnungsvorstellungen eine eigene Ästhetik und so viele gute Gründe – ergänzend und letztlich versöhnend mit genutzten Räumen.

Der Autor

Michael Altmoos, 1967 in Mannheim geboren, ist Ökologe und Naturschützer mit Diplom in Naturschutz-Biologie (Marburg 1994) und Promotion (Dr. rer. nat., Geografie, Leipzig 1999). Er kombiniert Wissenschaft, Praxis und Bildung für Naturschutz. Sein Herz schlägt für dynamische Sichtweisen und für Wildnis mit all ihrer Freiheit. Aus der Regenerationskraft der Natur schöpft er Kraft und Optimismus.

Zu »Prozessschutz« forschte er bei der Renaturierung in Bergbaufolgelandschaften Ostdeutschlands (1994 bis 2000, UFZ Leipzig). Freie Naturdynamik bezog er in viele Bildungs-, Arten- und Naturschutzprojekte ein, seit 2000 auch in Naturschutzbehörden zum europäischen Netzwerk Natura 2000. Seit 2020 arbeitet er im »Zentrum für Biodokumentation« des Umweltministeriums Saarland. Unabhängig betreibt er seit 2012 mit seiner Familie »Nahe der Natur – Mitmach-Museum für Naturschutz« in Staudernheim (siehe Bild links): mit acht Hektar Wildnis, eingebettet in von ihm entwickelte Naturgärten. Im pala-verlag sind von Michael Altmoos bereits die Bücher »Der Moosgarten« und »Besonders: Schmettterlinge« erschienen.

Sein Lieblingszitat zu Wildnis ist von Henry David Thoreau:
»In wildness is the preservation of the world« – frei übersetzt:
»Die Wildnis ist es, die die Welt bewahrt.«

❋ Weitere Informationen: www.nahe-natur.com

Anhang

Literatur und Quellenhinweis: Zur besseren Lesbarkeit wurde auf Zitate und Fußnoten verzichtet. Belege und wissenschaftliche Artikel zu allen Aussagen im Buch sind bei Interesse beim Autor erhältlich (über Naturschutzmuseum: info@nahe-natur.com).

Zum Weiterlesen

Bücher allgemein zu Wildnis

- Weisman, A.: Die Welt ohne uns. Piper Verlag, 2007
  Was wäre, wenn es keine Menschen (mehr) gäbe? Inspirierendes und gut recherchiertes Gedankenexperiment ohne Zynismus, das die Regenerationsfähigkeit von Natur und Wildnis zeigt

- Monbiot, G.: Verwildert.
  Die Wiederherstellung unserer Ökosysteme und die Zukunft der Natur. Matthes & Seitz, 2021 (englischer Originaltitel 2013: Feral. Rewilding the Land, the Sea, and Human Life)
  Inspiration für neue Wildnis und vor allem Rewilding-Ansätze

- Tree, I.: Wildes Land. Die Rückkehr der Natur auf unser Landgut. DuMont, 2022
  Erfahrungsbericht des beeindruckenden Rewilding-Projektes Knepp in England

- Trommer, G: Der wilde Rest.
  in: Riedel, W. (Hrsg.): Zwischen Wildnis und Energielandschaft. Husum-Verlag, 2022
  Sammelband zu spannenden Aspekten des Landschaftswandels

- Trommer, G.: Schön wild. Warum wir und unsere Kinder Wildnis brauchen. oekom, 2012
- Trommer, G.: Niemandland. Natur+Text, 2019
  Zwei wichtige Bücher für tieferes Wildnisverständnis

- Radinger, E. H.: Das Geschenk der Wildnis. Ludwig, 2020
  Persönliche und sehr anregende Erfahrungen und kompetente Betrachtungen mit Wildnis

- Kimmerer, R. W.: Geflochtenes Süßgras. Aufbau Verlag, 2021
  Moderne Naturwissenschaft und indigenes Wissen werden zusammengeführt

- Glaubrecht, M.: Das Ende der Evolution. Bertelsmann, 2019
  Gesamtdarstellung über den Rückgang der Biodiversität, auch zum Verschwinden von Wildnis

- Succow, M. & L. Jeschke: Deutschlands Moore. Natur+Text, 2022

- Lindau, A., Mohs, F., Reinboth, A. & M. Lindner: Wilde Nachbarschaft.
  Wildnisbildung im Kontext einer Bildung für nachhaltige Entwicklung. oekom, 2021
  Übersicht und anregende Fallbeispiele für die Bildung mit Wildnis

- Tinz, S.: Haufenweise Lebensräume. pala-verlag, 2019
  Praxis für wilde Haufen in Gartenecken – ein Spezialaspekt von Naturdynamik in Gärten

- Bjornerud, M.: Zeitbewusstheit. Geologisches Denken und wie es helfen könnte, die Welt zu retten. Matthes & Seitz, 2020
  Verständnis zur geologischen Dynamik der ganzen Erde

- Breuste, J.: Die wilde Stadt. Springer Spektrum, 2022
  Umfassende Darstellung zu Stadtwildnis

- Haft, J.: Wildnis. Unser Traum von unberührter Natur. Penguin Verlag, 2023
  Wildnisthemen mit Fokus auf Artenvielfalt und wilden Weiden

Bücher besonders zu dynamischen Aspekten

- Wohlgemuth, T., Jentsch, A. & R. Seidl: Störungsökologie. UTB, 2019
  Umfassende wissenschaftliche wie auch verständliche Darstellung der Prinzipien von Störungen in der Natur

- Gigon, A.: Symbiosen in unseren Wiesen, Wäldern und Mooren. Haupt-Verlag, 2021
  Umfassende und schön bebilderte Zusammenschau, wie alles mit allem zusammenhängt

- Hofrichter, R.: Das geheimnisvolle Leben der Pilze. Penguin, 2018
- Sheldrake, M.: Verwobenes Leben. Ullstein Verlag, 2020
- Nyström, J.: Planet der Pilze. Kosmos Verlag, 2021
  Drei Sachbücher zu den wichtigen wie dynamischen Pilz-Netzwerken

- Pearce, F.: Die neuen Wilden. oekom, 2016
  Kritische Zusammenschau zum Neobiota-Thema, gegen übertriebene Neobiota-Bekämpfungen

Bücher besonders zu Wäldern

- Haskell, D. G.: Das verborgene Leben des Waldes. Goldmann, 2017
  Das berühmte Experiment: ein Jahr lang nur einen Quadratmeter Waldboden als Miniatur-Wildnis

- Böhmer, H. J.: Beim nächsten Wald wird alles anders. Das Ökosystem verstehen. Hirzel, 2022
  Zur Veränderung und Regeneration von Wäldern im Klimawandel weltweit

- Reichholf, J. H.: Waldnatur. oekom, 2022
  Kenntnisreiche wie verständliche Gesamtbetrachtung mit Folgerungen, den Wald mehr sich selbst zu überlassen

- Knapp, H. D., Klaus, S. & L. Fähser: Der Holzweg. oekom, 2021
  Fundierte Kritik an klassischer Forstwirtschaft samt Lösungen mit mehr Prozessschutz

- David, W.: Lebensraum Totholz. pala-verlag, 2010
- Graßmann, F.: Wunderwelt Totholz. pala-verlag, 2021
  Zwei Ratgeber zum so wichtigen Thema Totholz: in der Natur und für die Gestaltung im Garten

Regelmäßige Zeitschriften rund um Wildnis und Naturdynamik

- Nationalpark. Wo Mensch und Wildnis sich begegnen
  Die Zeitschrift berichtet über Wildnis und Naturschutz: www.nationalpark-zeitschrift.de

- International: Journal of wilderness: www.ijw.org

Ausgewählte Online-Adressen zu Wildnis

- www.wildnisindeutschland.de
  Zusammenschluss der deutschen Naturschutzverbände, Verlinkung zu großen Wildnisgebieten
- www.nationalparksaustria.at
  Die Nationalparks in Österreich mit ihren großen Wildnis-Kernzonen
- www.nationalpark.ch
  Der einzige Nationalpark der Schweiz
- www.mountainwilderness.ch / de / it oder weltweit: org
  Mountain Wilderness – Naturschutzverband mit Projekten für mehr Bergwildnis
- www.bfn.de/wildnisgebiete
  Wildnis-Info-Portal des deutschen Bundesamts für Naturschutz
- www.wilderness-society.org
  European Wilderness Society – nicht-staatliche Organisation für Großwildnisse
- www.rewildingeurope.com
  Rewilding in Europa – nicht-staatliche Organisation für Großwildnisse, Renaturierung mit Beweidungen, Beispielprojekt Oder-Delta (Deutschland und Polen): www.rewilding-oder-delta.com
- www.wildeurope.org
  Wild Europe – Zusammenschluss mehrerer Verbände für Wildnis im großen Stil
- www.fzs.org
  ZGF, Zoologische Gesellschaft Frankfurt e. V. – internationale Naturschutzprojekte mit Fokus auf Wildnis
- www.sielmann-stiftung.de/natur-schuetzen/lebensraeume/wildnis
  Heinz Sielmann Stiftung mit Engagement und eigenen Flächen auch für Wildnis
- www.naturerbe.nabu.de/aktiv/wildesland/
  NABU-Stiftung auch mit eigenen Wildnisprojekten
- www.naturschutz-initiative.de • www.landschaft-artenschutz.de
  Zwei Naturschutzverbände, setzen sich für Wildnis ein und kritisch mit neuen Energien auseinander
- www.schleswig-holstein.de/DE/fachinhalte/N/naturschutz/wildnis.html
  Broschüre: »Mehr Wildnis wagen – Entwicklung von Wildnisgebieten in Schleswig-Holstein«

Naturwälder zum Besuchen – Beispiele:

- www.wald-natur-erleben.de *(Grünes Netzwerk Naturwälder Bayern, 83 000 Hektar Wildnisansätze)*
- www.hasbruch.de *(Naturwald im Hasbruch zwischen Oldenburg und Bremen)*
- www.maerchenwald-einbeck.de *(nutzungsfreier Teil im Stadtwald Einbeck)*
- www.wurzacher-ried.de *(Moorwald im Wurzacher Ried, Baden-Württemberg)*

- www.naturstiftung-david.de
  Naturstiftung David des BUND Thüringen mit Wildnisprojekten in Mittel- und Ostdeutschland, gutes Beispiel, auch zum Besuchen, ist die »Hohe Schrecke«: www.naturstiftung-david.de/ schrecke.de

- www.naturwald-akademie.org
  Für naturnahe Forstwirtschaft und mehr Waldwildnis
- www.stiftung-nlb.de/de/wildnisgebiete
  Stiftung Naturlandschaften Brandenburg – Wildnis auf alten großen Militärübungsplätzen
- www.urwalden.de
  Verein zum Kauf und Schutz von Flächen für (Klein-)Wildnis
- www.natureneedshalf.org
  Nature Needs Half – internationale wissenschaftliche Initiative, die auf Edward Wilson zurückgeht
- www.wilderness.net
  Wilderness connect – Wilderness-System der USA
- www.riverwatch.eu • www.balkanrivers.net
  Aktion »Save the blue heart of Europe« – Flussrenaturierung und Schutz von Wildflüssen
- www.sacrednaturalsites.org
  Schutz heiliger Naturplätze

Kleinwildnisse in Kulturlandschaften, Parks und für Gärten

- www.nahe-natur.com/Freinatur/Wildnis/
  Infoportal des »Museums für Naturschutz« von Michael Altmoos mit Beispielgebiet »Nahe der Natur«
- www.staedte-wagen-wildnis.de
  Städte wagen Wildnis – Stadträume und Wildnis
- www.naturgarten.org
  Naturgarten e. V. – naturnahe Gartengestaltung, auch mit Miniwildnis-Elementen
- www.wild-garten.de
  Wildgarten Furth im Wald – Mut zur Wildnis: besonders kreatives Natur- und Wildniserlebnisgelände

Wildnis in Braunkohlefolgelandschaften: tolle Beispiele zum Besuchen

- www.goitzsche-wildnis.de
  Goitzsche, Sachsen-Anhalt, in Verantwortung des BUND e. V.
- www.naturerbe.nabu.de/naturparadiese/brandenburg/gruenhaus/index.html
  Grünhaus, Lausitz, NABU-Stiftung Nationales Naturerbe & Rainer von Boeckh-Stiftung
- www.sielmann-stiftung.de/natur-erleben/erholungsorte/wanninchen
  Sielmanns Naturlandschaft Wanninchen, Lausitz, in Verantwortung der Heinz Sielmann Stiftung

Speziell zu (halb-)wilder Weidehaltung

- www.weidewelt.de
  Weidewelt e. V., Verein für naturschutzkonforme Landnutzung durch Beweidung
- www.abu-naturschutz.de/veroeffentlichungen/wilde-weiden
  Veröffentlichung, herausgegeben von der ABU Soest, Arbeitsgemeinschaft Biologischer Umweltschutz: Wilde Weiden. Praxisleitfaden für Ganzjahresbeweidung in Naturschutz und Landschaftsentwicklung

Bildnachweis

Seiten 7, 72 (links), 98: Angelika Eckstein
Seite 8: Wildnispark Zürich, Mirella Wepf
Seite 13: Archiv Nationalpark Bayerischer Wald
Seite 15 (oben): Sandra Schrönghammer / Nationalpark Bayerischer Wald
Seite 15 (unten links): Rainer Pöhlmann / Nationalpark Bayerischer Wald
Seite 15 (unten rechts): Rainer Simonis / Nationalpark Bayerischer Wald
Seite 16: Lukas Haselberger
Seiten 18, 200: Sarah Altmoos
Seite 21: Frieder Leuthold (Stadt Frankfurt)
Seiten 22, 147, 151: Stefan Cop (Stadt Frankfurt)
Seite 32 (oben): Werner Gamerith / Wildnisgebiet Dürrenstein-Lassingtal
Seite 32 (unten): Hans Glader / Wildnisgebiet Dürrenstein-Lassingtal
Seiten 37, 71, 86: Dirk Funhoff
Seite 40: Jutta Ströter-Bender
Seite 43: Jürgen Breuste
Seiten 46, 115: Franz Kern
Seite 55: Nora Künkler / Müritz-Nationalpark
Seiten 68, 140: Erika Mirbach
Seite 69: Christoph Leditznig / Wildnisgebiet Dürrenstein-Lassingtal
Seiten 72 (rechts), 78: Farina Graßmann
Seite 91: NABU / Röhrscheid
Seiten 111, 118, 123 (oben), 186: Udo Steinhäuser
Seite 116: Elisa Altmoos
Seite 123 (unten): Harry Neumann
Seite 132: Gregor Subic
Seiten 134, 144, 145: Ralf Donat / Heinz Sielmann Stiftung
Seite 137: Ulrich Messner / Müritz-Nationalpark
Seite 139: Schweizerischer Nationalpark / Hans Lozza
Seite 143: G. J. van Breemen, Staatsbosbeheer
Seite 152: Stefan Schwill / NABU-Stiftung Nationales Naturerbe
Seite 170: Stiftung Wildnispark Zürich
Seite 180: Martin Herrmann / Müritz-Nationalpark
Seite 183: Christof Sandt
Seite 185: Ursula Altmoos
Seite 201: Melanie Grande

alle anderen Fotos: Michael Altmoos

Umschlagfotos vorne: Michael Altmoos
Umschlagfoto hinten: Melanie Grande

Weitere Bücher aus dem pala-verlag

Michael Altmoos:
Der Moosgarten
ISBN: 978-3-89566-387-1

Michael Altmoos:
Besonders: Schmetterlinge
ISBN: 978-3-89566-408-3

Farina Graßmann:
Wunderwelt heimische Amphibien
ISBN: 978-3-89566-419-9

Sigrid Tinz:
Nahrungsnetze für Artenvielfalt
ISBN: 978-3-89566-417-5

Gesamtverzeichnis bei:
pala-verlag, Am Molkenbrunnen 4, 64287 Darmstadt, www.pala-verlag.de

ISBN: 978-3-89566-424-3

Am Molkenbrunnen 4, 64287 Darmstadt
www.pala-verlag.de

Lektorat und Gestaltung: Angelika Eckstein

Druck und Bildung: Beltz Grafische Betriebe GmbH, Bad Langensalza
www.beltz-grafische-betriebe.de
Printed in Germany